コンクリートの調合設計指針・同解説

Recommendation
for
Practice of Mix Design of Concrete

1976 制定
2015 改定（第3次）

日本建築学会

ご案内

本書の著作権・出版権は(一社)日本建築学会にあります．本書より著書・論文等への引用・転載にあたっては必ず本会の許諾を得てください．

Ⓡ〈学術著作権協会委託出版物〉

本書の無断複写は，著作権法上での例外を除き禁じられています．本書を複写される場合は，学術著作権協会（03-3475-5618）の許諾を受けてください．

一般社団法人　日本建築学会

第3次改定の序

　調合指針は，昭和51年に「コンクリートの調合設計・調合管理・品質検査指針案・同解説」として制定され，1994年に品質管理・検査指針を独立させ，「コンクリートの調合設計指針・同解説」として改定された．さらに，1999年にJASS 5-1997の改定を受けて改定されたが，2009年のJASS 5の改定を受けて，今回3回目の改定を行うものである．

　コンクリートの調合設計は，①コンクリートに要求される性能の設定，②コンクリートの材料の選定，③計画調合を定めるときの調合要因に対する条件の設定，④調合計算の実施，⑤調合の検討と試し練りおよび調合の修正，⑥計画調合の決定と現場調合への補正というフローに沿って行われるが，今回の改定もこの一連のフローに沿って旧版を全面的に見直し，再考した．

　コンクリートに要求される性能では，旧版でも性能規定化を目指していたが十分でなく，仕様規定が混在していた．今回は，性能規定化をより進めたものとなっており，特に，耐久設計にかかわる性能項目では，中性化速度係数や塩化物イオンの拡散係数から「耐久設計基準強度」につながるようにした．なお，耐久設計基準強度については，セメントや結合材の種類の違いによって異なるという指摘もあり，セメントや結合材の種類の違いによって変えることができるようにした．施工や使用にかかわる性能項目においても，要求性能を明確にし，使用規定の調合要因につながるようにした．また，新たな要求性能として，環境配慮にかかわる性能項目を組み込んだ．

　計画調合は，荷卸し時または打込み時に構造体コンクリートまたは使用するコンクリートの性能が得られるように定めなければならないが，調合計算では練上がり時が基準となる．そのため，練上がり時から荷卸し時または打込み時までのフレッシュコンクリートのスランプや空気量の変化を考慮する必要があり，特に空気量の変化によってコンクリートの容積が変化する場合の考え方を明確に示すこととした．調合計算の方法では，水セメント比とスランプまたはスランプフローに応ずる単位水量の標準値を，共通実験やレディーミクストコンクリート工場の実態に関するアンケート調査に基づいて見直した．また，単位粗骨材かさ容積も，従来の調合指針の数値はレディーミクストコンクリート工場の実態に比べて若干大きい値であったので，見直しを行った．さらに，従来の手順によらない調合計算の方法についても付録にのせることとした．算出された計画調合の検討では，コンクリートの性能に及ぼす材料や調合の知見をもとに検討するものであるが，最近の研究成果を取り入れて充実させた．

2015年2月

日本建築学会

初版の序

　昭和50年1月に改定された日本建築学会建築工事標準仕様書「JASS 5 鉄筋コンクリート工事」は，仕様書としての性格を明確にするために，改定前のJASS 5（昭和44年版）で示されたような指針的でまた技術指導書的な内容のものは省略され，これらは別に定めるそれぞれの指針によることになった．

　本指針案は，この方針にもとづいて材料施工委員会第1分科会の調合小委員会で作成されたもので，これにはJASS 5 をもととしたコンクリートの所要の品質・性能の定め方，調合設計・調合管理および品質検査の標準的な方法が示されている．

　近年，レデーミクストコンクリートやコンクリートポンプ工法の普及に伴って，コンクリート工事も分業化・専門化して，一般にコンクリート製造業者を除いてはコンクリートの調合設計などを十分理解することがむずかしくなってきている．本指針案は，このような意味から，コンクリートの設計・施工に携わるすべての者，たとえば，設計者・工事監理者・施工業者・コンクリート製造業者・コンクリート圧送業者などの技術者に役立つことを目標に作成されたもので，JASS 5 の補助資料として有効に利用していただければ幸いである．

　昭和51年2月

日本建築学会

第 1 次改定の序

　本指針の旧版である「コンクリートの調合設計・調合管理・品質検査指針案・同解説(1976)」は，昭和 51 年に制定されて以来，コンクリートの調合指針として広く親しまれてきた．昭和 50 年版 JASS 5 の改定では，仕様書としての性格を明確にするため，技術指導書的な内容は JASS から指針に移すこととなり，本指針の旧版も JASS 5 の内容を補充する技術指導書的色彩の強いものとして作成された．

　本指針の旧版については，その後見直しが行われることなく，現在は絶版となっているが，各方面から技術者の教科書的役割を果たすものとして再版が望まれてきた．しかし，その後のコンクリートを取り巻く技術の進歩や，各種指針の刊行，さらに，昭和 61 年の JASS 5 の大改定および各種 JIS の制定，改正があり，それらとの整合を図るため，再版にあたっては，内容の見直しをする必要が生じた．このため，材料施工委員会の鉄筋コンクリート工事運営委員会に「コンクリートの調合設計指針改定小委員会」を設置し，本指針の改定作業を行うこととした．

　本指針の改定にあたっては，従来の技術指導書的な内容は，新しい資料・知見を加味しながら残すものとし，調合計算の方法については，その後の新しい研究成果を取り入れ，現在の材料に適用できる標準的な数値を示した．なお，調合上の各種規定，例えば水セメント比の限度，スランプ・単位水量の限度，空気量の範囲などについては，本指針の一般性・普遍性を考え，その考え方の道筋のみを示すこととし，具体的な規定については JASS 5 およびその関連指針などによることとし，解説に紹介することとした．

　コンクリートの調合指針の旧版では，品質管理・検査についての内容がかなりの比重を占めていたが，別途「コンクリートの品質管理指針」が制定されたため，本指針では調合管理・品質検査については主要な部分のみ付録に示すこととした．そのため，本指針の名称も「コンクリートの調合設計指針・同解説」と改めた．

　工事現場でコンクリートを製造することがほとんどなくなってから久しい．そのため施工者が一般のコンクリートについて旧 JASS 5（40 年版）のような調合管理を実施することはほとんどない．しかしながら，高層 RC 造などに適用する高強度コンクリートを製造するような場合は，施工者がレディーミクストコンクリート工場に赴いてコンクリートの調合設計，調合管理を行うことが必要となる．そのため，旧 JASS 5（昭和 40 年版）に示されている調合強度の管理方法についての知見も残しておく必要があると考えられるので，調合管理・品質検査の要点とともに付録に示した．

1994 年 1 月

　　　　　　　　　　　　　　　　　　　　　　　　　　　　　　　　日本建築学会

第2次改定の序

　建築基準の性能規定化の潮流に沿って，コンクリート工事においても性能規定化ということが議論されるようになってきた．JASS 5のような工事仕様書や本指針のようなコンクリート関連の指針において性能規定化を実現するには，目標性能を規定するとともに完成したコンクリート構造体で目標性能が満足されているかどうかを検証する方法を確立することが必要である．コンクリートの各種性能のうち，圧縮強度のような性能は，現在の技術レベルでも構造体コンクリートで検証することが可能な項目である．一方，耐久性のように，完成した構造体コンクリートで検証することはきわめて困難な性能項目があり，このような性能項目については，目標性能を掲げ，適合見なし仕様および見なし仕様の検証方法を規定せざるを得ない．1997年に改定されたJASS 5では，「構造体および部材の要求性能」という節を新たに設けて，鉄筋コンクリート工事における設計・施工の目標性能を明確にしたが，その目標を達成するためのコンクリートの品質基準および性能基準についてはすべてが性能規定というわけではなく，適合見なし仕様による規定も混在している．

　本指針の初版は，1976年に制定された「コンクリートの調合設計・調合管理・品質検査指針案・同解説」であるが，その後絶版となり，1991年に別途「コンクリートの品質管理指針」が制定されたため，1994年に本指針を改定したときに，調合管理・品質検査については主要な部分を付録に移して指針から削除し，指針の名称も「コンクリートの調合設計指針・同解説」と改めた．

　本指針は，初版から一貫して，目標性能の定め方，目標性能を達成するための計画調合の計算手順，計画調合において目標性能が得られたかどうかの検証の方法について記述してきた．目標性能の定め方では，初版から今回改定された第3版にいたる間で性能規定化がより進められているが，適合見なし仕様とした項目も残されており，それらの性能規定化については今後の課題としたい．今回の改定では，指針の構成について1994年の第2版を踏襲しているが，1997年に改定されたJASS 5の内容を受け，使用性にかかわる性能についての記述を加え，品質基準強度（耐久設計基準強度の概念についてはすでに第2版で導入していた）を導入し，目標性能が得られたかどうかの検証についての記述を充実させた．なお，今回は耐火性，耐熱性については規定できなかった．

　コンクリートの性能は，その調合によって定まるといってもよいほど，コンクリート工事において調合の決定は重要である．レディーミクストコンクリートの普及とともに工事現場でコンクリートを製造することがほとんどなくなって久しく，建築技術者が一般のコンクリートについて調合設計や調合計算を行う機会はほとんどなくなったが，上に述べたように調合の決定はきわめて重要な行為であり，建築技術者がコンクリートの調合設計および調合計算について精通しておくことは有意義なことである．本指針が，建築技術者にとってコンクリートの調合設計および調合計算を行う場合の有用な道標となれば幸いである．

1999年2月

日本建築学会

本書作成関係委員 (2015年2月)

——五十音順・敬称略——

材料施工委員会本委員会

委員長　本橋健司

幹　事　輿石直幸　　橋田　浩　　早川光敬　　堀　長生

鉄筋コンクリート工事運営委員会

主　査　早川光敬

幹　事　一瀬賢一　　棚野博之　　野口貴文

委　員　阿部道彦　　荒井正直　　井上和政　　今本啓一
　　　　岩清水　隆　内野井宗哉　大久保孝昭　太田俊也
　　　　小野里憲一　鹿毛忠継　　梶田秀幸　　兼松　学
　　　　川西泰一郎　橘高義典　　黒岩秀介　　古賀一八
　　　　小山智幸　　齊藤和秀　　白井　篤　　竹内賢次
　　　　檀　康弘　　道正泰弘　　中川　崇　　中田善久
　　　　成川史春　　名和豊春　　西脇智哉　　橋田　浩
　　　　畑中重光　　濱　幸雄　　桝田佳寛　　真野孝次
　　　　湯浅　昇　　依田和久　　渡辺一弘

コンクリートの調合設計指針改定小委員会

主　査　桝田佳寛

幹　事　鹿毛忠継　　陣内　浩

委　員　伊藤智章　　太田達見　　小泉信一　　小島正朗
　　　　酒井正樹　　佐藤幸恵　　鈴木澄江　　土屋直子
　　　　寺西浩司　　道正泰弘　　西　祐宜　　宮野和樹
　　　　渡邉悟士

コンクリートの調合設計指針改定WG (1999年2月)

主　査　桝田佳寛

幹　事　阿部道彦　　清水昭之

委　員　池永博威　　小野山貫造　黒羽健嗣　　桜本文敏
　　　　田中恭一　　長尾覚博　　西田　朗　　飛坂基夫
　　　　三井健郎　　山本幸雄

解説執筆委員

全体の調整
  桝田佳寛 鹿毛忠継 陣内　浩 小島正朗
  寺西浩司

1章 総　則
  鹿毛忠継 桝田佳寛

2章 調合設計で目標とする性能
  寺西浩司 太田達見 小島正朗 陣内　浩
  鈴木澄江 土屋直子 道正泰弘

3章 材料の選定
  酒井正樹 伊藤智章 小泉信一 西　祐宜

4章 計画調合を定めるための基本条件
  小島正朗 太田達見 佐藤幸恵 陣内　浩
  鈴木澄江 土屋直子 寺西浩司

5章 調合計算の方法
  佐藤幸恵 宮野和樹 松沢友弘

6章 算出された計画調合の検討
  渡邉悟士

7章 試し練りと調合の調整および計画調合の決定
  伊藤智章

8章 計画調合の表し方および現場調合の定め方
  佐藤幸恵

付録1 調合計算例
  佐藤幸恵

付録2 参考調合表
  宮野和樹

付録3 各国の調合設計方法
  鈴木澄江

付録4 建築用レディーミクストコンクリートの実態調査
  佐藤幸恵

付録5 所要の流動性と材料分離抵抗性を合理的に考慮できる調合設計の手順
  （コンクリートの調合設計指針改定小委員会案）
  寺西浩司

コンクリートの調合設計指針・同解説

目　　次

	本文ページ	解説ページ

1章　総　則
　1.1　目　的 …………………………………………………………………… 1 …… 23
　1.2　適用範囲 ………………………………………………………………… 1 …… 24
　1.3　用　語 …………………………………………………………………… 1 …… 25
　1.4　調合設計の目標 ………………………………………………………… 1 …… 26
　1.5　調合設計の手順 ………………………………………………………… 1 …… 26

2章　調合設計で目標とする性能
　2.1　調合設計で目標とする性能項目 ……………………………………… 2 …… 29
　2.2　構造設計にかかわる性能の目標値の定め方 ………………………… 2 …… 34
　2.3　耐久設計にかかわる性能の目標値の定め方 ………………………… 3 …… 40
　2.4　施工にかかわる性能の目標値の定め方 ……………………………… 5 …… 71
　2.5　使用にかかわる性能の目標値の定め方 ……………………………… 6 …… 79
　2.6　火災時の安定性にかかわる性能の目標値の定め方 ………………… 7 …… 87
　2.7　環境配慮にかかわる目標値の定め方 ………………………………… 7 …… 88

3章　材料の選定
　3.1　セメント ………………………………………………………………… 8 …… 92
　3.2　骨　材 …………………………………………………………………… 8 ……101
　3.3　練混ぜ水 ………………………………………………………………… 9 ……114
　3.4　混和剤 …………………………………………………………………… 9 ……115
　3.5　混和材 …………………………………………………………………… 10 ……123
　3.6　その他の材料 …………………………………………………………… 10 ……130

4章　計画調合を定めるための基本条件
　4.1　一般事項 ………………………………………………………………… 10 ……133
　4.2　品質基準強度，調合管理強度および調合強度 ……………………… 10 ……134
　4.3　練上がり時のスランプまたはスランプフローおよび材料分離抵抗性 …………… 11 ……147

4.4	練上がり時の空気量	12……152
4.5	練上がり時の容積	12……157
4.6	水セメント比または水結合材比	12……158
4.7	単位水量の最大値	12……161
4.8	単位セメント量または単位結合材量の最小値と最大値	13……164
4.9	塩化物イオン量	13……167
4.10	アルカリ総量	13……169

5章　調合計算の方法

5.1	一 般 事 項	13……173
5.2	水セメント比・水結合材比	14……174
5.3	単 位 水 量	14……179
5.4	単位セメント量・単位結合材量	16……190
5.5	単位粗骨材量	16……190
5.6	単位細骨材量	17……198
5.7	混和材料およびその他の材料の使用量	17……200

6章　算出された計画調合の検討

6.1	一 般 事 項	18……205
6.2	ヤング係数	18……205
6.3	単位容積質量	18……208
6.4	塩化物イオン量	18……210
6.5	乾燥収縮率	19……211
6.6	断熱温度上昇量	19……218
6.7	アルカリ総量	19……220
6.8	クリープ係数	19……221
6.9	再生材料の使用量	19……222
6.10	エネルギーの削減量	19……223
6.11	CO_2排出量の削減量	20……224

7章　試し練りと調合の調整および計画調合の決定

7.1	試し練り	20……227
7.2	調合の調整および計画調合の決定	20……229

8章　計画調合の表し方および現場調合の定め方
 8.1 計画調合の表し方 …………………………………………………………… 21……231
 8.2 現場調合の定め方 …………………………………………………………… 21……232

付　　録
 付録1 調合計算例 ………………………………………………………………………… 233
 付録2 参考調合表 ………………………………………………………………………… 243
 付録3 各国の調合設計方法 ……………………………………………………………… 276
 付録4 建築用レディーミクストコンクリートの実態調査 …………………………… 288
 付録5 所要の流動性と材料分離抵抗性を合理的に考慮できる調合設計の手順
    （コンクリートの調合設計指針改定小委員会案） ……………………………… 298

コンクリートの調合設計指針

コンクリートの調合設計指針

1章　総　　則

1.1　目　的
　本指針は，コンクリートの調合設計において考慮すべき事項ならびに調合計算の標準的な方法を示したものであり，計画調合および現場調合を決定する際の手引きとなるものである．

1.2　適用範囲
　a．本指針は，「建築工事標準仕様書・同解説 JASS 5 鉄筋コンクリート工事」（以下，JASS 5 と略記する）に規定するコンクリートに適用する．
　b．本指針に記載のない事項については，JASS 5 および関連指針による．

1.3　用　語
　本指針で用いる用語は，JASS 5，関連する指針，ならびに JIS A 0203：2014（コンクリート用語）による．

1.4　調合設計の目標
　コンクリートの調合設計は，コンクリートに要求される性能が得られるように行う．

1.5　調合設計の手順
　調合設計の一般的な手順は，下記（1）～（7）を標準とする．
　（1）　調合設計の目標とする性能項目および目標値の設定
　（2）　コンクリートに用いる材料の選定
　（3）　調合計算を行うための調合要因に関する基本条件の設定
　（4）　調合計算を行い計画調合の案（試し練り調合）の算出
　（5）　計画調合の案が目標性能および調合要因に関する条件に適合することを確認
　（6）　計画調合の案に基づいて試し練りを行い，調合を調整して計画調合を決定
　（7）　計画調合を補正して現場調合を算出

2章　調合設計で目標とする性能

2.1　調合設計で目標とする性能項目

a．調合設計で目標とするコンクリートの性能項目は，構造設計にかかわる性能項目，耐久設計にかかわる性能項目，施工にかかわる性能項目，使用にかかわる性能項目，火災時の安定性にかかわる性能項目および環境配慮にかかわる性能項目とし，鉄筋コンクリート造建築物の構造体および部材の要求性能に応じて定める．

b．構造設計にかかわる性能項目は，構造体コンクリートの圧縮強度，ヤング係数および気乾単位容積質量とする．

c．耐久設計にかかわる性能項目は，構造体コンクリートの中性化に対する抵抗性，塩化物イオンの浸透に対する抵抗性，乾燥収縮に対する抵抗性，凍結融解作用に対する抵抗性，水和熱によるひび割れを抑制する性能およびアルカリ骨材反応を抑制する性能とする．

d．施工にかかわる性能項目は，使用するコンクリートのワーカビリティー，仕上げ可能時間および構造体コンクリートの施工上要求される強度発現性とする．

e．使用にかかわる性能項目は，構造体コンクリートの水密性，遮蔽性，断熱性・蓄熱性およびクリープとする．

f．火災時の安定性にかかわる性能項目は，構造体コンクリートの火災時の爆裂に対する抵抗性とする．

g．環境配慮にかかわる性能項目は，使用するコンクリートの製造時の省資源性，省エネルギー性および環境負荷物質低減性，ならびに構造体コンクリートの長寿命性とする．

2.2　構造設計にかかわる性能の目標値の定め方

2.2.1　圧縮強度

a．構造体コンクリートの圧縮強度は，コンクリートから切り取ったコア供試体またはこれに類する強度に関する特性を有する供試体の圧縮強度で表し，91日または91日以内の材齢において，試験値が設計基準強度を下回る確率が標準として5%以下であるものとする．

b．使用するコンクリートの圧縮強度は，標準養生したコンクリートの圧縮強度で表し，調合強度を定めるための基準とする材齢において，設計基準強度に構造体強度補正値を加えた値以上とする．

c．構造体強度補正値は，使用するコンクリートの調合強度を定めるための基準とする材齢における圧縮強度と構造体コンクリートの圧縮強度との差として求め，JASS 5，試験または信頼できる資料による．

2.2.2　ヤング係数

a．構造体コンクリートのヤング係数は，コンクリートから切り取ったコア供試体のヤング係数で表し，設計図書による．

b．使用するコンクリートのヤング係数は，標準養生した供試体のヤング係数で表し，(2.1)式で計算される値の 80% 以上の範囲にあるものとする．

$$E = 3.35 \times 10^4 \times \left(\frac{\gamma}{2.4}\right)^2 \times \left(\frac{\sigma_B}{60}\right)^{1/3} \quad (\text{N/mm}^2) \tag{2.1}$$

ただし，E：コンクリートのヤング係数（N/mm²）
　　　　γ：コンクリートの単位容積質量（t/m³）
　　　　σ_B：コンクリートの圧縮強度（N/mm²）

c．使用するコンクリートのヤング係数から推定した構造体コンクリートのヤング係数は，設計図書に記載された値を満足するものとする．

2.2.3　気乾単位容積質量

a．構造体コンクリートの気乾単位容積質量は，使用するコンクリートの気乾単位容積質量から推定するものとし，設計図書による．

b．使用するコンクリートの気乾単位容積質量は，計画調合におけるコンクリートの材料の単位量をもとに算定する．

2.3　耐久設計にかかわる性能の目標値の定め方

2.3.1　中性化に対する抵抗性

a．構造体コンクリートの中性化に対する抵抗性は，中性化速度係数で表し，コンクリートが置かれる環境条件で，計画供用期間に中性化が鉄筋腐食を引き起こす深さまで進行しない値以下とする．計画供用期間は，設計図書による．

b．使用するコンクリートの中性化速度係数は，セメントまたは結合材の種類に応じて適当な材齢まで標準養生した供試体の暴露試験による中性化速度係数または促進試験の結果をもとに定め，構造体コンクリート[1]の中性化速度係数との差を考慮して，計画供用期間に構造体コンクリートの中性化が鉄筋腐食を引き起こす深さまで進行しない値以下とする．

c．所要の中性化速度係数を得るための水セメント比または水結合材比は，セメントまたは結合材の種類別に試験または信頼できる資料によって求める．

d．耐久設計基準強度は，c 項で求めた水セメント比または水結合材比によって得られる圧縮強度以上の強度とする．

e．計画供用期間の級に応じる耐久設計基準強度は，普通ポルトランドセメントを使用するコンクリートの場合は JASS 5 による．

［注］（1）　構造体の表面からかぶり厚さの深さまでのコンクリート．

2.3.2 塩化物イオンの浸透に対する抵抗性および塩化物イオン量

a．構造体コンクリートの塩化物イオンの浸透に対する抵抗性は，塩化物イオンの拡散係数で表し，コンクリートが置かれる環境条件で，計画供用期間に有害量の塩化物イオン[1]が鉄筋のかぶり厚さの深さまで浸透しない値以下とする．計画供用期間は，設計図書による．

b．使用するコンクリートの塩化物イオンの拡散係数は，セメントまたは結合材の種類に応じて適当な材齢まで標準養生した供試体の暴露試験による塩化物イオンの拡散係数または促進試験の結果をもとに定め，構造体コンクリート[2]の塩化物イオンの拡散係数との差を考慮して，計画供用期間に構造体コンクリートに有害量の塩化物イオンが鉄筋のかぶり厚さの深さまで浸透しない値以下とする．

c．所要の塩化物イオンの拡散係数を得るための水セメント比または水結合材比は，セメントまたは結合材の種類別に試験または信頼できる資料によって求める．

d．耐久設計基準強度は，c項で求めた水セメント比または水結合材比によって得られる圧縮強度以上の強度とする．

e．塩害環境の区分および計画供用期間の級に応じる耐久設計基準強度は，普通ポルトランドセメントを使用するコンクリートの場合は JASS 5 による．

f．使用するコンクリート中の塩化物イオン量は，鉄筋の腐食が生じない値以下とする．

［注］（1） 有害な塩化物イオン量は，水セメント比または水結合材比およびかぶり厚さ別に $1.2～2.4\,kg/m^3$ の範囲で設定する．
　　　（2） 構造体の表面からかぶり厚さの深さまでのコンクリート．

2.3.3 乾燥収縮に対する抵抗性

a．構造体コンクリートの乾燥収縮に対する抵抗性は，乾燥収縮率で表し，コンクリートが置かれる環境条件で，有害なひび割れを生じない値以下とする．

b．使用するコンクリートの乾燥収縮率は，標準養生した供試体の長さ変化試験[1]による乾燥収縮率または促進試験[2]の結果をもとに定め，構造体コンクリートの乾燥収縮率との差を考慮して，構造体コンクリートに有害なひび割れを生じない値以下とし，構造体コンクリートの乾燥収縮によるひび割れの発生に関して詳細な検討を行わない場合は，$8×10^{-4}$ とする．

［注］（1） 長さ変化の試験方法は，原則として JIS A 1129-1，1129-2 または 1129-3 の附属書 A（参考）による．また，測定開始までの養生期間は標準として 7 日間とし，測定期間は原則として 6 か月とする．
　　　（2） 促進試験は，信頼できる資料に基づく試験とする．

2.3.4 凍結融解作用に対する抵抗性

a．構造体コンクリートの凍結融解作用に対する抵抗性は，コンクリートが置かれる環境条件で凍結融解作用による著しい劣化やひび割れが生じないものとする．

b．使用するコンクリートの凍結融解作用に対する抵抗性は，耐久性指数で表し，通常の場合は，200 サイクルで 60 以上とし，激しい凍結融解作用に対する抵抗性が必要とされる場合は，300 サイクルで 80 以上とする．

c．所要の耐久性指数を得るための気泡間隔係数は，試験または信頼できる資料によって求める．

2.3.5　水和熱によるひび割れを抑制する性能
　　a．構造体コンクリートの水和熱によるひび割れを抑制する性能は，コンクリートの最高温度あるいは内部と表面部との温度差が，有害なひび割れを起こさない値以下であることとする．
　　b．使用するコンクリートの水和熱によるひび割れを抑制する性能は，断熱温度上昇量で表し，構造体コンクリートの最高温度あるいは内部と表面部との温度差が有害なひび割れを起こさない値以下になるものとする．

2.3.6　アルカリ骨材反応を抑制する性能
　　a．構造体コンクリートのアルカリ骨材反応を抑制する性能は，コンクリートが置かれる環境条件で著しいひび割れや劣化を起こす反応が生じないものとする．
　　b．使用するコンクリートのアルカリ骨材反応を抑制する性能は，アルカリ骨材反応抑制対策を講じたものとし，コンクリートを用いた反応性試験[1]によって反応性なしと判定されることとする．

［注］（1）コンクリートを用いた反応性試験は，JASS 5N T-603による．

2.4　施工にかかわる性能の目標値の定め方
2.4.1　ワーカビリティー
　　a．使用するコンクリートのワーカビリティーは，フレッシュコンクリートの流動性および材料分離抵抗性で評価する．また，フレッシュコンクリートの塑性粘度，降伏値などのレオロジー定数で評価してもよい．
　　b．フレッシュコンクリートの流動性は，スランプまたはスランプフローで表し，荷卸し地点または打込み地点における目標値は設計図書による．
　　c．フレッシュコンクリートの材料分離抵抗性は，スランプまたはスランプフロー試験後のコンクリートの状態で評価し，粗骨材の偏在や分離したペーストおよび遊離した水がないこととし，過大なブリーディングが発生しないこととする．また，このほかに信頼できる資料に基づく試験によって評価してもよい．
　　d．フレッシュコンクリートのレオロジー定数は，信頼できる資料に基づく試験方法によって評価する．

2.4.2　仕上げ可能時間
　　使用するコンクリートの仕上げ可能時間は，凝結時間で評価し，施工上支障のないように定める．

2.4.3 施工上要求される強度発現性

a．構造体コンクリートの施工上要求される強度発現性は，所要の材齢において発現する圧縮強度[1]で表し，施工上支障のないように定める．

b．梁下の支柱を取り外す場合に要求される圧縮強度は，設計基準強度以上とし，スラブ下の支柱を取り外す場合に要求される圧縮強度は，設計基準強度の85%以上とする．ただし，圧縮強度が12 N/mm^{2}以上で，施工中の荷重および外力によって著しい変形やひび割れが生じないことが構造計算により確かめられた場合はこの限りでない．

c．基礎，梁側，柱および壁のせき板を取り外す場合に要求される圧縮強度は，5 N/mm^{2}以上とする．また，梁下およびスラブ下のせき板を取り外す場合に要求される圧縮強度は，設計基準強度の50%以上とするが，圧縮強度が10 N/mm^{2}以上で，施工中の荷重および外力によって著しい変形やひび割れが生じないことが構造計算によって確かめられ，耐久性上支障がない場合はこの限りでない．

d．湿潤養生を打ち切る場合に要求される圧縮強度は，計画供用期間が65年以下の場合は10 N/mm^{2}以上，65年を超える場合は15 N/mm^{2}以上とする．

[注]（1）構造体コンクリートの強度発現推定のための供試体の養生方法は，現場水中養生または現場封かん養生とする．

2.5 使用にかかわる性能の目標値の定め方

2.5.1 水密性

a．構造体コンクリートの水密性は，透水係数によって表し，コンクリートが置かれる環境条件で構造体コンクリートの裏側まで水が透過しない値以下とする．

b．使用するコンクリートの水密性は，標準養生した供試体の透水試験の結果をもとに定め，構造体コンクリートの透水係数との差を考慮して，構造体コンクリートの裏側まで透水しない値以下とする．

c．所要の透水係数を得るための水セメント比または水結合材比は，試験または信頼できる資料によって求める．通常の場合は，JASS 5に規定される水密コンクリートの仕様に適合するものとする．

2.5.2 遮蔽性

a．構造体コンクリートの遮蔽性は，放射線遮蔽性能および遮音性能を対象とし，放射線遮蔽性能は乾燥単位容積質量によって，遮音性能は気乾単位容積質量によって確保するものとする．所要の遮蔽性能を得るための乾燥単位容積質量または気乾単位容積質量は，設計図書による．

b．使用するコンクリートの遮蔽性は，標準養生した供試体の乾燥単位容積質量試験または気乾単位容積質量試験の結果をもとに定め，構造体コンクリートの乾燥単位容積質量または気乾単位容積質量との差を考慮して，構造体コンクリートが所要の遮蔽性能を有する値以上と

する．

2.5.3 断熱性・蓄熱性

a．構造体コンクリートの断熱性は熱抵抗，蓄熱性は熱容量で表し，気乾単位容積質量によって確保するものとする．所要の熱抵抗を得るための気乾単位容積質量は，設計図書による．

b．使用するコンクリートの断熱性は，標準養生した後に気乾状態とした供試体の気乾単位容積質量試験の結果をもとに定め，構造体コンクリートの気乾単位容積質量との差を考慮して，構造体コンクリートが所要の断熱性を有する値以下とする．

c．使用するコンクリートの蓄熱性は，標準養生した後に気乾状態とした供試体の気乾単位容積質量試験の結果をもとに定め，構造体コンクリートの気乾単位容積質量との差を考慮して，構造体コンクリートが所要の蓄熱性を有する値以上とする．

2.5.4 クリープによる変形に対する抵抗性

a．構造体コンクリートのクリープは，クリープ係数によって表し，構造安全性および使用性が確保できる値以下とする．

b．使用するコンクリートのクリープ係数は，標準養生した供試体のクリープ試験の結果をもとに定め，構造体コンクリートのクリープとの差を考慮して，構造体コンクリートが構造安全性および使用性を確保できる値以下であるものとする．

2.6 火災時の安定性にかかわる性能の目標値の定め方

a．構造体コンクリートの表面部の火災時の爆裂に対する抵抗性は，コンクリートが置かれる環境条件で火災時に爆裂によって鉄筋が露出しないものとする．

b．使用するコンクリートの火災時の爆裂に対する抵抗性は，適当な期間気中で保存した気乾状態の試験体を用いて耐火試験を行い，構造体コンクリートにおいて鉄筋が露出するような爆裂が生じないものとする．

2.7 環境配慮にかかわる目標値の定め方

2.7.1 省 資 源 性

使用するコンクリートの製造時の省資源性は，コンクリートの材料中の再生材料の使用量で表し，設計図書による．

2.7.2 省エネルギー性

使用するコンクリートの製造時の省エネルギー性は，コンクリートの材料の製造，運搬に要するエネルギーの削減量で表し，基準とするコンクリートからの削減量は設計図書による．

2.7.3 環境負荷物質低減性

使用するコンクリートの製造時の環境負荷物質低減性は，コンクリートの材料に起因するCO_2排出量の削減量で表し，基準とするコンクリートからの削減量は設計図書による．

2.7.4 長 寿 命 性

構造体コンクリートの長寿命性は，計画供用期間の級で表し，設計図書による．

3章　材料の選定

3.1　セメント

a．セメントは，JIS R 5210（ポルトランドセメント），JIS R 5211（高炉セメント），JIS R 5212（シリカセメント），JIS R 5213（フライアッシュセメント）または JIS R 5214（エコセメント）に規定するセメントを標準とし，コンクリートの目標性能に応じて選定する．

b．a項以外のセメントを使用する場合は，試験または信頼できる資料により，その性能を確認する．

c．中性化に対する抵抗性を重視してセメントを選定する場合は，ポルトランドセメントを標準とする．混合セメントとする場合は，混和材の分量を考慮して選定する．

d．塩化物イオンの浸透に対する抵抗性を重視してセメントを選定する場合は，塩化物イオンの浸透抑制に効果のある混和材の分量が多い混合セメントを選定する．

e．水和熱によるひび割れを抑制する性能が必要な場合は，中庸熱ポルトランドセメント，低熱ポルトランドセメント，フライアッシュセメントなど，水和熱の小さいセメントを選定する．

f．セメントの種類やアルカリ総量によりアルカリ骨材反応抑制対策を行う場合は，ポルトランドセメント低アルカリ形あるいはアルカリ骨材反応抑制効果のある混合セメントを選定する．

g．環境配慮性を重視してセメントを選定する場合は，混和材の分量の多い混合セメントや原材料で省資源性の配慮がなされたエコセメントなどを選定する．

3.2　骨　　材

a．骨材は，JIS A 5308 附属書 A（規定）「レディーミクストコンクリート用骨材」に適合するものとし，コンクリートの目標性能に応じて選定する．

b．JIS に規定されていない骨材は，信頼できる資料や試験により，事前にその性能を確認する．

c．コンクリートのヤング係数に対する要求がある場合には，骨材のヤング係数に留意して選

定する.

d．コンクリートの気乾単位容積質量または乾燥単位容積質量に対する要求がある場合は，骨材の絶乾密度および吸水率に留意して選定する.

e．コンクリートの乾燥収縮を小さくしたい場合は，骨材のヤング係数および収縮特性に留意して選定する.

f．凍結融解作用に対して高い抵抗性が必要な場合は，骨材の安定性試験における損失質量分率が小さく，吸水率の小さい骨材を選定する.

g．水和熱を抑制したい場合は，熱伝導率の大きい骨材や熱容量の大きい骨材を選定する．また，水和熱によるひび割れ発生を抑制させたい場合は，線膨張率の小さい骨材を選定する.

h．骨材によるアルカリ骨材反応抑制対策を行う場合には，アルカリシリカ反応に対して無害と判定される骨材を選定する.

i．コンクリートのワーカビリティーの改善が必要な場合は，粗骨材の最大寸法，骨材の粒度分布および粒形を考慮して選定する.

j．コンクリートの火災時の爆裂に対する抵抗性が必要な場合は，耐火性の高い骨材を選定する.

k．省資源性の環境配慮を行う場合は，コンクリートの性能が確保される範囲で再生骨材，スラグ骨材などを選定する．また，回収骨材を使用する.

l．省エネルギー性あるいは環境負荷物質低減性の環境配慮を行う場合は，骨材製造時にCO_2排出量の少ない砂利，砂，砕石または砕砂を選定する.

m．長寿命性の環境配慮を行う場合は，塩化物量が少ない骨材やアルカリシリカ反応性が無害と判定される骨材を選定する.

3.3　練混ぜ水

a．練混ぜ水は，JIS A 5308（レディーミクストコンクリート）附属書C「レディーミクストコンクリートの練混ぜに用いる水」に適合するものとし，コンクリートの目標性能に応じて選定する.

b．省資源性または環境負荷物質低減性の環境配慮を行う場合は，コンクリートの性能が確保される範囲で回収水を使用する.

c．長寿命性の環境配慮を行う場合は，原則として上水道水を用いる.

3.4　混和剤

a．混和剤は，JIS A 6204（コンクリート用化学混和剤），JIS A 6205（鉄筋コンクリート用防せい剤）またはJASS 5M-402（コンクリート用収縮低減剤の性能判定基準）に適合するものとし，コンクリートの目標性能に応じて選定する.

b．a項以外の混和剤は，混和剤に含まれる塩化物イオン量およびアルカリ量に留意し，試験または信頼できる資料により，その性能および使用方法を確認する.

3.5 混和材

a．混和材は，JIS A 6201（コンクリート用フライアッシュ），JIS A 6202（コンクリート用膨張材），JIS A 6206（コンクリート用高炉スラグ微粉末）または JIS A 6207（コンクリート用シリカフューム）に適合するものとし，コンクリートの目標性能に応じて選定する．

b．a項以外の混和材は，試験または信頼できる資料により，その性能および使用方法を確認する．

3.6 その他の材料

a．火災時の爆裂を抑制するための有機繊維材は，試験または信頼できる資料により，その性能および使用方法を確認する．

b．ひび割れを抑制するための繊維材は，試験または信頼できる資料により，その性能および使用方法を確認する．

c．コンクリートの性能を改善するために使用するその他の材料は，試験または信頼できる資料により，その性能および使用方法を確認する．

4章　計画調合を定めるための基本条件

4.1 一般事項

a．コンクリートの計画調合は，荷卸し時または打込み時および構造体コンクリートにおいて所定の性能が得られるものとする．

b．計画調合を定めるための調合計算は，コンクリートの練上がり時を基準に行う．

c．調合計算を行うために，下記（1）〜（9）の調合要因に関する条件を定める．
　（1）　品質基準強度・調合管理強度および調合強度
　（2）　練上がりスランプまたはスランプフローおよび材料分離抵抗性
　（3）　練上がり空気量
　（4）　練上がり容積
　（5）　水セメント比または水結合材比の最大値
　（6）　単位水量の最大値
　（7）　単位セメント量または単位結合材量の最小値と最大値
　（8）　塩化物イオン量
　（9）　アルカリ総量

4.2 品質基準強度，調合管理強度および調合強度

a．品質基準強度は，設計基準強度と耐久設計基準強度から（4.1）式によって定める．

$$F_q = \max(F_c, F_d) \tag{4.1}$$

ここに，F_q：品質基準強度（N/mm²）

F_c：設計基準強度（N/mm²）

F_d：耐久設計基準強度（N/mm²）

max（＊）は，括弧内の大きい方の値の意味である．

b．調合管理強度は，構造体コンクリートが所要の強度を得られるよう（4.2）および（4.3）式を満足するように定める．

$$F_m = F_q + {}_mS_n \tag{4.2}$$

$$F_m = F_{\text{work}} + S_{\text{work}} \tag{4.3}$$

ここに，F_m：調合管理強度（N/mm²）

${}_mS_n$：標準養生した供試体の材齢 m 日における圧縮強度と構造体コンクリートの材齢 n 日における圧縮強度の差による構造体強度補正値（N/mm²）．ただし，${}_mS_n$ は 0 以上の値とする．28 日 $\leq m \leq n \leq$ 91 日とする．

F_{work}：施工上要求される材齢における構造体コンクリートの圧縮強度（N/mm²）

S_{work}：標準養生した供試体の材齢 m 日における圧縮強度と施工上要求される材齢における構造体コンクリートの圧縮強度との差（N/mm²）

c．調合強度は，調合管理強度および施工上要求される強度発現から（4.4）および（4.5）式を満足するように定める．

$$F \geq F_m + k_1 \sigma \tag{4.4}$$

$$F \geq \alpha F_m + k_2 \sigma \tag{4.5}$$

ここに，F：調合強度（N/mm²）

k_1：強度試験値が調合管理強度を下回る確率に対する正規偏差で，通常の場合は，1.73 とし，コンクリートの設計基準強度が 80 N/mm² 以上の高強度コンクリートの場合は 2.0 以上とする．

k_2：強度試験値が調合管理強度に対して最小の許容される強度を下回る確率に対する正規偏差で 3.0 以上とする．

α：調合管理強度に対する最小の許容される強度の比で，通常の場合は 0.85 を標準とし，コンクリートの設計基準強度が 80 N/mm² 以上の高強度コンクリートの場合は 0.9 を標準とする．

σ：使用するコンクリートの圧縮強度の標準偏差で，実績をもとに定める．実績がない場合は，2.5 N/mm² または，0.1 F_m の大きいほうの値を標準とする．

4.3 練上がり時のスランプまたはスランプフローおよび材料分離抵抗性

a．コンクリートの練上がり時のスランプまたはスランプフローは，運搬および圧送中の変化

を考慮して，荷卸し時または打込み時に所要の目標スランプまたは目標スランプフローが得られるように定める．
　　b．コンクリートの練上がり時の材料分離抵抗性は，運搬および圧送中の変化を考慮し，荷卸し時および打込み時に要求される材料分離抵抗性が得られるように定める．

4.4　練上がり時の空気量
　　a．コンクリートの練上がり時の空気量は，運搬および圧送中の変化を考慮して，荷卸し時または打込み時に所要の目標空気量が得られるように定める．
　　b．良好なワーカビリティーを得るための空気量は，普通コンクリートでは 4.0〜4.5%，軽量コンクリートでは 5.0%，高強度コンクリートでは 2.0〜3.0% を目標とする．
　　c．耐凍害性を得るための所要の気泡間隔係数に応じる空気量は，試験または信頼できる資料による．通常の場合は，普通コンクリートでは 4.5%，軽量コンクリートでは 5.0% を標準とする．

4.5　練上がり時の容積
　コンクリートの練上がり容積は，運搬および圧送中の空気量の変化を考慮して，荷卸し時または打込み時に所要の練上がり容積が得られるように定める．

4.6　水セメント比または水結合材比
　水セメント比または水結合材比は，コンクリートに要求される品質や性能に応じて，次の（1）〜（3）のうち必要な条件を満足する値以下とする．
　　（1）　長期優良住宅の普及の促進に関する法律あるいは住宅の品質確保の促進等に関する法律に適合するための「日本住宅性能基準」に示された等級に応じた水セメント比または水結合材比の最大値．
　　（2）　水密性を確保するための JASS 5 の水密コンクリートの仕様に規定する水セメント比の最大値．
　　（3）　流動性の高いコンクリートにおいて材料分離抵抗性を確保するために，セメント量や結合材量の最小値を定めた場合の，セメント量や結合材量に応じる水セメント比または水結合材比の最大値．

4.7　単位水量の最大値
　単位水量は，コンクリートに要求される性能に応じて，次の（1），（2）の条件を満足する値以下とする．
　　（1）　乾燥収縮が過大にならないように抑制するために，原則として 185 kg/m^3 以下とする．
　　（2）　ブリーディングが過大にならないように抑制するために，標準として 185 kg/m^3 以

下とする．

4.8 単位セメント量または単位結合材量の最小値と最大値

単位セメント量または単位結合材量は，コンクリートに要求される性能に応じて，次の（1），（2）の条件を満足する範囲とする．

(1) 運搬および圧送時に必要な材料分離抵抗性を確保するための単位結合材量［注］は，一般のコンクリートの場合は 270 kg/m³ 以上，水中コンクリートの場合は 330 kg/m³ 以上とする．

(2) 水和熱によるひび割れの発生の危険性を少なくするための単位セメント量は，450 kg/m³ 以下とする．

［注］ この場合の単位結合材料は，単位粉体量でもよい．

4.9 塩化物イオン量

使用するコンクリート中の塩化物イオンは，0.30 kg/m³ 以下とする．ただし，鉄筋腐食を引き起こさないための有効な対策を講じた場合には，0.60 kg/m³ 以下としてよい．

4.10 アルカリ総量

アルカリ総量でアルカリシリカ反応性に対する対策を行う場合のコンクリート中のアルカリ総量は，酸化ナトリウム当量で 3.0 kg/m³ 以下とする．ただし，アルカリ骨材反応性に対して別の対策を講じた場合はこの限りではない．

5 章　調合計算の方法

5.1 一般事項

a．コンクリートの調合計算は，標準として次の（1）～（5）の手順で行う．
(1) 調合強度が得られる水セメント比または水結合材比を算出し，4 章で設定した水セメント比または水結合材比の最大値以下となる値を定める．
(2) セメントまたは結合材の種類，粗骨材の最大寸法，粗骨材の種類，細骨材の種類および化学混和剤の種類に対して，スランプまたはスランプフローが得られる単位水量を設定する．
(3) 水セメント比または水結合材比と単位水量から単位セメント量または単位結合材量を算定する．
(4) 水セメント比または水結合材比とスランプまたはスランプフローの組合せに対して，適切な単位粗骨材かさ容積を設定し，単位粗骨材量を算定する．

(5) 所要の練上がり容積が得られるように単位細骨材量を算定する．

b．調合計算によって求めた値は，4章で示した調合要因に関する条件の範囲内でなければならない．

c．本章の手順によらない場合は，信頼できる資料に基づく手順によって調合計算を行う．

5.2 水セメント比・水結合材比

a．調合強度を得るための水セメント比または水結合材比は，コンクリートのセメント水比または結合材水比と圧縮強度との関係から，調合強度が得られるセメント水比または結合材水比を求め，この値の逆数として定めることを標準とする．

b．a項で求めた水セメント比または水結合材比と，コンクリートに要求される品質や性能に対して4章で設定した水セメント比または水結合材比の最大値とを比較し，両方の値を満足する水セメント比または水結合材比を設定する．

5.3 単位水量

a．単位水量は，化学混和剤の使用量が適切な範囲内で，かつ，コンクリートの所要のワーカビリティーおよびスランプまたはスランプフローが得られる範囲内で，できるだけ小さく定める．

b．普通ポルトランドセメント，砕石，砂および AE 減水剤を使用する普通コンクリートの単位水量は，表5.1に示す値の範囲で定める．

表5.1 普通ポルトランドセメント・砕石・砂および AE 減水剤を使用する普通コンクリートの単位水量の標準値（kg/m³）

水セメント比（％）	粗骨材の種類（最大寸法）スランプ（cm）	砕石（20 mm）	砂利（25 mm）
40	8	163	152
	12	173	161
	15	181	169
	18	(192)	181
	21	(203)	(192)
45	8	158	147
	12	168	157
	15	176	164
	18	(187)	176
	21	(198)	(187)

50	8	157	146
	12	165	154
	15	172	161
	18	183	172
	21	(194)	184
55	8	155	144
	12	162	151
	15	168	157
	18	179	168
	21	(190)	180
60〜65	8	153	142
	12	160	149
	15	166	155
	18	176	165
	21	(186)	176

[注1] 表中にない水セメント比およびスランプに対する単位水量は補間によって求める.
（ ）で示した単位水量が185 kg/m^{3}を超える場合はc項による.
なお，本表に用いた骨材の物理的性質は，次表のとおりである.

項目	砂	砕石	砂利
最大寸法（mm）	—	20	25
粗粒率	2.70	6.69	6.97
実積率（%）	—	60.0	63.7

c．b項において単位水量が185 kg/m^{3}を超える場合は，高性能AE減水剤を使用し，適切な使用量の範囲内で単位水量を定める．ただし，185 kg/m^{3}を超えても過大なブリーディングや乾燥収縮が生じない場合にはこの限りではない．

d．高性能AE減水剤を使用する普通コンクリートおよび高強度コンクリートの単位水量は，表5.2に示す値の範囲で，良好なワーカビリティーおよびスランプ保持性が得られるように定める．

表5.2 普通ポルトランドセメントおよび高性能AE減水剤を使用する普通コンクリートおよび高強度コンクリートの単位水量の標準値の範囲（kg/m^3）

水セメント比（%）	スランプ（cm）	単位水量
30〜40	18	167〜179
	21	173〜184
40超	18	168〜177
	21	173〜181

e．普通ポルトランドセメント以外の結合材，砕石，砂以外の骨材，AE 減水剤，高性能 AE 減水剤以外の化学混和剤を使用するコンクリートの単位水量は，信頼できる資料によって定める．

f．化学混和剤の減水率は，化学混和剤を使用しないコンクリートの単位水量と，b 項または d 項で定めた単位水量の差の，化学混和剤を使用しないコンクリートの単位水量に対する百分率で表し，必要に応じてその値が化学混和剤の種類に応じた減水率の標準的な範囲にあることを確認する．

5.4 単位セメント量・単位結合材量

単位セメント量または単位結合材量は，単位水量と水セメント比または水結合材比とから，計算によって求める．

5.5 単位粗骨材量

a．単位粗骨材量は，単位粗骨材かさ容積を基に定め，単位粗骨材かさ容積は，コンクリートの所要の材料分離抵抗性が得られる範囲内で，できるだけ大きく定める．

b．普通ポルトランドセメント，砂利・砕石，砂・砕砂および AE 減水剤または高性能 AE 減水剤を使用する普通コンクリートの単位粗骨材かさ容積は，表 5.3 に示す値で定める．

表 5.3 普通ポルトランドセメント，砂利・砕石，砂・砕砂および AE 減水剤または高性能 AE 減水剤を使用する普通コンクリートの単位粗骨材かさ容積の標準値（m^3/m^3）

水セメント比 (%)	スランプ (cm)	AE 減水剤		高性能 AE 減水剤	
		砕石（20 mm）	砂利（25 mm）	砕石（20 mm）	砂利（25 mm）
40〜60	8	0.66	0.67	0.67	0.68
	12	0.65	0.66	0.66	0.67
	15	0.64	0.65	0.65	0.66
	18	0.60	0.61	0.61	0.62
	21	0.56	0.57	0.57	0.58
65	8	0.65	0.66	—	—
	12	0.64	0.65	—	—
	15	0.63	0.64	—	—
	18	0.59	0.60	—	—
	21	0.55	0.56	—	—

［注］ 表中にない水セメント比およびスランプに対する単位粗骨材かさ容積は補間によって求める．

c．高性能 AE 減水剤を使用する高流動コンクリートおよび高強度コンクリートの単位粗骨材かさ容積は，表 5.4 に示す値の範囲で良好なワーカビリティーを得られる値を定める．

表5.4 高性能AE減水剤を使用する高流動コンクリートおよび高強度コンクリートの単位粗骨材かさ容積の標準的な範囲（m^3/m^3）

水セメント比 (%)	スランプ（cm）			スランプフロー（cm）			
	18	21	23	50	55	60	65
40	0.58〜0.66	0.57〜0.63	0.55〜0.62	0.53〜0.60	0.53〜0.57	0.52〜0.55	0.51〜0.54
35	0.59〜0.67	0.57〜0.63	0.55〜0.62	0.53〜0.60	0.53〜0.57	0.52〜0.55	0.51〜0.54
30	0.60〜0.67	0.57〜0.63	0.55〜0.62	0.53〜0.60	0.53〜0.57	0.53〜0.55	0.52〜0.54

d．普通ポルトランドセメント以外の結合材，砂利・砕石，砂・砕砂以外の骨材，AE減水剤，高性能AE減水剤以外の化学混和剤を使用するコンクリートの単位粗骨材かさ容積は，信頼できる資料によって定める．

e．単位粗骨材量および粗骨材の絶対容積は，(5.1)(5.2)式により算出する．

単位粗骨材量（kg/m^3）＝単位粗骨材かさ容積（m^3/m^3）

$$\times 粗骨材の単位容積質量（kg/m^3） \quad (5.1)$$

粗骨材の絶対容積（l/m^3）＝単位粗骨材かさ容積（m^3/m^3）×粗骨材の実積率（%）

$$\times \frac{1\,000}{100} = \frac{単位粗骨材量（kg/m^3）}{粗骨材の密度（kg/l）} \quad (5.2)$$

5.6 単位細骨材量

a．細骨材の絶対容積は，コンクリート $1\,m^3$ から，セメントまたは結合材，水，粗骨材の絶対容積および目標空気量をコンクリートの絶対容積あたりの容積に換算した値を差し引いて求める．ただし，所要の材料分離抵抗性を得るために混和材を使用する場合は，その絶対容積も差し引く．

b．単位細骨材量は，細骨材の絶対容積に細骨材の密度をかけて求める．

c．細骨材率は，骨材の絶対容積に対する細骨材の絶対容積の比として求める．

5.7 混和材料およびその他の材料の使用量

a．化学混和剤の使用量は，コンクリートの所要のワーカビリティー，空気量および凝結時間などが得られるように定める．

b．化学混和剤以外の混和材料の使用量は，コンクリートの所定の性能が得られるように定める．

c．その他の材料は，コンクリートの所要の容積に含めないものとし，その使用量は，コンクリートの所要の性能が得られるように定める．

6章　算出された計画調合の検討

6.1　一般事項

　算出された計画調合の案の検討は，調合計算によって得られた調合のコンクリートが，主として耐久設計および環境配慮にかかわる性能の目標を満足することを試し練りの前にあらかじめ確認するために行う．

6.2　ヤング係数

　コンクリートのヤング係数の推定値は，骨材の種類，密度，吸水率およびヤング係数，単位セメント量または単位結合材量および単位水量などを考慮して信頼できる計算方法によって求め，その値が2章で定めた目標値と大きく異なる場合は，コンクリートの材料，計画調合，その他必要な事項を変更する．

6.3　単位容積質量

　a．軽量コンクリートの気乾単位容積質量の推定値は，(6.1) 式により計算し，その値が2章で定めた気乾単位容積質量の上限値を超える場合は，計画調合，その他必要な事項を変更する．

$$W_d = G_0 + G_0' + S_0 + S_0' + 1.25 C_0 + W_f \quad (\text{kg/m}^3) \tag{6.1}$$

　　　ここに，W_d：気乾単位容積質量の推定値（kg/m³）
　　　　　　　G_0：計画調合の案における軽量粗骨材量（絶乾）（kg/m³）
　　　　　　　G_0'：計画調合の案における普通粗骨材量（絶乾）（kg/m³）
　　　　　　　S_0：計画調合の案における軽量細骨材量（絶乾）（kg/m³）
　　　　　　　S_0'：計画調合の案における普通細骨材量（絶乾）（kg/m³）
　　　　　　　C_0：計画調合の案におけるセメント量（kg/m³）
　　　　　　　W_f：コンクリート中の含水量（kg/m³）

　b．普通コンクリートの気乾単位容積質量または乾燥単位容積質量の推定値は，単位セメント量，単位粗・細骨材量（絶乾）およびコンクリート中の含水量などをもとに信頼できる計算方法によって求め，その値が2章で定めた気乾単位容積質量または乾燥単位容積質量の範囲に入らない場合は，コンクリートの材料，計画調合，その他必要な事項を変更する．

6.4　塩化物イオン量

　使用するコンクリート中の塩化物イオン量は，セメント，粗骨材，細骨材，水および混和材料に含まれる塩化物イオン量の合計として求め，その値が4章で定めた使用するコンクリート中の

塩化物イオン量の上限値を超える場合は，コンクリートの材料，計画調合，その他必要な事項を変更する．

6.5 乾燥収縮率

コンクリートの乾燥収縮率の推定値は，セメントまたは結合材の種類，骨材の種類，密度，吸水率およびヤング係数，混和材料の種類，単位水量，単位セメント量または単位結合材量，単位粗骨材量などを考慮して信頼できる計算方法によって求め，その値が2章で定めた乾燥収縮率の上限値よりも高くなる場合は，コンクリートの材料，計画調合，その他必要な事項を変更する．

6.6 断熱温度上昇量

コンクリートの断熱温度上昇量の推定値は，セメントまたは結合材の種類，単位セメント量または単位結合材量などを考慮して信頼できる計算方法によって求め，その値が2章で定めた断熱温度上昇量の上限値よりも大きくなる場合は，コンクリートの材料，計画調合，その他必要な事項を変更する．

6.7 アルカリ総量

使用するコンクリート中のアルカリ総量は，セメント，粗骨材，細骨材および混和材料に含まれるアルカリ量の合計として求め，その値が4章で定めたコンクリート中のアルカリ総量の上限値を超える場合は，コンクリートの材料，計画調合，その他必要な事項を変更する．

6.8 クリープ係数

コンクリートのクリープ係数の推定値は，セメントまたは結合材の種類，骨材の種類，密度，吸水率およびヤング係数，混和材料の種類，単位水量，単位セメント量または単位結合材量，単位粗骨材量などを考慮して信頼できる計算方法によって求め，その値が2章で定めたクリープ係数の上限値よりも大きくなる場合は，コンクリートの材料，計画調合，その他必要な事項を変更する．

6.9 再生材料の使用量

コンクリート1m^3あたりの再生材料の使用量は，再生材料を含む材料の種類や単位量などを考慮して信頼できる計算方法によって求め，その値が2章で定めた再生材料の使用量の下限値に達しない場合は，コンクリートの材料，計画調合，その他必要な事項を変更する．

6.10 エネルギーの削減量

コンクリート1m^3あたりのエネルギーの削減量は，コンクリートの材料の種類や単位量などを考慮して信頼できる計算方法によって求め，その値が2章で定めたエネルギーの削減量の下限値に達しない場合は，コンクリートの材料，計画調合，その他必要な事項を変更する．

6.11 CO_2 排出量の削減量

コンクリート $1 m^3$ あたりの CO_2 排出量の削減量は，コンクリートの材料の種類や単位量などを考慮して信頼できる計算方法によって求め，その値が2章で定めた CO_2 排出量の削減量の下限値に達しない場合は，コンクリートの材料，計画調合，その他必要な事項を変更する．

7章　試し練りと調合の調整および計画調合の決定

7.1　試し練り

試し練りは，原則として JIS A 1138 によって行うものとし，通常は，次の（1）～（5）および（7）の項目について試験し，必要に応じて（6）および（8）～（12）について試験する．なお，各材料の計量値は4.5で定めた練上がり時の容積をもとに考える．

（1）　ワーカビリティー
（2）　練上がり時のスランプ・スランプフロー
（3）　練上がり時の空気量
（4）　フレッシュコンクリートの単位容積質量
（5）　練上がり温度
（6）　塩化物イオン量
（7）　圧縮強度
（8）　硬化コンクリートの気乾単位容積質量および乾燥単位容積質量
（9）　ヤング係数
（10）　乾燥収縮率
（11）　クリープ係数
（12）　その他

7.2　調合の調整および計画調合の決定

前項に示した項目について必要な条件が満たされない場合は，その原因を確かめ，必要な条件を満足するように調合を調整する．また，必要に応じて再度試し練りを行い，計画調合を決定する．

8章 計画調合の表し方および現場調合の定め方

8.1 計画調合の表し方

コンクリートの調合は，表 8.1 によって表す．

表 8.1 計画調合の表し方

品質基準強度 (N/mm²)	調合管理強度 (N/mm²)	調合強度 (N/mm²)	スランプ (cm)	空気量 (%)	水セメント比* (%)	細骨材率 (%)	単位水量 (kg/m³)	絶対容積 (l/m³)				質量 (kg/m³)				化学混和剤の使用量 (ml/m³) または (C×%)	計画調合上の最大塩化物イオン量 (kg/m³)
								セメント	細骨材	粗骨材	混和材**	セメント	細骨材	粗骨材	混和材**		

［注］　＊：混和材を結合材の一部として用いる場合は，水結合材比とする．
　　　＊＊：セメントと置換し，結合材として用いる場合は，結合材とする．

8.2 現場調合の定め方

現場調合は，計画調合に基づき，骨材の含水状態に応じて1バッチ分のコンクリートを練り混ぜるのに必要な材料の質量を算出して求める．

コンクリートの調合設計指針

解　　　説

コンクリートの調合設計指針・解説

1章　総　　則

1.1　目　　的

> 本指針は，コンクリートの調合設計において考慮すべき事項ならびに調合計算の標準的な方法を示したものであり，計画調合および現場調合を決定する際の手引きとなるものである．

　コンクリートの調合は，コンクリートの性能や品質を支配する最も重要な要因のひとつであり，コンクリート工事において，調合の決定はきわめて重要な行為である．コンクリートの調合を決定するという行為には，コンクリートに要求される性能や品質の設定と計画調合を定めるための条件の設定，材料の選定と計画調合の計算，試し練りおよび調合の調整，計画調合の決定と現場調合への補正という一連の行為が含まれている．この一連の行為を広い意味で調合設計という．また，計画調合を定めるための条件の設定がなされた後，試し練り調合を算出することを調合計算と呼んで区別することがある．

　昭和51年に刊行された本指針の旧版である「コンクリートの調合設計・調合管理・品質検査指針（案）・同解説」では，広い意味の調合設計の標準的な方法が示され，「建築工事標準仕様書・同解説 5　鉄筋コンクリート工事」（以下，JASS 5 という）の昭和50年版に規定された高級および常用コンクリートについて調合上の各種制限，例えば水セメント比の限度やスランプ・空気量の範囲などについても推奨される数値を規定していた．

　しかし，その後の本指針の1994年の改定では，広い意味の調合設計の方法については，調合設計において考慮すべき事項，すなわち調合設計の道筋のみを示すこととし，調合上の具体的な規定についてはJASS 5 およびその関連指針によることとした．その理由は，コンクリートに要求される条件が多様化し，それに応じた各種コンクリートの調合設計・施工指針が作成されており，調合上の具体的な制限値はそれらの指針に任せることとしたためである．また，計画調合を定めるための条件の設定がなされた後の調合計算の手順については，いずれもほとんど共通であると考えられたので，その標準的な方法が規定された．また，本指針の初版では，調合管理および品質検査についても規定がなされていたが，この部分に関しては1991年に制定された「コンクリートの品質管理指針・同解説」に移されたため，1994年の第2版では本文規定からは除かれ，指針の表題も「コンクリートの調合設計指針（案）・同解説」となった．

　1999年の改定では，指針の構成については1994年の第2版の考え方を踏襲しているが，1997年に改定されたJASS 5 の内容を受け，目標性能として使用性にかかわる記述の追加ならびに品

質基準強度(耐久設計基準強度の概念については,すでに第2版で導入)を導入し,目標性能が得られたかどうかの検証についての記述の充実を図った.

今回の改定では,1999年以降に制改定されたJASS 5やコンクリート関連の指針類,ならびに関連法令の内容を踏まえ,本書の構成および内容を大きく見直した.これまで2章「調合設計の手順」を「調合設計で目標とする性能」とし,この中で示されていた性能項目と目標性能の定め方にかかわる記述の充実との見直しを行い,環境配慮にかかわる性能と1999年版で懸案となっていた耐火性,耐熱性(本書では,火災時の安定性)にかかわる性能についての記述を追加した.また,使用するコンクリートは,どの時点での性能を規定するかによって所定の性能が異なることから,4章「調合設計を定めるための基本条件」において,コンクリートの計画調合は,荷卸し時または打込み時および構造体コンクリートにおいて所定の性能が得られるように行うことと明確に規定するとともに,関連する記述を見直した.さらに,レディーミクストコンクリート工場におけるコンクリートの調合に関する実態調査や近年の骨材事情等を踏まえた調合実験等を行い,調合設計において標準として示されていたコンクリート用材料の単位量や付録に示す参考調合表等の見直しを行った.

本指針は,以上のようにコンクリートの計画調合および現場調合を決定する際の手引き書となるものといえる.

1.2 適用範囲

> a. 本指針は,「建築工事標準仕様書・同解説JASS 5鉄筋コンクリート工事」(以下,JASS 5と略記する)に規定するコンクリートに適用する.
> b. 本指針に記載のない事項については,JASS 5および関連指針による.

a. 本指針は,建築物に用いるコンクリートに広く適用でき,原則としてJASS 5に規定するコンクリートに適用する.なお,設計基準強度が60 N/mm^2を超える高強度コンクリートにも適用可能である.設計基準強度が60 N/mm^2を超える高強度コンクリートについては,2005年に制定され2013年に改定された「高強度コンクリート施工指針(案)・同解説」があり,ここでは設計基準強度36 N/mm^2を超え120 N/mm^2以下の範囲の高強度コンクリートを対象としており,これらを適宜参照するとよい.

しかし,高流動コンクリートおよび積算温度をもとに調合を定める寒中コンクリートには適用しない.高流動コンクリートについては,1997年に刊行された「高流動コンクリートの材料・調合・製造・施工指針(案)・同解説」があり,それによることとした.積算温度をもとに調合を定める寒中コンクリートについては,調合を定める手順が一般のコンクリートと大きく異なっているため,当該指針によることとした.

b. 本指針は,1.1「目的」に示したように,広義の調合設計に関して考慮すべき性能項目を示すとともに,狭義の調合設計(調合計算)を行うための具体的な基本条件,各種コンクリートの調合要因(調合上の制限値)を示している.本指針の範囲外については,JASS 5や他の指針,例えば,高流動コンクリート,寒中コンクリート,暑中コンクリートなどに委ねることとしたの

1.3 用　　語

> 本指針で用いる用語は，JASS 5，関連する指針，ならびに JIS A 0203：2014（コンクリート用語）による．

　本指針で用いる用語は，JASS 5 によることとし，JASS 5 に記述のない用語については，原則として関連する指針ならびに JIS A 0203：2014（コンクリート用語）によることとした．
　そのため，ここでは，調合設計を行ううえで有用と考えられる用語について記述する．

　調 合 設 計：広義の調合設計とは，鉄筋コンクリート造の要求性能に対して，設定した使用するコンクリートの目標性能の設定，計画調合を定めるための基本条件の決定，材料の選定，調合計算および算出された計画調合の検討，試し練りと調合の調整，計画調合の決定，現場調合の決定の一連の行為．また，狭義の調合設計とは，計画調合を定めるための基本条件の決定，材料の選定がなされた後に計画調合を算出することであり，後述する「調合計算」のことをいう．

　調 合 計 算：使用するコンクリートの目標性能を達成するための計画調合の計算手順，ならびに計画調合を定めるための条件の決定，材料の選定がなされた後に計画調合を算出することをいい，狭義の調合設計である．なお，JIS A 0203：2014（コンクリート用語）において，調合とは「コンクリートをつくるときの各材料の使用割合又は使用量」と規定されており，具体的にはこれらを算出することをいう．

　計 画 調 合：JIS A 0203：2014（コンクリート用語）では，計画調合とは「所定の品質のコンクリートが得られるような調合で，仕様書によって指示されたもの．コンクリートの練上り 1 m^3 の材料使用量で表す．」とされているが，仕様書による指示は通常，荷卸し時または打込み時を対象としており，本指針では，その時点でのコンクリート 1 m^3 あたりの材料の使用量および目標空気量の和とした．したがって，練上がり時にはコンクリート 1 m^3 に空気量の変化を考慮した割増しを加えた量あたりの材料の使用量および目標空気量の和となる．

　調 合 要 因：コンクリートの各種性能を制御する水セメント比や単位水量などの要因であり，調合計算を行って計画調合を定めるためには（1）品質基準強度・調合管理強度および調合強度，（2）練上がりスランプまたはスランプフローおよび材料分離抵抗性，（3）練上がり空気量，（4）練上がり容積，（5）水セメント比または水結合材比の最大値，（6）単位水量の最大値，（7）単位セメント量または単位結合材量の最小値と最大値，（8）塩化物イオン量，（9）アルカリ総量，などの調合条件を定めなければならない．

1.4 調合設計の目標

> コンクリートの調合設計は，コンクリートに要求される性能が得られるように行う．

　コンクリートを製造するときのセメント，水，細骨材，粗骨材などの材料の割合または使用量のことを調合といい，これを計画し，定めることを調合設計と呼んでいる．コンクリートの性能は，材料の品質のほかに，調合の影響を強く受ける．したがって，コンクリートを製造するときには，フレッシュコンクリートおよび硬化コンクリートに要求される性能が得られるように適切に調合を定めることがきわめて重要である．

　近年，コンクリートに要求される性能が多様化し，また使用材料，特に混和材料も多様化・高機能化している．良いコンクリートとは，フレッシュコンクリートでは，施工に適する流動性を有し，均質で材料分離を生じにくく，硬化コンクリートは，所要の強度，耐久性などを有するものとされている．一般に施工性を重視し，単位水量を大きくしすぎると硬化コンクリートの性能が低下することになるので，混和材料を適切に用いてできるだけ単位水量を小さくするのがよい．

1.5 調合設計の手順

> 　調合設計の一般的な手順は，下記（1）〜（7）を標準とする．
> （1）　調合設計の目標とする性能項目および目標値の設定
> （2）　コンクリートに用いる材料の選定
> （3）　調合計算を行うための調合要因に関する基本条件の設定
> （4）　調合計算を行い計画調合の案（試し練り調合）の算出
> （5）　計画調合の案が目標性能および調合要因に関する条件に適合することを確認
> （6）　計画調合の案に基づいて試し練りを行い，調合を調整して計画調合を決定
> （7）　計画調合を補正して現場調合を算出

　コンクリートの調合設計の一般的な手順は，解説図 1.1 に示すとおりである．調合設計では，まず 2 章に示すように目標とするコンクリートの性能項目および目標値を設定し，3 章に示すようにコンクリートに用いる材料の選定を行い，4 章に示すように調合計算を行うための調合要因に関する基本条件を設定し，5 章に示す手順によって，調合計算を行い計画調合の案（試し練り調合）を算出し，6 章に示すように計画調合の案が目標性能および調合要因に関する条件に適合することを確認し，7 章に示すように計画調合の案に基づいて試し練りを行い，調合を調整し計画調合を決定し，8 章に示すように計画調合を補正して現場調合を算出し，一連の調合設計の手順は終了する．

　具体的な調合計算の手順は，解説図 1.2 に示すとおりである．なお，本指針の各章で定める性能項目，目標値などをまとめて，解説表 1.1 に示す．

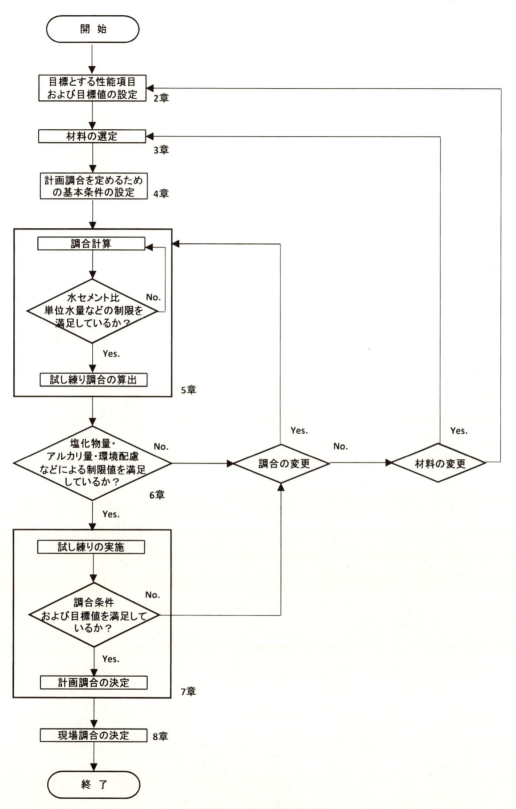

解説図 1.1　調合設計の手順

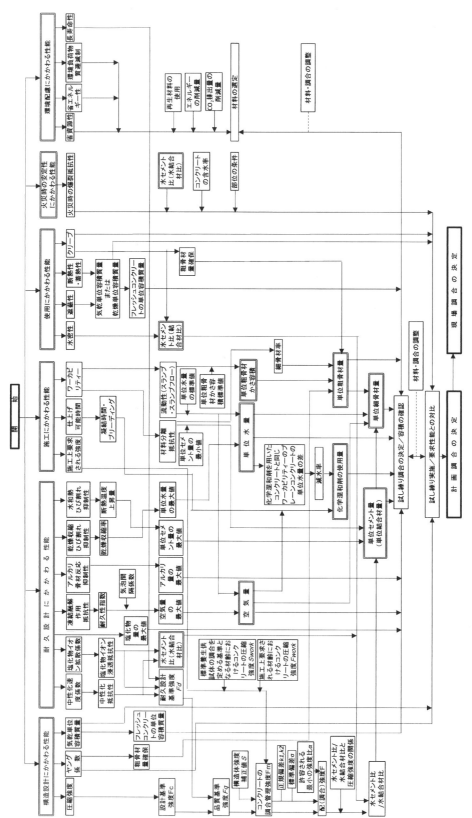

解説図 1.2 調合計算の一般的な手順

性能項目	コンクリートに対する要求項目	構造体コンクリートにおける目標	計算方法	6章 算出された計画調合の検討 計画調合の案の内容を確認する項目	7章 試し練りと調合の調整および計画調合の決定 実際に練混ぜて確認する項目
構造設計	圧縮強度	91日または91日以内の材齢にて，コア供試体またはこれに類似の特性を有する供試体の圧縮強度が設計基準強度を下回る確率が5%以下	を満		2章の条件を満たす
	ヤング係数	設計図書による	を満	信頼できる計算方法によって2章の条件を満たすことを確認	必要に応じて実測
	気乾単位容積質量	設計図書による（使用するコンクリートの気乾単位容積質量から推定する）		計算によって2章の条件を満たすことを確認	フレッシュコンクリートの単位容積質量の確認
耐久設計	中性化に対する抵抗性	計画供用期間に中性化が鉄筋腐食を生じる深さまで進行しないこと		— — —	必要に応じて実測
	塩化物イオンの浸透に対する抵抗性および塩化物イオン量	計画供用期間に有害量の塩化物イオンがかぶり厚さ位置まで浸透しない		計算によって4章の初期塩化物イオン量を満たすことを確認	必要に応じて初期塩化物イオンを実測
	乾燥収縮に対する抵抗性	有害なひび割れが生じないこと		計算によって2章の乾燥収縮率を満たすことを確認	— — —
	凍結融解作用に対する抵抗性	著しい劣化やひび割れが生じない		— — —	必要に応じて耐久性指数実測
	水和熱によるひび割れを抑制する性能	有害なひび割れが生じない最高温度または内部と表面部との温度差		信頼できる計算方法によって2章の条件を満たすことを確認	必要に応じて断熱温度上昇量の実測
	アルカリ骨材反応を抑制する性能	著しいひび割れや劣化を起こすひび割れが生じないこと		計算によって4章のアルカリ総量を満たすことを確認	必要に応じて反応性試験などを実施
施工	ワーカビリティー	— — —	を満	— — —	スランプまたはスランプフローの確認
		— — —	を満	— — —	目視確認 必要に応じて信頼できる試験方法などでも確認
	仕上げ可能時間	— — —	を満	— — —	必要に応じて凝結試験やブリーディング試験などを実施
	施工上要求される強度発現性	所要の材齢で施工上支障がない程度	を満	— — —	必要に応じて初期材齢の強度などを測定
使用	水密性	構造体コンクリートの裏側まで通過しない透水係数以下	を満	— — —	必要に応じて透水係数実測
	遮蔽性（放射線および音）	設計図書による（所要の遮蔽性能を得るための単位容積質量または気乾単位容積質量）	を満	乾燥単位容積質量の推定	必要に応じて乾燥単位容積質量実測
	断熱性	設計図書による（所要の熱抵抗を得るための気乾単位容積質量）	を満	気乾単位容積質量の推定	必要に応じて気乾単位容積質量実測
	クリープ	構造安全性および使用性が確保されるクリープ係数以下	を満	クリープ係数の推定	必要に応じてクリープ試験実施
火災時の安定性	火災時の爆裂に対する抵抗性	火災時に爆裂によって鉄筋が露出しないこと	を満	— — —	必要に応じて耐火試験実施
環境配慮	省資源性	設計図書による（コンクリート）	を満	再生材料の使用量の確認	— — —
	省エネルギー性	設計図書による（コンクリート）	を満	コンクリートの製造にかかるエネルギーの削減量の確認	— — —
	環境負荷物質低減性	設計図書による（コンクリート）	を満	コンクリートの製造にかかるCO_2排出量の削減量の確認	— — —
	長寿命性	設計図書による（計画供用期間）	を満	— — —	— — —

2章　調合設計で目標とする性能

2.1 調合設計で目標とする性能項目

> a．調合設計で目標とするコンクリートの性能項目は，構造設計にかかわる性能項目，耐久設計にかかわる性能項目，施工にかかわる性能項目，使用にかかわる性能項目，火災時の安定性にかかわる性能項目および環境配慮にかかわる性能項目とし，鉄筋コンクリート造建築物の構造体および部材の要求性能に応じて定める．
> b．構造設計にかかわる性能項目は，構造体コンクリートの圧縮強度，ヤング係数および気乾単位容積質量とする．
> c．耐久設計にかかわる性能項目は，構造体コンクリートの中性化に対する抵抗性，塩化物イオンの浸透に対する抵抗性，乾燥収縮に対する抵抗性，凍結融解作用に対する抵抗性，水和熱によるひび割れを抑制する性能およびアルカリ骨材反応を抑制する性能とする．
> d．施工にかかわる性能項目は，使用するコンクリートのワーカビリティー，仕上げ可能時間および構造体コンクリートの施工上要求される強度発現性とする．
> e．使用にかかわる性能項目は，構造体コンクリートの水密性，遮蔽性，断熱性・蓄熱性およびクリープとする．
> f．火災時の安定性にかかわる性能項目は，構造体コンクリートの火災時の爆裂に対する抵抗性とする．
> g．環境配慮にかかわる性能項目は，使用するコンクリートの製造時の省資源性，省エネルギー性および環境負荷物質低減性，ならびに構造体コンクリートの長寿命性とする．

　a．コンクリートの性能は，構造物の施工時および完成した構造物に要求される性能によって定められるものである．JASS 5 では，1997 年版で構造体および部材に要求される性能が定められ，現行の JASS 5 では，構造安全性，耐久性，耐火性，使用性，部材の位置・断面寸法の精度および仕上がり状態をあげ，これらの要求性能は，建築主の意向および社会的要請，建築物の用途・規模および重要度，敷地の地域および気象・環境条件，ならびに部材別に構造上の重要度および暴露条件に応じて定めることとしている．したがって，コンクリートの調合設計時には，その要求性能を満足するようなコンクリートを合理的かつ経済的に製造するために目標とする事項を，コンクリートの性能として定めなければならない．このフレッシュ時および硬化後のコンクリートの性能は，解説表 2.1 に示すコンクリートの原材料の品質や調合のほかに，製造，施工法など多くの要因に影響を受ける．そこで本指針では，本項において，構造体に使用されるコンクリートの調合設計で目標とする性能項目を，構造設計にかかわる性能項目，耐久設計にかかわる性能項目，施工にかかわる性能項目，使用にかかわる性能項目，火災時の安定性にかかわる性能項目および環境配慮にかかわる性能項目の 6 つに大別し，それぞれの性能に影響する因子を考慮し，コンクリート構造物の設計・施工時に，設計者や施工者が必要とするコンクリートの性能を確保するために，最も基本的な調合上の目標となる性能項目をあげた．

　なお，"性能" とは，"目的または要求に応じてものが発揮する能力"〔本会編「建築物の調

解説表 2.1 調合設計で目標とする性能と主な調合要因との関係

性能項目	調合設計時の目標性能	水セメント比/水結合材比	単位水量	セメント/結合材の種類・品質	単位セメント量/単位結合材量	混和材・その他の材料の種類・量	混和剤の種類・量	連行空気量	骨材の種類・組成	骨材の形状・粒度・最大寸法・微粒分量	細・粗骨材の量	アルカリ総量	塩化物イオン量
構造設計にかかわる性能項目	構造体コンクリートの圧縮強度	◎		○		○		○	○				
	構造体コンクリートのヤング係数	◎		○		○			○		◎		
	構造体コンクリートの気乾単位容積量					○			○		○		
耐久設計にかかわる性能項目	構造体コンクリートの中性化に対する抵抗性	◎		◎		◎							
	構造体コンクリートの塩化物イオンの浸透に対する抵抗性	◎		◎		◎							○
	構造体コンクリートの乾燥収縮に対する抵抗性	○	◎	○		○		○	○		○		
	構造体コンクリートの凍結融解作用に対する抵抗性	○						◎	○	○			
	構造体コンクリートの水和熱によるひび割れを抑制する性能			○	◎	◎							
	構造体コンクリートのアルカリ骨材反応を抑制する性能			◎	○	◎			◎			◎	
施工にかかわる性能項目	使用するコンクリートのワーカビリティー		◎	○	○	○	◎	○		◎	◎		
	使用するコンクリートの仕上げ可能時間			○		○	◎						
	構造体コンクリートの施工上要求される強度発現性	◎		○		○	○						
使用にかかわる性能項目	構造体コンクリートの水密性	◎				○							
	構造体コンクリートの遮蔽性								◎		○		
	構造体コンクリートの断熱性および蓄熱性								◎		◎		
	構造体コンクリートのクリープ	◎							◎		◎		
火災時の安定性にかかわる性能項目	構造体コンクリートの火災時の爆裂に対する抵抗性					○			◎				
環境配慮にかかわる性能項目	使用するコンクリートの製造時の省資源性			◎	○	◎			◎				
	使用するコンクリートの製造時の省エネルギー性			◎	○	◎			◎				
	使用するコンクリートの製造時の環境負荷物質低減性			◎	○	◎			◎				
	構造体コンクリートの長寿命性	◎		◎		◎	○						

◎直接関係する要因,○間接的に関係する要因

査・劣化診断・修繕の考え方（案）・同解説」(1993)〕と定義されているが，コンクリートの場合，同一のコンクリートでありながら，フレッシュコンクリートと硬化コンクリートの二つのまったく異なった状態に対してそれぞれ性能が要求され，さらにそのどちらの要求性能も満足できるような調合設計や製造が求められている．このため，一方の状態の要求性能を得るために，他方の状態の具体的条件（要求性能ではない）が必要となることがある．本指針では，このようなことから，前述した例のように定義された"性能"に加えて，"性能"とはいえないが，調合設計・製造の時点で硬化・フレッシュの両状態に要求される性能を得るためにきわめて重要な種々の条件もすべて"性能"という用語によって示すこととした．

b．構造設計にかかわる性能項目

最終的に必要な構造体コンクリートの性能のうち，構造設計を行ううえで最も重要な事項は，設計基準強度の保証，コンクリートの変形の抑制およびコンクリートの自重であるとし，構造設計にかかわる性能項目は，圧縮強度，コンクリートのヤング係数および気乾単位容積質量とした．本章2.2節では，構造体コンクリートの圧縮強度は，設計基準強度に対してそのばらつきと許容できる最小の圧縮強度を考慮することによって得られるので，試験値が設計基準強度を下回る確率が標準として5%以下であるとして定めればよいとしている．変形性能に対する目標性能は，構造設計で最も一般的に使用されるヤング係数とした．また，特に軽量コンクリートについては，その質量が構造設計時の主要条件の一つとなるので，気乾単位容積質量を目標性能項目とすることにした．

c．耐久設計にかかわる性能項目

耐久性とは，"建築物またはその部分の劣化に対する抵抗性"〔本会編「建築物の調査・劣化診断・修繕の考え方（案）・同解説」(1993)〕と定義されている．ここでいう"劣化"は，基本性能が時間の経過とともに次第に低下していく状況を含んだ用語であり，耐久性は，"建築物等の基本的な性能が，供用していく中で時間の経過とともに低下することに抵抗する性質"と解釈することができる．したがって，当初から基本性能が低いものであっても，時間の経過に伴う性能低下がなければ，"耐久性が低い"とはいえない．しかし，このような要因も，最終的には構造物や部材全体の耐久性（時間の経過の中でその性能を維持する能力も含んだ耐久性）に影響を及ぼすため，本指針では，「耐久性」の意味を，"長期にわたる外部からの物理・化学的作用に抵抗する性質"とし，必ずしも耐久性を直接的に示さない要因であっても，耐久性に大きくかかわるものは，耐久設計にかかわる性能項目として示すこととした．

耐久設計においては，コンクリート構造物に作用する劣化外力に応じた耐久性の目標を定めたうえで，調合設計時に配慮すべき具体的項目およびそのレベルを決める必要がある．コンクリート構造物の耐久性に影響する劣化外力には解説表2.2に示すようにごく一般的なものから，特定の地域や条件で生じる特殊なものまで数多くあり，理想的にはこれらすべての劣化外力に対して耐久的であるコンクリートを調合・製造・施工するのがよい．しかし，劣化外力の中にはこれを抑制する技術がないものや，コンクリート以外の技術により抑制する場合よりも抑制結果がきわめて不経済となるようなものがある．

解説表 2.2　耐久性にかかわる性能に影響する一般的劣化作用の例

分類	劣化作用の例
気象作用	凍結融解作用，気温の変化，日射による熱，風，雨
物理的・化学的作用	高温，低温，変動温・湿度による作用，炭酸ガスの作用，亜硫酸ガスの作用，水による溶解作用，海水・酸・塩など各種化学物質の作用，バクテリア・菌類・穿孔動物など各種生物の作用
機械的作用	継続する振動，繰返し荷重，すりへり作用，水流・波浪の作用

そこで，ここでは耐久設計にかかわる性能項目を，現在の技術レベルにおいて，ある程度合理的に制御することが可能なものとして，構造体コンクリートの中性化に対する抵抗性，塩化物イオンの浸透に対する抵抗性，乾燥収縮に対する抵抗性，凍結融解作用に対する抵抗性，水和熱によるひび割れを抑制する性能，アルカリ骨材反応を抑制する性能とした．本章 2.3 節では，その性能を評価する具体的性能値は，中性化速度係数，塩化物イオン拡散係数，乾燥収縮率，気泡間隔係数，断熱温度上昇量，コンクリートを用いた反応性試験によって反応性なしとされることなどとしている．また，中性化に対する抵抗性，塩化物イオンの浸透に対する抵抗性については，従来と同様に，圧縮強度（耐久設計基準強度）を指標として調合設計を進めることができるような手順を残した．

なお，耐久性に関する性能項目のうち，すりへり抵抗性，耐熱性などについては，本指針では取り上げていない．

d．施工にかかわる性能項目

施工にかかわる性能項目としては，使用するコンクリートのワーカビリティー，仕上げ可能時間，および構造体コンクリートの施工上要求される強度発現性とした．

使用するコンクリートのワーカビリティーを表す具体的性能項目としては，コンシステンシー（流動性），プラスティシティー（保形性），フィニッシャビリティー（仕上げ性）などがあるが，一般にはこれらの性能のうち流動性が重視されることが多いため，ワーカビリティーの指標にスランプもしくはスランプフロー値が用いられている．また，水セメント比（水結合材比）の高いコンクリートや高流動コンクリートを調合する場合には，流動性の観点だけでなく，材料分離抵抗性の観点での評価も重要となる．このようなことから，本章 2.4 節では，ワーカビリティーを流動性と材料分離抵抗性で評価することを基本とした．また，フレッシュコンクリートの塑性粘度，降伏値などのレオロジー定数で評価することができるのであれば，それらを指標として用いてもよいこととした．

使用するコンクリートの仕上げ可能時間は，コンクリートの打込み・締固め方法，打継ぎ時間間隔，仕上げのタイミングなどを定めるために必要な性能である．仕上げ可能時間は凝結試験の結果で評価し，施工上支障のないように定めるとよい．

構造体コンクリートの施工上要求される強度発現性は，設計基準強度または品質基準強度を保証する材齢ではなく，型枠の取外し時期などにあわせた材齢で，施工上必要な強度に応じて定め

る．

e．使用にかかわる性能項目

一般に，建物の使用にかかわる性能は，広義には，通常の使用状態において居住者がいかに快適に生活できるかという居住性能によって評価されると考えてよい．すなわち使用にかかわる性能とは，本来，建物の動線や部屋の配置などの平面計画・建物形態・色彩といった意匠設計や，設備設計，構造設計などから出される居住性に関するすべての要求性能によって評価されるべきものである．しかし，鉄筋コンクリート造建築物の構造体について，構造設計や意匠設計，設備設計などにかかわるものを除いて，その使用性を考えると，性能項目はある程度限定される．JASS 5（2009）によれば，鉄筋コンクリート造建築物の構造体について，使用性は，常時荷重時における構造体および部材の変形や振動，漏水による被害によって評価されるとしている．例えば，供用中に梁・床などの大きな変形や振動があったり，漏水が生じたりして居住性能が低下すれば，使用性が低下したと評価する．

以上の点を考慮し，本項では，鉄筋コンクリート造建築物に用いるコンクリートが有する性能のうち，構造設計や意匠設計，設備設計などにかかわるものを除き，居住性との関連の深い水密性，遮蔽性（放射線遮蔽性・遮音性），断熱性・蓄熱性およびクリープを「使用にかかわる性能項目」として定めることとした．

これらの性能項目に対する具体的な性能値およびこれに応ずる調合設計時の条件は，本章 2.5 節において水密性は透水係数，遮蔽性はコンクリートの単位容積質量（放射線に対しては乾燥単位容積質量，音に対しては気乾単位容積質量），断熱性と蓄熱性は熱伝導率と熱容量，クリープはクリープ係数としている．

f．火災時の安定性にかかわる性能項目

構造体コンクリートの火災時の安定性とは，火災の中で構造体や部材が断面欠損などを起こさない性能とした．超高強度コンクリートの研究が進み，昨今では緻密なコンクリートは，火災時に表層から爆裂することが明らかになっている．この現象は，爆裂対策用の繊維材を用いることなどで防ぐことも可能であるため，調合計画時に火災時の安定性にかかわる性能項目も考慮することとした．

g．環境配慮にかかわる性能項目

鉄筋コンクリート造建築物は，他産業分野の耐久消費材とは異なり，大量に天然資源を用いて工事が実施され，竣工後は長期にわたり大量のエネルギーを消費しながら供用され，最終的に解体・廃棄されて大量の建設廃棄物を生じるという特有のライフサイクルを有する．鉄筋コンクリート造建築物のライフサイクルとは，生産段階，供用段階，解体段階および再生段階を捉えているが，本指針では解説表 2.3 に示すうち，生産段階の中でコンクリートの製造に関係するところまでを取り扱う．

環境に配慮した鉄筋コンクリート工事とするためには，ライフサイクル全体に環境影響を踏まえたうえで，部材および構造体の設計段階から施工段階までの個々の段階において，網羅的に環境配慮事項を検討する必要がある．本会編「鉄筋コンクリート造建築物の環境配慮施工指針

解説表 2.3 環境性能とライフサイクル

環境性能	ライフサイクル			
	生産段階	供用段階	解体段階	再生段階
省資源	再生材料	—	再生材料の計量	
省エネルギー	製造設備・施工機器	断熱材（空調）	施工機器	
環境負荷物質低減	環境負荷物質，重金属	中性化	—	
長寿命	耐久設計	長寿命	—	

（案）・同解説」[1]によると，鉄筋コンクリート工事における環境配慮は，①省資源型，②省エネルギー型，③環境負荷物質低減型および④長寿命型の4つの型に分類される．これらの型は，常に各段階において十分な環境配慮がなされるように計画・実施することが重要である．また，意図する環境配慮の性能を選択する段階においては，複数の環境配慮の性能から相対的にその優先度を考えたうえで，選択することが重要である．その選択が環境配慮の状況にトレードオフの関係を生じさせるようなことがあるが，その場合には，設計者が定めた性能に応じて最終的な環境配慮事項を調合に反映させることが必要となる．このことは，JASS 5 にも「工事にあたっては，省資源型，省エネルギー型，環境負荷物質低減型の環境配慮を行う．」と明記されている．また，長寿命型については，2節の一般的な劣化作用を受ける構造体の計画供用期間の級のうち，長期および超長期の場合の耐久設計基準強度に反映されている．

本指針では，環境をコンクリートの性能の一つとし，分類の「型」ではなく，それぞれの性能を示す「性」とし，①省資源性，②省エネルギー性，③環境負荷物質低減性および④長寿命性の4つを調合設計で目標とする性能項目として定めた．

2.2 構造設計にかかわる性能の目標値の定め方

2.2.1 圧縮強度

> a．構造体コンクリートの圧縮強度は，コンクリートから切り取ったコア供試体またはこれに類する強度に関する特性を有する供試体の圧縮強度で表し，91日または91日以内の材齢において，試験値が設計基準強度を下回る確率が標準として5%以下であるものとする．
> b．使用するコンクリートの圧縮強度は，標準養生したコンクリートの圧縮強度で表し，調合強度を定めるための基準とする材齢において，設計基準強度に構造体強度補正値を加えた値以上とする．
> c．構造体強度補正値は，使用するコンクリートの調合強度を定めるための基準とする材齢における圧縮強度と構造体コンクリートの圧縮強度との差として求め，JASS 5，試験または信頼できる資料による．

a，b，c．コンクリートが練り混ぜられ，構造体に打ち込まれて養生されて硬化し，構造体コンクリートとして完成するまでの間には，解説図 2.1 に示すようないくつかの時点がある．このうち，硬化コンクリートについては，標準養生したコンクリート（供試体）によるポテンシャルの性能，構造体と同じと見なされる条件で養生したコンクリート（供試体）の性能および構造体コンクリート自身の性能とがある．

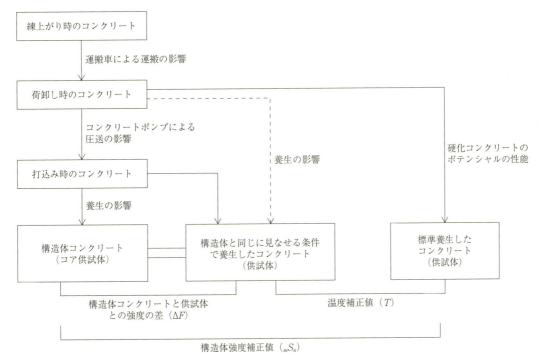

解説図 2.1 調合設計の対象とするコンクリート

　標準養生したコンクリートとは，20℃の水，湿砂もしくは飽和蒸気の中で養生したコンクリートのことである．養生条件が一定であるため，あるコンクリートのポテンシャル性能を把握するのに利用されることが多い．コンクリートの調合設計を行ううえでは，基本となる調合強度を，標準養生したコンクリートの圧縮強度で表すこととしている．

　これに対し，構造体コンクリートとは，柱や梁といった部材そのもののことである．構造設計者が定めている設計基準強度は，実際の建築物の柱や梁そのものの圧縮強度として要求されている．したがって，コンクリートの調合設計を行ううえでは，設計基準強度や耐久設計基準強度を，構造体コンクリートの圧縮強度で表すこととしている．建築工事中の柱や梁は20℃で養生されるわけではないため，変動する外気温の中で強度発現が進むことになる．したがって，ある期間内に打ち込む部材がいずれも設計基準強度を満たすためには，その期間の外気温の影響を考慮した調合設計が必要となる．また，構造体コンクリートの圧縮強度は，実際の部材から採取したコア供試体の圧縮強度を求めることで確認することができるが，新築の建築物の部材を痛めてまでコア供試体を採取するのは合理的ではなく，構造体と同じに見なせる条件で養生したコンクリートの供試体で代用するようになった．

　構造体と同じに見なせる条件で養生したコンクリートとは，現場水中養生や現場封かん養生のような，構造体に近い養生条件で管理されたコンクリートのことである．このような方法で製造されたコンクリートの供試体は，外気温によって変化する構造体コンクリートの強度発現をほぼ再現することができるが，昨今では実際の構造体よりもやや高い圧縮強度（ΔF（$=3N/mm^2$）

だけ高い圧縮強度）となることが多いことがわかっている．

ここまで説明したように，標準養生したコンクリートと，構造体コンクリートおよび構造体と同じに見なせる条件で養生したコンクリートの間には，外気温などの養生条件に起因する強度差が生まれる．概念的には解説図2.1に示すような温度補正値（T）や構造体強度補正値（$_mS_n$）の差が生まれることになるが，構造体と同じに見なせる条件で養生したコンクリートの供試体には様々な養生方法のものがあり，補正値も一様ではない．そこで，構造体コンクリートと各種供試体との強度差（ΔF），温度補正値（T値）および構造体強度補正値（$_mS_n$）の関係を整理すると，解説図2.2のようになる．構造体と同じに見なせる条件で養生したコンクリートの供試体には，前述した現場水中養生や現場封かん養生以外に，簡易断熱養生や温度追従養生のようなものもある．改定前の本指針や2003年版までのJASS 5では，構造体と同じに見なせる条件で養生したコンクリートの圧縮強度を経由して実際の柱や梁のような部材が設計基準強度を満たすような調合設計を行っていた．解説図2.2を見ながら考えるとわかりやすいが，一番左のコア強度が設計基準強度（F_c）を満たすように，設計基準強度にΔFとTを加えて，一番右にある標準養生した供試体の圧縮強度で表す調合強度を求めていたのである．しかしながら，解説図2.2の一番上に書いてある補正値（$_mS_n$）の実験データを蓄積すると，構造体と同じに見なせる条件で養生したコンクリートの圧縮強度を経由する理由はない．そこで，2009年に改定されたJASS 5では，解説図2.2の一番上に書いてある構造体強度補正値（$_mS_n$）のみを使い，調合強度を求める

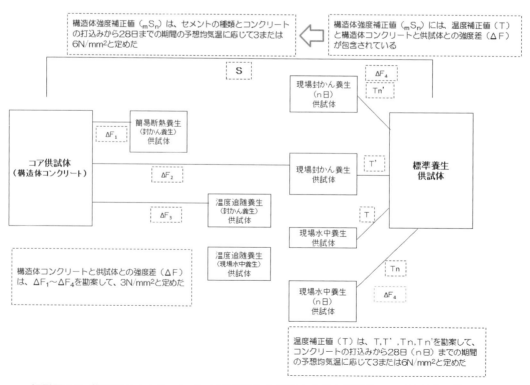

解説図2.2　構造体コンクリート（コア供試体）と標準水中養生供試体および強度補正値の関係

方法に変更した．本指針も今回の改定でその流れを踏襲し，調合強度の算出には，構造体強度補正値（$_mS_n$）を用いる手法に変更した．

構造体強度補正値（$_mS_n$）の標準値などについては4章で詳しく述べているため，本章ではどのような現象に起因して構造体強度補正値（$_mS_n$）が生じるのかを整理した．各種セメントを用いたコンクリートの強度発現性と構造体強度補正値の関係をイメージ図として表したものを解説図2.3に示す．構造体強度補正値（$_mS_n$）とは，材齢m日における標準養生した供試体の圧縮強度と，材齢n日における構造体コンクリートの圧縮強度（コア供試体の圧縮強度）の差を表したものである．一般には，m日を28日，n日を91日と設定することが多く，$_{28}S_{91}$という補正値となることが多い．構造体強度補正値（$_{28}S_{91}$）の大きさは，標準養生した供試体の強度発現性とコア供試体の強度発現性によって定まる．標準養生した供試体の強度発現性は，使用するセメントの種類や水セメント比によって異なり，コア供試体の強度発現性は使用材料や調合要因だけでなく，外気温によっても異なる．解説図2.3の左側に示した普通ポルトランドセメントを使用した場合について説明すると，中段に示した標準期のケースでは，外気温は標準養生に近い20℃程度となり，標準養生した供試体の圧縮強度と構造体コンクリートの圧縮強度は，比較的近い強度となる．結果的に構造体強度補正値（$_mS_n$）はあまり大きな数値になることはなく，2009年版のJASS 5では標準値として3N/mm²としている．これに対し，上段に示した夏期は，構造体コ

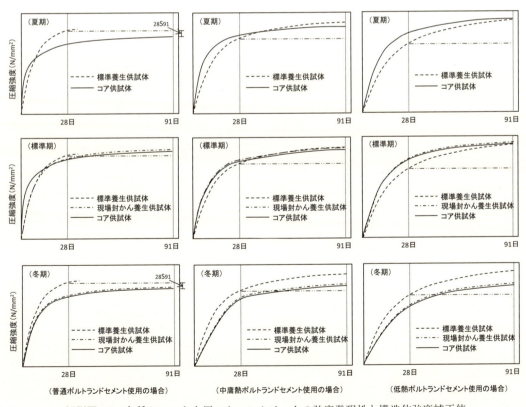

解説図2.3　各種セメントを用いたコンクリートの強度発現性と構造体強度補正値

ンクリートが高温で養生されることになり，初期材齢では強度発現が進むものの，長期材齢では強度の増進が緩慢になる．下段に示した冬期は，構造体コンクリートが低温で養生されることになり，初期材齢から強度発現が遅延し，長期材齢でもあまり強度が増進しない．このような現象の結果，夏期と冬期の構造体強度補正値（$_mS_n$）は標準期よりも大きくなる傾向にある．これらの関係はセメントの種類などが変われば異なるため，特殊な条件となる場合は，前述したようなJASS 5の標準値を用いるのではなく，実験によって解説図2.3のような図を作成して構造体強度補正値（$_mS_n$）を検討することもある．

2.2.2 ヤング係数

> a．構造体コンクリートのヤング係数は，コンクリートから切り取ったコア供試体のヤング係数で表し，設計図書による．
> b．使用するコンクリートのヤング係数は，標準養生した供試体のヤング係数で表し，(2.1) 式で計算される値の80％以上の範囲にあるものとする．
>
> $$E = 3.35 \times 10^4 \times \left(\frac{\gamma}{2.4}\right)^2 \times \left(\frac{\sigma_B}{60}\right)^{1/3} \text{ (N/mm}^2\text{)} \tag{2.1}$$
>
> ただし，E：コンクリートのヤング係数（N/mm^2）
> 　　　　γ：コンクリートの単位容積質量（t/m^3）
> 　　　　σ_B：コンクリートの圧縮強度（N/mm^2）
> c．使用するコンクリートのヤング係数から推定した構造体コンクリートのヤング係数は，設計図書に記載された値を満足するものとする．

a，b，c．コンクリートのヤング係数は，建築物の固有周期，柱，梁などの軸方向変形および曲げ・せん断変形，床のたわみ量などを算定する場合に必要となる部材剛性を決定する重要な物性である．

使用するコンクリートのヤング係数は，標準養生した供試体のヤング係数で表し，(2.1) 式の80％以上の範囲を満足すればよい．この関係式は，1978〜1992年に日本全国で実施された3 000以上の実験データに基づく統計分析によって求められたものである．また，解説図2.4に示すように，コンクリートのヤング係数は (2.1) 式で計算される値の±20％の範囲内におおむね納まることが報告されている[2]．したがって，使用するコンクリートのヤング係数の実測値が計算値の80％未満である場合には，コンクリートに何らかの問題があると考えて，使用材料の変更や調合の見直しを検討する必要がある．

構造体コンクリートのヤング係数は，構造体コンクリートから採取したコア供試体のヤング係数で確認するか，使用するコンクリートのヤング係数から推定し，設計図書に記載された値を満足する必要がある．この際，構造設計において推定値の信頼性が問題になることから，材料・調合を定めるうえで，安全性を確保する必要があることなどから，推定値および実測値に対して95％の信頼限界を与える式が次のように提案されている．

$$E_{e95} = (1+0.05)E_c \tag{解 2.1}$$

$$E_{o95} = (1+0.2)E_c \tag{解 2.2}$$

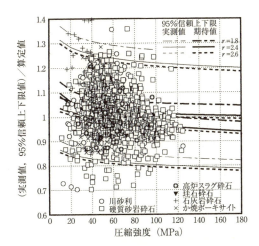

解説図 2.4 ヤング係数の推定値・実測値の 95％信頼限界[2]

ここに，E_{e95}：ヤング係数の推定値の 95％信頼限界
E_{o95}：ヤング係数の実測値の 95％信頼限界

2.2.3 気乾単位容積質量

> a．構造体コンクリートの気乾単位容積質量は，使用するコンクリートの気乾単位容積質量から推定するものとし，設計図書による．
> b．使用するコンクリートの気乾単位容積質量は，計画調合におけるコンクリートの材料の単位量をもとに算定する．

a，b．コンクリートの気乾単位容積質量は，構造計算で固定荷重を算定するときに鉄筋コンクリートの質量を求めるために必要な値である．JASS 5によると，普通コンクリートの気乾単位容積質量は，2.1 t/m³ を超え 2.5 t/m³ 以下を標準としている．これは，使用する骨材の密度や調合によって気乾単位容積質量が異なるためであり，おおむね 2.3 t/m³ 前後が一般的であるが単位セメント量の大きい高強度コンクリートでは，やや重くなり，2.4 t/m³ 程度となる．

また，軽量コンクリートの気乾単位容積質量は 2.1 t/m³ 以下とし，特記によるとしている．軽量コンクリートの単位容積質量は，従来 1.4～1.9 t/m³ の範囲のものが多かった．しかし，近年，軽量コンクリートが高強度化されたこともあり，設計基準強度が 36 N/mm² の軽量コンクリートは，単位セメント量が大きく，また，乾燥しにくいため気乾単位容積質量が 1.9 t/m³ を超えるようになり，その範囲が 2.1 t/m³ までとなった．

構造体コンクリートの気乾単位容積質量は，使用するコンクリートの気乾単位容積質量から推定するものとし，計画調合におけるコンクリートの使用材料の単位量から算出することとした．

2.3 耐久設計にかかわる性能の目標値の定め方

2.3.1 中性化に対する抵抗性

> a．構造体コンクリートの中性化に対する抵抗性は，中性化速度係数で表し，コンクリートが置かれる環境条件で，計画供用期間に中性化が鉄筋腐食を引き起こす深さまで進行しない値以下とする．計画供用期間は，設計図書による．
> b．使用するコンクリートの中性化速度係数は，セメントまたは結合材の種類に応じて適当な材齢まで標準養生した供試体の暴露試験による中性化速度係数または促進試験の結果をもとに定め，構造体コンクリート[1]の中性化速度係数との差を考慮して，計画供用期間に構造体コンクリートの中性化が鉄筋腐食を引き起こす深さまで進行しない値以下とする．
> c．所要の中性化速度係数を得るための水セメント比または水結合材比は，セメントまたは結合材の種類別に試験または信頼できる資料によって求める．
> d．耐久設計基準強度は，c項で求めた水セメント比または水結合材比によって得られる圧縮強度以上の強度とする．
> e．計画供用期間の級に応じる耐久設計基準強度は，普通ポルトランドセメントを使用するコンクリートの場合はJASS 5による．
> ［注］（1）構造体の表面からかぶり厚さの深さまでのコンクリート．

a．コンクリートは，当初は高アルカリ性を呈しているが，大気中の二酸化炭素と反応し，コンクリート中のセメント水和物のアルカリ性が徐々に失われ中性化する．コンクリートの中性化が鉄筋位置に到達するまでは建築物に損傷を及ぼすことはないが，中性化が鉄筋位置まで到達すると鉄筋腐食に対する保護機能が喪失し，そこに水分と酸素が供給されると鉄筋は腐食し始める．ひとたび鉄筋が腐食すると，鉄筋表面に生じた膨張性の腐食生成物がかぶりコンクリートを押し広げ，その結果かぶりコンクリートにひび割れや剥離を生じさせる．このような状況になると，鉄筋コンクリート構造物の耐久性は大きく低下する．そのため，中性化を抑制することは，鉄筋コンクリートの耐久性を確保するうえで不可欠である．

一般に，コンクリートの中性化は，経過時間（材齢）の平方根に比例するとされ，中性化深さ C は，（解2.3）式のように表される．

$$C = A\sqrt{t} \tag{解2.3}$$

ここに，C：中性化深さ
A：中性化速度係数（材料，調合，環境条件などで定まる）
t：経過時間（材齢）

（解2.3）式に示すように，中性化速度係数 A が大きいほど中性化の進行は速く，中性化に対する抵抗性は低くなる．コンクリートの中性化速度は，温度，相対湿度，二酸化炭素濃度といった環境条件のほかに，コンクリート自体の性質（セメントや骨材などの材料，調合，打込み後の養生などの施工条件）やコンクリート表面に施される仕上げ材などの影響を受ける．

さらに，中性化に起因する鉄筋腐食に関していえば，室内では，二酸化炭素濃度が屋外に比べて高く乾燥しているため，中性化の進行は速いものの，中性化が鉄筋位置まで到達してもただちに鉄筋腐食には至らない．これに対し，屋外では，相対湿度が室内に比べて高いため，中性化は進行しにくいが，中性化が鉄筋位置に到達して以降は鉄筋腐食が生じやすくなる．

例えば，解説図 2.5[3]に示すように，屋外では中性化が進行した時点で，また室内では鉄筋のかぶり厚さより約 20 mm 内部側まで中性化が進行した時点で，鉄筋の発錆確率は急増する．すなわち，室内の部材で鉄筋が腐食し始めるのは，おおむね中性化が鉄筋の裏面に到達して以降である．そのため，解説図 2.5 に示したように，屋外では中性化がかぶり厚さまで進行するまでの期間が，一方，室内では中性化しても鉄筋に有害な腐食が生じないと考えられるかぶり厚さに 20 mm を加えた深さまで中性化が進行する期間が，計画供用期間よりも長くなるように中性化速度係数の目標値を定め，これを満足するような材料や調合を定める．

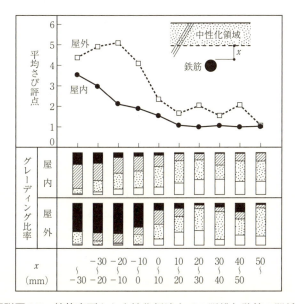

解説図 2.5 鉄筋表面から中性化領域までの距離と発錆の関係[3]

以上のように，建築物が置かれた環境条件によって，中性化に起因する鉄筋腐食の発生状況は大きく異なり，また同一建築物で屋外側と室内側の双方に面する部材に調合を変えてコンクリートを打ち込むことは現実的ではない．そのため，本指針では，中性化に起因する鉄筋腐食にとって最もクリティカルな条件を，屋外側，室内側といった諸条件にかかわらず，計画供用期間に中性化が鉄筋のかぶり厚さまで到達する時点とし，これを本文で規定する「計画供用期間に中性化が鉄筋腐食を引き起こす」時点と考えることにした．

なお，計画供用期間に関しては，設計図書に記載される値を準用することとする．

b．使用するコンクリートの中性化速度係数 A を短期間で求めるのに，促進試験がしばしば用いられる．一般に，大気中の二酸化炭素濃度は，屋外で約 0.04%（400 ppm），室内で約 0.1% といわれているが，JIS A 1153（コンクリートの促進中性化試験方法）では，二酸化炭素濃度 5±0.2%，温度 20±2℃，相対湿度 60±5% の条件で試験することになっている．JIS A 1153 による促進試験で得られた経過時間と中性化深さの関係と一般大気中での経過時間と中性化深さの関

係から，中性化速度係数を求めることができる．例えば，一般大気中に曝されるコンクリートの中性化深さ C は，（解 2.4）式のように表される．

$$C = A \times \sqrt{CO_2/5.0} \times \sqrt{t} \tag{解 2.4}$$

ここに，CO_2：大気中の二酸化炭素濃度（％）

したがって，構造体コンクリートが置かれる環境下（一般大気中）における中性化速度係数を得るには，（解 2.4）に基づく（解 2.5）式によるのがよい．

$$A' = A \times \sqrt{CO_2/5.0} \tag{解 2.5}$$

ここに，A'：構造体コンクリートが置かれる環境下における中性化速度係数

二酸化炭素濃度の場合と同様に，構造体コンクリートが置かれる温度および相対湿度の下での中性化速度係数を求めるには，阿部らの研究[4]による以下の式が参考になる．なお，阿部ら[4]は，温度と相対湿度が中性化速度係数に及ぼす影響を解説図 2.6 や解説図 2.7 のように表している．

$$A' = A \times \frac{T_{em} + 27.3}{47.3} \tag{解 2.6}$$

$$A' = A \times \frac{H_u \times (100 - H_u) \times (140 - H_u)}{192\,000} \tag{解 2.7}$$

ここに，T_{em}：構造体コンクリートが置かれる温度（℃）

　　　　H_u：構造体コンクリートが置かれる相対湿度（% R.H.）

ところで，（解 2.3）式や（解 2.4）式のように表される暴露試験や促進試験による中性化速度係数 $A(=A_s+\varDelta A)$ は，JASS 5 の 3.4 に記されているように，十分に締固めがなされた標準養生供試体に対するものであり，構造体コンクリート（実際の部材に打ち込まれたコンクリート）の中性化速度係数（A_s）とは異なる．このことから，本指針では，設定した計画供用期間 t（30，65，100，200 年）において，設計かぶり厚さまたは計画かぶり厚さ c まで中性化が進行するよ

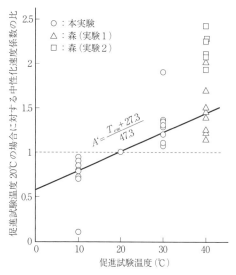

解説図 2.6 中性化速度に及ぼす促進試験温度の影響[4]

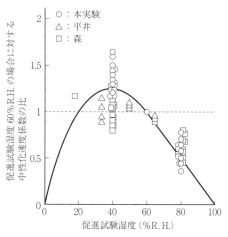

解説図 2.7 中性化速度に及ぼす促進試験温度の影響[4]

うな中性化速度係数 $A_{s,req}$ を算定し，この $A_{s,req}$ と計画調合（水セメント比または水結合材比）から算定される中性化速度係数 A_s を比較し，A_s よりも $A_{s,req}$ の方が大きいことを確認することとした．

ΔA（標準養生供試体と構造体コンクリートとの中性化に関する品質の差）が試験または信頼できる資料に基づいて得られていればよいが，JASS 5 に記されているように，ΔA を定める技術的資料の整備は現時点では十分とはいえず，解説図 2.8 のような手順で計画調合を検討することは難しいと考えられる．そこで，解説図 2.9 に示すように，中性化速度係数 A を圧縮強度または水セメント比（水結合材比）に置き換えて評価し，コンクリートの中性化に対する所要の抵抗性が確保できるようにする．

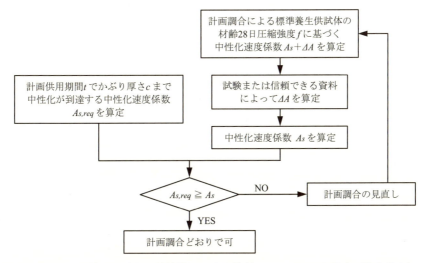

解説図 2.8 中性化に対する抵抗性に関する検討フロー（ΔA が算定可能な場合）

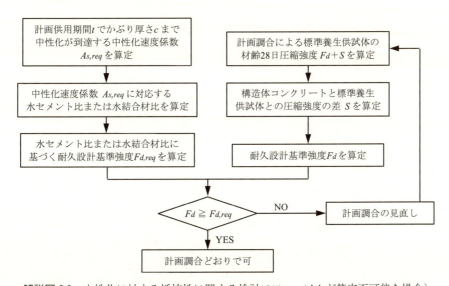

解説図 2.9 中性化に対する抵抗性に関する検討フロー（ΔA が算定不可能な場合）

なお，解説図 2.9 において，中性化速度係数 $A_{s,req}$ は（解 2.8）式にて，また計画調合による標準養生供試体の材齢 28 日圧縮強度 f に基づく中性化速度係数 A は（解 2.9）式によって算定するとしたが，太田らが示す考え方[5]に基づけば，構造体コンクリートの中性化速度係数を求めることも可能である．

$$A_{s,req} = \frac{c}{\sqrt{t}} \qquad \text{（解 2.8）}$$

$$A = A_s + \Delta A = 23.8 \times \left(\frac{1}{\sqrt{f}} - 0.13\right) \qquad \text{（解 2.9）}$$

解説図 2.10 に，コンクリートのかぶり厚さ平均値と規準化した水セメント比の関係を示す．ここでいう規準化した水セメント比とは，壁形の試験体におけるコンクリートの計画調合（水セメント比）に対する配合推定結果（水セメント比の実測値）の比を表している．

解説図 2.10 に示すように，型枠に打ち込まれたコンクリート（構造体コンクリート）の水セメント比は，表層近傍になるほど部材中心部に比べて高くなるため，中性化の進行は表層近傍ほど速くなる．このような構造体コンクリートの水セメント比の分布に基づき，水セメント比が

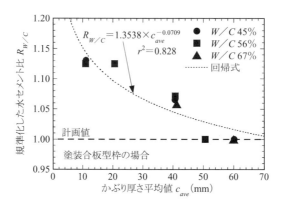

解説図 2.10　かぶり厚さ平均値と規準化した水セメント比の関係[5]を一部修正

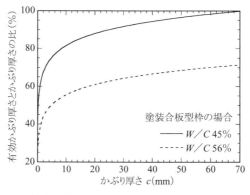

解説図 2.11　中性化の進行に関する有効かぶり厚さの試算例[5]を一部加筆

部材断面内で均質と仮定した場合に対し中性化の進行が等価になるかぶり厚さと定義される「有効かぶり厚さ」と実際のかぶり厚さの比を求めると，解説図 2.11 のようになる．解説図 2.11 から，一般的な建築物のかぶり厚さである 30～50 mm 程度において，有効かぶり厚さと実際のかぶり厚さの比はおおむね 60～90% であることがわかる．したがって，構造体コンクリートの中性化速度係数は，有効かぶり厚さと実際のかぶり厚さの比の逆数である 1.1～1.7 倍程度になると考えられる．こうした方法を用いれば，構造体コンクリートの中性化速度係数が算定可能になる．

　解説図 2.9 に示したように，中性化速度係数 A を圧縮強度に置き換える場合は，解説図 2.12 のような促進中性化試験における圧縮強度と中性化速度比の関係[6]や，解説図 2.13 のようなセメント種類を変えたコンクリートの圧縮強度と中性化速度係数の関係[7]などを参考にするとよい．このうち，解説図 2.12 に示されるセメントにおいては，促進試験開始時の圧縮強度の逆数と中性化速度比とが直線関係にあり，また空気量や混和剤の添加量に関係なく，圧縮強度が大きいほ

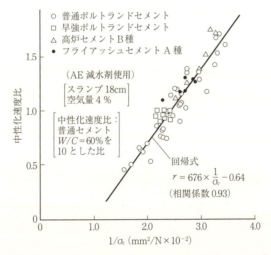

解説図 2.12　圧縮強度の逆数と中性化速度比の関係[6]

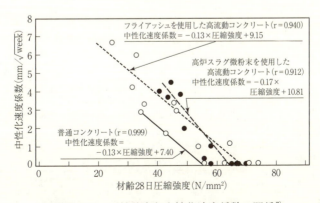

解説図 2.13　圧縮強度と中性化速度係数の関係[7]

ど中性化速度比は小さくなっている．したがって，セメント種類，コンクリートの養生条件，水セメント比などを包含した結果として得られる圧縮強度を指標として中性化速度が評価できるといえる．

　c．所要の中性化速度係数 A を得るための水セメント比または水結合材比は，原則として，試験または信頼できる資料に基づいて定めるが，以下のような方法も参考になる．

　i) JASS 5 による場合

　JASS 5（1997）の 4.5.2「混和材」には，普通ポルトランドセメント，フライアッシュおよび高炉スラグ微粉末を用いたコンクリートの中性化速度係数が水セメント比と関連づけて示されている．その中で，水セメント比 W/C（%）と中性化速度係数 A（mm/$\sqrt{週}$）の関係が，（解2.10）式や（解2.12）式のように表されており，これらに基づいて水セメント比を定める．なお，（解2.11）式と（解2.13）式は，（解2.10）式と（解2.12）式を水セメント比について展開したものである．

・普通ポルトランドセメントの場合：

$$A = 15.6 \times (W/C)/100 - 6.53 \tag{解2.10}$$

$$W/C = \frac{A + 6.53}{15.6} \times 100 \tag{解2.11}$$

・フライアッシュを用いた高流動コンクリートの場合：

$$A = 64.16 \times (W/C)/100 - 24.63 \tag{解2.12}$$

$$W/C = \frac{A + 24.63}{64.16} \times 100 \tag{解2.13}$$

普通ポルトランドセメント以外のセメントを使用したコンクリートの中性化速度係数 A と水セメント比または水結合材比の関係を示した資料は多くないため，本会「鉄筋コンクリート造建築物の耐久設計施工指針（案）・同解説」（以下，耐久設計施工指針）に記されているセメント種類別の中性化速度係数の比率〔解説表2.4：「耐久設計施工指針」解説表5.2.10〕などを参考にするとよい．

なお，解説表2.4 における α_2 は，（解2.14）式の係数をさす．

$$A = k \times \alpha_1 \times \alpha_2 \times \alpha_3 \times \beta_1 \times \beta_2 \times \beta_3 \tag{解2.14}$$

解説表2.4　普通ポルトランドセメントの係数を1.0とした場合の各種セメントの係数（推奨値）

セメント種類	岸谷式	白山式	Ca(OH)$_2$ 生成量から得られる値	α_2
普通ポルトランドセメント	1.00	1.00	1.00	1.0
早強ポルトランドセメント	0.60	0.79	0.95	0.85
高炉セメントA種	1.40	1.29	1.20	1.25
高炉セメントB種	2.20	1.41	1.35	1.4
高炉セメントC種	—	1.82	1.82	1.8
フライアッシュセメントB種	1.90	1.82	1.12	1.8

ここに，k：岸谷式では 1.72，白山式では 1.41 となる係数

　　　α_1：コンクリートの種類（骨材の種類）による係数

　　　α_2：セメントの種類による係数

　　　α_3：調合（水セメント比）による係数

　　　β_1：気温による係数

　　　β_2：湿度による係数

　　　β_3：二酸化炭素濃度による係数

ⅱ） 土木学会・コンクリート標準示方書による場合

コンクリート標準示方書［設計編］（2012）では，コンクリートの中性化速度係数の設定法が以下のように規定されている．

$$\alpha_k = a + b \times (W/B) \tag{解 2.15}$$

ここに，α_k：中性化速度係数の特性値で，実験あるいは既往のデータに基づき，コンクリートの有効水結合材比と結合材の種類から予測するもの（mm/$\sqrt{年}$）

　　　a, b：セメント（結合材）の種類に応じて実績から定まる係数

　　　W/B：有効水結合材比

また，コンクリート標準示方書［設計編］（2012）には，土木学会・コンクリートライブラリー 64「フライアッシュを混和したコンクリートの中性化と鉄筋の発錆に関する長期研究（最終報告）」に示される普通ポルトランドセメントや中庸熱ポルトランドセメントを用いた 17 種類の実験結果に基づく式が，以下のように示されている．

$$\alpha_k = -3.57 + 9.0 \times (W/B) \tag{解 2.16}$$

ここに，$B = C_p + k \times A_d$

　　　W：単位体積あたりの水の質量

　　　B：単位体積あたりの有効結合材の質量

　　　C_p：単位体積あたりのポルトランドセメントの質量

　　　A_d：単位体積あたりの混和材の質量

　　　k：混和材の種類により定まる定数で，フライアッシュの場合 0，高炉スラグ微粉末の場合 0.7

　d．上記 c 項で定めた水セメント比または水結合材比は，中性化に対する抵抗性を必要最小限で確保できる値であることから，耐久設計基準強度は，これらの水セメント比または水結合材比によって得られる圧縮強度以上の強度となるように定めなければならない．なお，水セメント比または水結合材比と圧縮強度の関係については，解説図 2.12 や解説図 2.13 のような資料に基づいて定めるとよい．

　e．普通ポルトランドセメントを使用するコンクリートの耐久設計基準強度は，JASS 5 の 3.4 において，計画供用期間の級が短期の場合 18 N/mm^2，標準の場合 24 N/mm^2，長期の場合 30 N/mm^2，超長期の場合 36 N/mm^2 と規定され，超長期の場合に限り，かぶり厚さを 10 mm 増やした場合に 30 N/mm^2 にすることができるとしている．本指針では，この JASS 5 の規定を準用

し，計画供用期間の級に応じて耐久設計基準強度を定めることとした．

なお，普通ポルトランドセメント以外のセメントを使用するコンクリートの耐久設計基準強度は，本会から刊行されている指針などを参考に定めることとする．本会「高炉セメントを使用するコンクリートの調合設計・施工指針・同解説」(2001) には，「高炉セメントを使用するコンクリートの耐久設計基準強度は，JASS 5 3.4a による」と規定されており，この指針が刊行した 2001 年当時の JASS 5 は 1997 年版であり，計画供用期間の級が一般の場合には 18 N/mm^2，標準の場合には 24 N/mm^2，長期の場合には 30 N/mm^2 となっている．同様に，本会「フライアッシュを使用するコンクリートの調合設計・施工指針・同解説」（以下，フライアッシュ指針）には，「コンクリートの耐久設計基準強度は，JASS 5 による．ただし，下記（1），（2）の場合は耐久設計基準強度を 3 N/mm^2 割増しするものとする」と規定されている．この（1）と（2）は，以下のような規定となっている．

（1）フライアッシュⅠ種を使用する場合

（2）フライアッシュⅡ種を使用し，その置換率が 20% を超え 30% 以下の場合

フライアッシュ指針が刊行された 2007 年当時の JASS 5 は 2003 年版であるが，耐久設計基準強度は，上記の高炉セメントの場合と同様に 1997 年版の JASS 5 と同じになっている．

2.3.2 塩化物イオンの浸透に対する抵抗性および塩化物イオン量

a．構造体コンクリートの塩化物イオンの浸透に対する抵抗性は，塩化物イオンの拡散係数で表し，コンクリートが置かれる環境条件で，計画供用期間に有害量の塩化物イオン[1]が鉄筋のかぶり厚さの深さまで浸透しない値以下とする．計画供用期間は，設計図書による．

b．使用するコンクリートの塩化物イオンの拡散係数は，セメントまたは結合材の種類に応じて適当な材齢まで標準養生した供試体の暴露試験による塩化物イオンの拡散係数または促進試験の結果をもとに定め，構造体コンクリート[2]の塩化物イオンの拡散係数との差を考慮して，計画供用期間に構造体コンクリートに有害量の塩化物イオンが鉄筋のかぶり厚さの深さまで浸透しない値以下とする．

c．所要の塩化物イオンの拡散係数を得るための水セメント比または水結合材比は，セメントまたは結合材の種類別に試験または信頼できる資料によって求める．

d．耐久設計基準強度は，c 項で求めた水セメント比または水結合材比によって得られる圧縮強度以上の強度とする．

e．塩害環境の区分および計画供用期間の級に応じる耐久設計基準強度は，普通ポルトランドセメントを使用するコンクリートの場合は JASS 5 による．

f．使用するコンクリート中の塩化物イオン量は，鉄筋の腐食が生じない値以下とする．

［注］（1）有害な塩化物イオン量は，水セメント比または水結合材比およびかぶり厚さ別に 1.2〜2.4 kg/m^3 の範囲で設定する．

（2）構造体の表面からかぶり厚さの深さまでのコンクリート．

a．コンクリート中に一定量以上の塩化物イオンが存在すると，コンクリートが中性化していない場合であっても，鉄筋の不動態皮膜が容易に破壊される．このような状態で水分と酸素が供給されると，鉄筋腐食が開始する．コンクリート中に塩化物イオンが侵入する経路としては，コンクリート用の各種材料（セメント，骨材，練混ぜ水，化学混和剤など）に含まれる塩化物イオン（いわゆる初期塩化物イオン）によるものと，海水（波しぶき）や潮風の作用によってコンク

リート表面に付着し，その一部がコンクリート内部に浸透（浸入）した塩化物イオンによるものがある．

前者に関しては，旧建設省住指発第1446号によって，コンクリート製造時に含まれる塩化物イオン量の総量が0.30 kg/m³以下に，有効な防錆対策を講じた場合に0.60 kg/m³以下に規制されており，この程度の塩化物イオン量であれば，鉄筋腐食は生じない．また，この規定は，JASS 5や本指針4.9節で準用されている．一方，後者に関しては，外部からコンクリート中に塩化物イオンが浸透するものであるため，コンクリートには，塩化物イオンに対する所定の抵抗性を有することが必要となる．この塩化物イオンの浸透に対する抵抗性は，コンクリート用の材料や調合のみならず，建築物が置かれる環境条件にも影響されるため，これを考慮して塩化物イオンの浸透に対する抵抗性を有するように計画調合を定めなければならない．

塩化物イオンのコンクリート内部への浸透は，一般にFickの拡散方程式に従うとされている．半無限固体のコンクリート表面に飛来塩分の粒子が付着し，塩化物イオンがコンクリート内部に浸透・拡散する過程は，（解2.17）式のように表される．

$$\frac{\partial Cl}{\partial t} = D \cdot \frac{\partial^2 Cl}{\partial x^2} \qquad (解 2.17)$$

ここに，Cl：塩化物イオン量
　　　　x：コンクリート表面からの距離（深さ）
　　　　D：塩化物イオンの拡散係数
　　　　t：経過時間

（解2.17）式の拡散方程式の解は，境界条件の設定によって異なる．例えば，海岸近くに建つ建築物では，コンクリート中の塩化物イオン量は一定ではなく，長期間にわたり蓄積されていく．同様に，コンクリート表面の塩化物イオン量も経時的に変化する．このような境界条件に基づき（解2.17）式を解くことで，塩化物イオンの浸透が鉄筋位置まで進行するまでの期間が計画供用期間以上になるように塩化物イオンの拡散係数の目標値を定め，その目標値を満足するようにコンクリート用の材料や調合を定める．

これまでは，コンクリート中の塩化物イオン量が1.2～2.4 kg/m³になると鉄筋腐食が始まるとされ，鉄筋の腐食発生限界塩化物イオン量として，一般的に1.2 kg/m³が採用されてきた．しかし，近年，かぶり厚さやコンクリートの水セメント比によって腐食開始の閾値が異なるとの見解[8]が示され，JASS 5の25節「海水の作用を受けるコンクリート」では，解説表2.5に示すような考え方が採用されている．この考え方を参考に，本指針では，建築物が置かれる環境条件下で塩化物イオンがコンクリート表面から浸透しても計画供用期間内に鉄筋腐食が生じないような

解説表2.5　水セメント比と腐食発生限界塩化物イオン量の関係[8]

水セメント比（%）	65	55	45
腐食発生限界塩化物イオン量（kg/m³）	1.6	2.5	3.0

塩化物イオンの拡散係数を定め,それを計画調合に反映させることとし,本文のような規定とした.そのため,有害量の塩化物イオンが鉄筋位置,すなわち鉄筋のかぶり厚さの深さまで浸透しない値以下とした.

本指針で規定する有害量の塩化物イオンとは,塩化物イオンによって鉄筋腐食が開始する時点の塩化物イオン量とする.塩化物イオンによって鉄筋腐食が開始すると,加速度的に進行することが多く,鉄筋表面に生じた腐食生成物によって,早期のうちにかぶりコンクリートにひび割れや剥離・剥落が生じる.ひび割れや剥離・剥落が生じて以降は劣化が著しく加速することから,本指針では,計画供用期間において,鉄筋のかぶり厚さまで有害量の塩化物イオンが浸透しないように,塩化物イオンの拡散係数を定めることとした.

ところで,コンクリートの内部への塩化物イオンの浸透に対する抵抗性を高めるには,調合に関しては水セメント比を小さくし,緻密なコンクリートの組織を形成すればよい.解説図 2.14 は,コンクリートの水セメント比とコンクリート中への塩化物イオン量の関係を経時的に示したもの[9]である.解説図に示すように,コンクリートの水セメント比が小さいほど,コンクリート表面の塩化物イオン量は多いが,コンクリート内部,例えば鉄筋のかぶり厚さに相当する 4〜5 cm の位置では,水セメント比が大きい方が塩化物イオン量は多い.これらから,水セメント比を小さくすることで,コンクリート内部への塩化物イオンの浸透量は大きく低減されることがわかる.とりわけ,コンクリート中の余剰水が打込み時の振動締固めによって型枠面側に集まり,その結果,コンクリート部材の表面近傍ほど水セメント比が大きくなると考えられる[10].このことも踏まえ,塩化物イオンの浸透を抑制するには,コンクリートの水セメント比を小さくするのが効果的といえる.

なお,計画供用期間に関しては,設計図書に記載される値とした.

b. 使用するコンクリートの塩化物イオンの拡散係数 $D(=D_s+\Delta D)$ は,中性化に対する抵抗性と同様に,十分に締固めがなされた標準養生供試体に対するものであり,構造体コンクリート

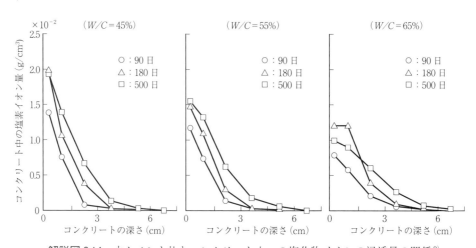

解説図 2.14 水セメント比とコンクリート中への塩化物イオンの浸透量の関係[9]

の塩化物イオンの拡散係数（D_s）とは異なると考えられる．そこで，計画供用期間 t（30，65，100，200年）において，設計かぶり厚さまたは計画かぶり厚さ c まで有害量の塩化物イオンが到達する拡散係数 $D_{s,req}$ を算定し，この $D_{s,req}$ と計画調合（水セメント比または水結合材比）から算定される拡散係数 D_s を比較し，D_s よりも $D_{s,req}$ の方が大きいことを確認することとした．

ΔD（標準養生供試体と構造体コンクリートとの拡散係数の差）が試験または信頼できる資料に基づいて得られていればよいが，ΔD を定める技術的資料の整備は現時点では十分ではないため，解説図2.15のような手順で計画調合を検討することは実際には難しい．そこで，解説図2.16に示すように，コンクリートの拡散係数を圧縮強度または水セメント比（水結合材比）に置

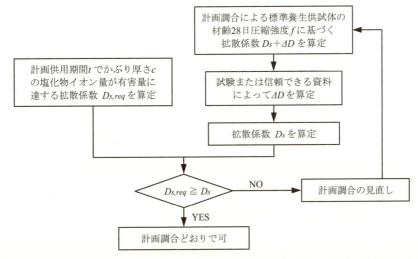

解説図2.15 塩化物イオンの浸透に対する抵抗性に関する検討フロー（ΔD が算定可能な場合）

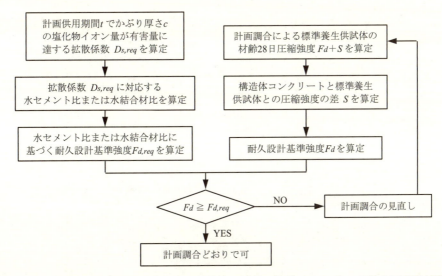

解説図2.16 塩化物イオンの浸透に対する抵抗性に関する検討フロー（ΔD が算定不可能な場合）

き換えて，計画しているコンクリートの塩化物イオンの浸透に対する抵抗性が確保できるようにする．ただし，解説図 2.15 や解説図 2.16 において，計画調合を見直すことなく，構造体コンクリートの表面に塩化物イオンの浸透を抑制する効果がある被覆を施すことも可能である．表面被覆を行う場合には，JASS 5 の 25 節を参考にするとよい．

解説図 2.15 や解説図 2.16 に示したフローにおいて，拡散係数 D_s を求めるには，（解 2.17）式の解である（解 2.18）式を用いる．なお，（解 2.19）式は（解 2.18）式の略算式であり，コンクリート表面の塩化物イオン量 C_0 が一定と仮定して計算する場合には（解 2.19）式を用いるとよい．両式において，$C_{initial}$ はセメント，骨材，練混ぜ水，化学混和剤などに起因した練混ぜ時に含まれる初期塩化物イオンの総量であり，一般的なコンクリートではおおむね 0.10 kg/m³ 以下である．

本項において，有害な塩化物イオン量は 1.2～2.4 kg/m³ の範囲で設定するとしたが，塩化物イオンの拡散係数 D_s の推定精度を考えれば，できるだけ小さな値に設定すべきである．

$$C_x = C_0 \times \left\{1 - erf\left(\frac{x}{2\sqrt{D \times t}}\right)\right\} + C_{initial} \qquad (解\ 2.18)$$

$$C_x = C_0 \times \left\{1 - \sqrt{1 - \exp\left(\frac{-x^2}{\pi \times D \times t}\right)}\right\} + C_{initial} \qquad (解\ 2.19)$$

ここに，t：経過時間（年）で，計画供用期間（30, 65, 100, 200 年）と読み替える．

　　　　C：表面からの距離 x（cm）における経過時間 t（年）での塩化物イオン量（kg/m³）

　　　　　ただし，距離 x はかぶり厚さと読み替える．

　　　　C_0：コンクリート表面の塩化物イオン量（kg/m³）

　　　　D：見かけの拡散係数（cm²/年）

なお，構造体コンクリートにおける塩化物イオンの拡散係数は，2.3.1 に記したのと同様に，解説図 2.17 に示すような有効かぶり厚さの考え方[5]によって算定することも可能である．解説図 2.17 から，一般的な建築物のかぶり厚さである 30～50 mm の場合に，耐久性上等価な有効かぶ

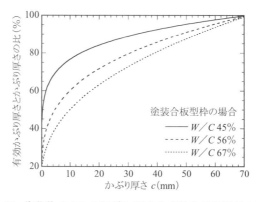

解説図 2.17 塩化物イオンの浸透に関する有効かぶり厚さの試算例[5]

り厚さは実際のかぶり厚さのおおむね70〜90%になっていることがわかる．この関係を（解2.18）式または（解2.19）式に代入すれば，構造体コンクリートの拡散係数を得ることができる．

c．所要の拡散係数Dを得るための水セメント比または水結合材比は，原則として，試験または信頼できる資料に基づいて定めるが，以下に示す方法も参考になる．なお，拡散係数はJASS 5によるとやや大きめに，コンクリート標準示方書によるとやや小さめになるため，JASS 5による方が安全側の評価になる．

ⅰ）JASS 5による場合

JASS 5の25節「海水の作用を受けるコンクリート」には，水セメント比W/Cと塩化物イオンの拡散係数D（cm²/年）の関係が，以下のように表されているため，これらを参考にする．なお，（解2.21）式と（解2.23）式は，（解2.20）式と（解2.22）式を水セメント比について展開したものである．

・普通ポルトランドセメントを使用する場合：

$$D = 0.65 \times 10^{[-3.9 \times (W/C)^2 + 7.2 \times (W/C) - 2.5]} \qquad \text{（解2.20）}$$

$$W/C = \frac{7.2 \pm \sqrt{7.2^2 - 15.6 \times \left(2.5 + \log_{10}\left[\dfrac{D}{0.65}\right]\right)}}{7.8} \qquad \text{（解2.21）}$$

・高炉セメントを使用する場合：

$$D = 10^{[-3.0 \times (W/C)^2 + 5.4 \times (W/C) - 2.2]} \qquad \text{（解2.22）}$$

$$W/C = \frac{5.4 \pm \sqrt{5.4^2 - 12.0 \times (2.2 + \log_{10} D)}}{6.0} \qquad \text{（解2.23）}$$

ⅱ）土木学会・コンクリート標準示方書による場合

コンクリート標準示方書［設計編］（2012）には，水セメント比W/Cと塩化物イオンの拡散係数の特性値D_k（cm²/年）の関係が以下のように表されているため，これらを参考にする．なお，（解2.25）式，（解2.27）式，（解2.29）式および（解2.31）式は，それぞれ（解2.24）式，（解2.26）式，（解2.28）式および（解2.30）式を水セメント比について展開したものである．

・普通ポルトランドセメントを使用する場合：

$$\log_{10} D_k = 3.0 \times (W/C) - 1.8 \quad (0.3 \leq W/C \leq 0.55) \qquad \text{（解2.24）}$$

$$W/C = \frac{\log_{10} D_k + 1.8}{3.0} \qquad \text{（解2.25）}$$

・低熱ポルトランドセメントを使用する場合：

$$\log_{10} D_k = 3.5 \times (W/C) - 1.8 \quad (0.3 \leq W/C \leq 0.55) \qquad \text{（解2.26）}$$

$$W/C = \frac{\log_{10} D_k + 1.8}{3.5} \qquad \text{（解2.27）}$$

・高炉セメントB種相当，シリカフュームを使用する場合：

$$\log_{10} D_k = 3.2 \times (W/C) - 2.4 \quad (0.3 \leq W/C \leq 0.55) \qquad \text{（解2.28）}$$

$$W/C = \frac{\log_{10} D_k + 2.4}{3.2} \qquad \text{（解2.29）}$$

・フライアッシュセメントB種相当を使用する場合：

$$\log_{10} D_k = 3.0 \times (W/C) - 1.9 \quad (0.3 \leq W/C \leq 0.55) \tag{解 2.30}$$

$$W/C = \frac{\log_{10} D_k + 1.9}{3.0} \tag{解 2.31}$$

JASS 5およびコンクリート標準示方書［設計編］（2012）に示されるコンクリートの水セメント比と塩化物イオンの拡散係数の関係を表すと，解説図2.18のようになる．

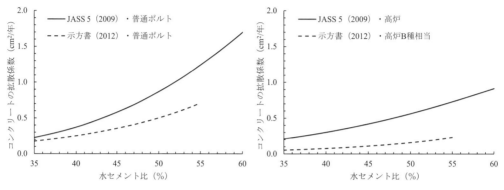

解説図 2.18 水セメント比とコンクリートの拡散係数の関係

JASS 5の25節「海水の作用を受けるコンクリート」では，塩害環境の区分に応じた水セメント比の最大値が解説表2.6のように規定されており，とりわけ塩害のおそれが高い地域においては，この規定を準用する．

解説表 2.6 塩害環境の区分に応じた水セメント比の最大値

塩害環境の区分	水セメント比の最大値（％）	
	普通ポルトランドセメント	高炉セメントB種
塩害環境	45	50
準塩害環境	55	60

なお，（解2.18）式または（解2.19）式によって塩化物イオンの浸透を算定する際には，コンクリート表面の塩化物イオン量 C_0 を定める必要がある．この表面塩化物イオン量も，試験（実測）または信頼できる資料に基づくものであるが，以下に示すように定めてもよい．

ⅰ）JASS 5による場合

JASS 5の25節「海水の作用を受けるコンクリート」では，コンクリート表面の塩化物イオン量 C_0（kg/m³）は（解2.32）式によるか，あるいは解説表2.7に基づいて定めるとしているため，これらを参考にする．

$$C_0 = a \times b \times \frac{C_y}{L} \tag{解 2.32}$$

解説表 2.7 各塩害環境区分のコンクリート表面塩化物イオン量 C_0 (kg/m^3)

重塩害環境	塩害環境	準塩害環境
11.0	6.9	3.6

ここに，a：コンクリートに浸透する割合
　　　　b：定常状態の割増し
　　　　L：暴露開始後1年間での塩化物イオン浸透深さ（m）
　　　　C_y：年間の飛来塩化物イオン量（kg/m^2/年）

　本会「耐久設計施工指針」には，国内各地域の海岸0mの位置における飛来塩分量の推定値〔「耐久設計施工指針」解説表3.3.1〕が示されており，これらの値も参考になる．

ⅱ）土木学会・コンクリート標準示方書による場合

　コンクリート標準示方書［設計編］（2012）では，コンクリート表面の塩化物イオン濃度 C_0 (kg/m^3) を（解2.33）式のように定めているため，これを参考にする．

$$C_0 = -0.016 \times C_{ab}^2 + C_{ab} + 1.7 \quad (C_{ab} \leq 30.0) \tag{解2.33}$$

　　　ここに，C_{ab}：飛来塩分量（mdd：mg/dm^2/day）

　ただし，飛来塩分量は，当該地点で定点観測がなされていない限り得ることは難しいため，コンクリート標準示方書［設計編］の解説に示されているコンクリート表面の塩化物イオン濃度〔解説表2.8〕などを参考にするとよい．

解説表 2.8 コンクリート表面の塩化物イオン濃度 C_0 (kg/m^3)

地域区分		飛沫帯	海岸からの距離（km）				
			汀線付近	0.1	0.25	0.5	1.0
飛来塩分が多い地域	北海道，東北，北陸，沖縄	13.0	9.0	4.5	3.0	2.0	1.5
飛来塩分が少ない地域	関東，東海，近畿，中国，四国，九州		4.5	2.5	2.0	1.5	1.0

　d．上記c項で定めた水セメント比または水結合材比は，塩化物イオンの浸透に対する抵抗性を必要最小限で確保できる値であることから，耐久設計基準強度は，これらの水セメント比または水結合材比によって得られる圧縮強度以上の強度となるように定める．

　e．塩害環境の区分および計画供用期間の級に応じた耐久設計基準強度は，普通ポルトランドセメントを使用したコンクリートの場合，JASS 5の25節において解説表2.9のように定められており，本指針では，このJASS 5の規定を準用することとした．

　なお，普通ポルトランドセメント以外のセメントを使用した場合の耐久設計基準強度は，本指針2.3.1と同じとする．ただし，塩化物イオンの浸透に対する抵抗性を担保する観点から，セメ

解説表 2.9 塩害環境の区分，計画供用期間の級，最小かぶり厚さおよび耐久設計基準強度

塩害環境の区分	計画供用期間の級	最小かぶり厚さ (mm)	耐久設計基準強度 (N/mm^2)	
			普通ポルトランドセメント	高炉セメントB種
塩害環境	短期	50	36	33
		60	33	30
準塩害環境	短期	40	30	24
		50[1]	24[1]	21[1]
	標準	40	36	33
		50	33	30
		60[1]	30[1]	24[1]
	長期	50	36	33
		60[1]	33[1]	30[1]

［注］（1）海中にある部分に適用する（地上部への適用可能）．

ントの種類としては，普通ポルトランドセメントや高炉セメントB種を使用することが望ましい．

f．前述のように，鉄筋の腐食発生限界塩化物イオン量は，これまでは 1.2 kg/m^3 とされてきたが，近年の研究で，水セメント比によってその値が異なるとの提案がなされ[8]，JASS 5 の 25 節では，解説表 2.5 に示したように，水セメント比に応じた規定としているので，これらを参考にするとよい．また，試験または信頼できる資料によって，その建築物が置かれる環境条件に応じた腐食発生限界塩化物イオン量を独自に定めてもよい．

なお，土木学会・コンクリート標準示方書［設計編］（2012）では，構造物中の鋼材の腐食発生限界濃度 C_{lim}（kg/m^3）を以下のように定めているので，これらの数値を参考にしてもよい．

・普通ポルトランドセメントを用いた場合：

$$C_{lim} = -3.0 \times (W/C) + 3.4 \quad (0.3 \leq W/C \leq 0.55) \tag{解 2.34}$$

・低熱ポルトランドセメント，早強ポルトランドセメントを用いた場合：

$$C_{lim} = -2.2 \times (W/C) + 2.6 \quad (0.3 \leq W/C \leq 0.55) \tag{解 2.35}$$

・高炉セメントB種相当，フライアッシュB種相当を用いた場合：

$$C_{lim} = -2.6 \times (W/C) + 3.1 \quad (0.3 \leq W/C \leq 0.55) \tag{解 2.36}$$

・シリカフュームを用いた場合：

$$C_{lim} = 1.2 \quad (0.3 \leq W/C \leq 0.55) \tag{解 2.37}$$

2.3.3 乾燥収縮に対する抵抗性

a．構造体コンクリートの乾燥収縮に対する抵抗性は，乾燥収縮率で表し，コンクリートが置かれる環境条件で，有害なひび割れを生じない値以下とする．

b．使用するコンクリートの乾燥収縮率は，標準養生した供試体の長さ変化試験[1]による乾燥収縮率または促進試験[2]の結果をもとに定め，構造体コンクリートの乾燥収縮率との差を考慮して，

構造体コンクリートに有害なひび割れを生じない値以下とし，構造体コンクリートの乾燥収縮によるひび割れの発生に関して詳細な検討を行わない場合は，8×10^{-4} とする．
[注] （1） 長さ変化の試験方法は，原則として JIS A 1129-1, 1129-2 または 1129-3 の附属書 A（参考）による．また，測定開始までの養生期間は標準として 7 日間とし，測定期間は原則として 6 か月とする．
（2） 促進試験は，信頼できる資料に基づく試験とする．

a．乾燥収縮ひび割れは発生させないことが最善であるが，通常の施工の範囲では，かなり配慮したとしても，ひび割れの発生を完全に防止することは困難である．このことから，関連する法令や本会の仕様書・指針類では，ひび割れの発生はある程度許容し，その一方で，建築物に要求される漏水防止や耐久性確保などの性能を阻害するような有害なひび割れを生じさせないことを求めている．すなわち，ひび割れを防止するのではなく，制御することを基本的な考え方としている．また，ひび割れは，原則として，その幅が大きいほど建築物の種々の性能に対して有害となるので，法令・仕様書類における規定値は，ひび割れ幅の上限値であることが多い．

平成 12 年 4 月に施行された「住宅の品質確保の促進等に関する法律」（以下，品確法）に関連しては，住宅紛争の迅速かつ適正な解決を助けるために，平成 12 年建設省告示 1653 号「住宅紛争処理の参考となるべき技術的基準」が公布されている．そして，その中には，住宅に発生した不具合事象と構造耐力上主要な部分（壁，柱，床，天井，梁または屋根（パラペットおよび庇の部分を除く）および基礎）に瑕疵が存在する可能性との関係が定められており，鉄筋コンクリート造住宅または鉄骨鉄筋コンクリート造住宅に発生したひび割れの場合，その概要は解説表 2.10 に示すようになっている．同表からわかるように，構造耐力に影響する瑕疵が存在する可能性は，ひび割れ幅が 0.3 mm 以上 0.5 mm 未満であれば「一定程度存する」，また，0.5 mm 以上であれば「高い」とされている．なお，このことは，換言すれば，幅 0.3 mm 未満のひび割れに対しては，法的な責任を問われる可能性が低いことを意味している．ただし，さび汁を伴うひび割れの場合は，内部鉄筋が腐食しているので，ひび割れ幅にかかわらず，瑕疵が存在する可能性が高いと判断されることに留意する必要がある．

解説表 2.10　構造耐力上主要な部分に瑕疵が存する可能性（建設省告示 1653 号）

レベル	不具合事象	瑕疵の可能性
1	レベル 2 およびレベル 3 に該当しないひび割れ	低い
2	幅 0.3 mm 以上 0.5 mm 未満のひび割れ（レベル 3 に該当するものを除く）	一定程度存する
3	①幅 0.5 mm 以上のひび割れ，②さび汁を伴うひび割れ	高い

また，2006 年に本会から刊行された「鉄筋コンクリート造建築物の収縮ひび割れ制御設計・施工指針（案）・同解説」[11]（以下，収縮ひび割れ指針）では，コンクリートに収縮ひずみおよび収縮ひび割れが生じることで損なわれる可能性のある建築物の構造体および部材の性能として，①鉄筋降伏に対する抵抗性，②仕上げの剥落抵抗性，③たわみ増大抵抗性，④漏水抵抗性および⑤劣化抵抗性の 5 つを取り上げている．そして，これらの性能ごとに，解説表 2.11 に示すように，構造体コンクリートや鉄筋の限界状態を定め，その限界状態に達しないように，性能評価指

標の許容値や設計値を定めている.

　表中に示すように,漏水抵抗性を確保する場合の許容ひび割れ幅は,一般的な鉄筋コンクリートの外壁を想定して,0.15 mm 以下(設計ひび割れ幅 0.1 mm 以下)とされている.これは,常時水圧が作用していないこと,150 mm 以上の壁厚があること,仕上塗材が施されていること,などを考慮して定められた値である.換言すると,これより厳しい環境下にあっては,設計ひび割れ幅をより小さくしないと漏水抵抗性が確保されないので,このことには留意する必要がある.また,劣化抵抗性としては,具体的には,コンクリートの中性化の進行や塩分の移動に伴う鉄筋の腐食がひび割れによって促進される状況に対する抵抗性が想定されており,これらの性能を確保するための許容ひび割れ幅は,屋外で 0.3 mm 以下,屋内で 0.5 mm 以下とされている.

　なお,JASS 5(2009)には,ひび割れに関して,計画供用期間の級が長期および超長期のコンクリートを対象として,特記がない場合,「許容ひび割れ幅 0.3 mm」という規定値が盛り込まれた.この規定値は,収縮ひび割れ指針における,劣化抵抗性に対する屋外の許容ひび割れ幅が 0.3 mm〔解説表 2.11 参照〕であることなどを参考に設定されたものである.

　ところで,コンクリート部材に有害なひび割れ,すなわち上記の許容ひび割れ幅を超えるようなひび割れを生じさせないように,コンクリートの乾燥収縮率を合理的に定めることは,現状では簡単とはいい難い.乾燥収縮ひび割れは,一般に,次式により表される構造体コンクリートの収縮拘束応力が収縮ひび割れ発生強度(割裂引張強度に,ひび割れ発生低減係数として通常 0.7 程度を乗じた値)を上回ると発生するとされている.

$$\sigma_{st} = \frac{E}{1+\phi} \lambda \varepsilon_f \tag{解 2.38}$$

ここに,

$$\lambda = \frac{\varepsilon_f - \varepsilon_c}{\varepsilon_f}$$

ここに,σ_{st}:収縮拘束応力(N/mm^2)
　　　　E:ヤング係数(N/mm^2)
　　　　ϕ:クリープ係数
　　　　λ:拘束度
　　　　ε_f:自由収縮ひずみ
　　　　ε_c:全ひずみ

　上式からわかるように,収縮拘束応力は,構造体コンクリートのヤング係数やクリープ係数などの,収縮ひずみ以外の材料性質によっても変化する.すなわち,ひび割れの発生の有無や発生状況は,コンクリートの乾燥収縮率のみによっては決定されない.

　さらに,コンクリート部材に生じる自由収縮変形は,通常,収縮速度や剛性の異なる周辺の部材に拘束されることになり,その拘束の度合いを表す指標である拘束度も,ひび割れの発生の有無や発生状況に影響を及ぼす.この値に関しては,単純に考えれば,コンクリートの乾燥収縮率が倍増しても,拘束度が半減すれば,ひび割れの発生条件は原理的に同じになるというように,

解説表 2.11 各種性能の限界状態・評価指標と許容値・設計値[11]

性能	評価項目	限界状態	性能評価指標（代替指標）	許容値（代替指標）	設計値（代替指標）
構造安全性	鉄筋降伏抵抗性	降伏につながるおそれのある引張応力が収縮ひび割れ部分の鉄筋に生じるとき	鉄筋の引張応力（構造体コンクリートのひび割れ幅）	降伏点以下	(0.3 mm 以下)
日常安全性	剥落抵抗性	仕上材に浮き・剥落につながるおそれのある収縮ひずみが構造体コンクリートに生じるとき	構造体コンクリートの収縮ひずみ（使用するコンクリートの乾燥収縮率）	—	(800×10^{-6} 以下)
使用性	たわみ増大抵抗性	部材のたわみが設計用たわみを上回るおそれのある収縮ひずみが構造体コンクリートに生じるとき			(800×10^{-6} 以下)
	漏水抵抗性	漏水につながるおそれのあるひび割れ幅が構造体コンクリートに生じるとき	構造体コンクリートのひび割れ幅 ひび割れ発生確率	ひび割れ幅 0.15 mm 以下	ひび割れ幅 0.1 mm 以下 ひび割れ発生確率 5% 以下
耐久性	劣化抵抗性	中性化の進行および塩分の移動によって鉄筋の腐食が促進されるおそれのあるひび割れ幅が構造体コンクリートに生じるとき	構造体コンクリートのひび割れ幅	屋外 0.3 mm 以下 屋内 0.5 mm 以下	屋外 0.2 mm 以下 屋内 0.3 mm 以下

特にその影響は大きい．また，収縮拘束応力を求めるうえでは，少なくとも，①鉄筋によるコンクリートの拘束のような材料レベル，②柱・梁による壁体の拘束のような部材レベル，③基礎構造による上部構造の拘束のような建築物レベル，の3つのレベルの拘束を考慮する必要があるが，現状では，これらに関する拘束度の値は十分には整備されていない．なお，ひび割れ幅は，収縮拘束応力が大きいほど大きくなるが，鉄筋比（すなわち，上記①の鉄筋によるコンクリートの拘束）によっても左右される．解説図 2.19 は，両端固定の一軸モデルを仮定した乾燥収縮のひび割れ幅算定式（修正ベース・マレー法）により，コンクリートの自由収縮ひずみや鉄筋比がひび割れ幅，ひび割れ本数に及ぼす影響を検討したケーススタディーの結果である．同図から，鉄筋比が高いほど，ひび割れが分散されてひび割れ本数が多くなるが，個々のひび割れの幅は狭くなることがわかる．

以上のことからわかるように，構造体コンクリートの乾燥収縮率は，上記のさまざまな要因を総合的に勘案して定める必要がある．具体的な方法・手順については，収縮ひび割れ指針を参考

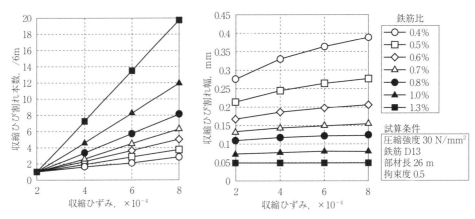

解説図 2.19 ひび割れ本数，ひび割れ幅に対する鉄筋比の影響（修正ベース・マレー法による試算結果）[11]

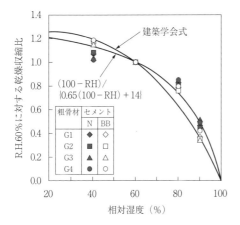

解説図 2.20 コンクリートの乾燥収縮率と相対湿度の関係[12]

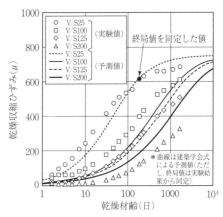

解説図 2.21 コンクリートの乾燥収縮ひずみと体積表面積比 V/S の関係[13]

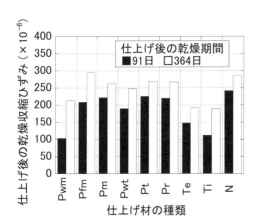

記号	仕上げ材の種類	仕上げ工程*
Pwm	防水形複層塗材 E	下→基層×2回→模様→上×2回
Pfm	可とう形複層塗材 CE	基層→模様→上×2回
Pm	複層塗材 E	下→主材→上×2回
Pwt	防水形外装薄塗材 E	下→基層→模様
Pt	外装薄塗材 E	上×2回
Pr	浸透性吸水防止材	2～3回
Te	外装タイル	吸水調整→下地→タイル張り→目地詰め
Ti	内装タイル	下地→タイル張り→目地詰め
N	（仕上げなし）	―

*下：下塗り，主材：主材塗り，基層：基層塗り（主材塗り），模様：模様塗り（主材塗り），上：上塗り

解説図 2.22 コンクリートの乾燥収縮率に対する仕上げ方法の影響[14]

にするとよい．

b．構造体コンクリートの乾燥収縮ひずみ（自由収縮ひずみ）は，解説図2.20～解説図2.22に示すように，部材の乾燥条件や寸法・形状，表面仕上げ方法などによって変化する．すなわち，使用するコンクリートに対してJISの乾燥収縮試験を実施し，その測定値が小さかったとしても，それは，材料のポテンシャルとしての乾燥収縮率が小さいことを意味しているに過ぎず，構造体コンクリートの乾燥収縮率が小さいことを保証するものでない．

本指針では，使用するコンクリートの乾燥収縮率は，構造体コンクリートの乾燥収縮率との差を考慮して，構造体コンクリートに有害なひび割れを生じない値以下とすることとした．前述のように，構造体コンクリートの乾燥収縮ひずみに対してはさまざまな要因が影響するため，このことの厳密な検討は現状では難しい．簡略的な検討を行うためには，例えば，収縮ひび割れ指針や同指針の付録に掲載されている乾燥収縮予測式などを用いて構造体コンクリートと使用するコンクリートの乾燥収縮率をそれぞれ計算し，その差を求めるなどの方法を採ればよい．

①収縮ひび割れ指針式

$$\varepsilon_{sh}(t, t_0) = k \cdot t_0^{-0.08} \cdot \left\{ 1 - \left(\frac{h}{100} \right)^3 \right\} \cdot \left(\frac{(t - t_0)}{0.16 \cdot (V/S)^{1.8} + (t - t_0)} \right)^{1.4(V/S)^{-0.18}} \quad \text{(解 2.39)}$$

$$k = (11 \cdot W - 1.0 \cdot C - 0.82 \cdot G + 404) \cdot \gamma_1 \cdot \gamma_2 \cdot \gamma_3$$

ここに，$\varepsilon_{sh}(t, t_0)$：乾燥開始材齢 t_0 日における材齢 t 日の収縮ひずみ（$\times 10^{-6}$）

W：単位水量（kg/m^3）

C：単位セメント量（kg/m^3）

G：単位粗骨材量（kg/m^3）

h：相対湿度（%）（40%≦h≦100%）

V：体積（mm^3）

S：外気に接する表面積（mm^2）

V/S：体積表面積比（mm）（V/S≦300 mm）

$\gamma_1, \gamma_2, \gamma_3$：それぞれ，骨材の種類の影響，セメントの種類の影響，混和材の種類

解説表2.12 （解2.39）式における影響因子の修正係数 $\gamma_1, \gamma_2, \gamma_3$

γ_1	0.7	石灰石砕石	γ_3	0.7	収縮低減剤
	1.0	天然骨材		0.8	シリカフューム
	1.2	軽量骨材		0.9	フライアッシュ
	1.4	再生骨材		1.0	無混入
γ_2	0.9	フライアッシュセメント			高炉スラグ微粉末
		早強セメント			
	1.0	普通セメント			
		高炉セメント			

②収縮ひび割れ指針［付録］式

$$\varepsilon_{sc}(t)=\varepsilon_{sp}(t)\frac{1-(1-m_sn_s)V_s-(1-m_gn_g)V_g}{n_c} \quad (解 2.40)$$

ここに，

$$n_c=1+\frac{2(n_s-1)V_s}{n_s+1-(n_s-1)(V_s+V_g)}+\frac{2(n_g-1)V_g}{n_g+1-(n_g-1)(V_s+V_g)}$$

$$\varepsilon_{sp}(t)=\frac{t}{R_s(\alpha W/C+\beta)+t}R_h(\lambda W/C+\delta)$$

$$R_s=3.29\log(V/S)+1.17$$

$$R_h=1.28\left\{1-\left(\frac{h}{100}\right)^3\right\}$$

$$E_p=\frac{100}{W/C}\gamma+\eta$$

ここに，$n_s=E_s/E_p$, $n_g=E_g/E_p$, $m_s=\varepsilon_{ss}(t)/\varepsilon_{sp}(t)$, $m_g=\varepsilon_{sg}(t)/\varepsilon_{sp}(t)$

ε_s：乾燥収縮ひずみ（$\times 10^{-6}$）

E：ヤング係数（kN/mm^2）

V：骨材体積比

t：乾燥期間（日）

W/C：水セメント比（%）（$30\% \leq W/C \leq 60\%$）

V/S：体積表面積比（cm）

h：相対湿度（%）

$\alpha, \beta, \lambda, \delta, \gamma, \eta$：セメント種類に関わる定数（解説表 2.13 による）

［注］ 添字 c, p, s, g は，それぞれコンクリート，セメントペースト，細骨材，粗骨材を表す．

解説表 2.13 （解 2.40）式における定数の値

セメント種類	α	β	λ	δ	γ	η
普通ポルトランドセメント	0.322	4.77	86.3	54	5.9	4.2
フライアッシュセメントB種	0.518	-4.72	67.8	581	6.9	0.2
高炉セメントB種	0.608	-10.77	143.7	-1 408	6.9	-0.9

なお，本指針では，使用するコンクリートの乾燥収縮率は，原則として，JIS A 1129-1, 1129-2 または 1129-3 の附属書A（参考）による乾燥材齢6か月の試験結果をもとに定めることとした．一方で，これまでに，このJIS試験による結果と，高温や低湿度で乾燥を促進させたコンクリートの早期材齢における乾燥収縮率の試験結果の間に一定の相関が見られるとの研究結果[15]もいくつか報告されている．このことから，信頼できる試験方法であれば，このような促進試験の結果をもとに使用するコンクリートの乾燥収縮率を定めてもよいこととした．このほか

に，JASS 5（2009）には，次式による乾燥収縮率の早期判定法が紹介されているので，状況に応じて，このような方法を利用してもよい．

$$\varepsilon_{sh}^{est} = \alpha_i \times \varepsilon_{sh}^{i} \qquad (解2.41)$$

ここに，ε_{sh}^{est}：JIS A 1129-1～3 および同附属書 A（参考）に基づき測定されたコンクリートの乾燥期間 26 週（6 か月）における乾燥収縮率の推定値

ε_{sh}^{i}：JIS A 1129-1～3 および同附属書 A（参考）に基づき測定されたコンクリートの乾燥期間 i 週における乾燥収縮率．i は 4，8，13 のいずれかとする．

α_i：ε_{sh}^{i} から ε_{sh}^{est} を推定するための係数〔解説表 2.14 参照〕

解説表 2.14 早期判定式の係数

乾燥収縮率の倍率	平均値	標準偏差	α_i（4％不良率を許容）
乾燥期間 26 週に対する 4 週の倍率	1.76	0.204	2.11（α_4）
乾燥期間 26 週に対する 8 週の倍率	1.31	0.101	1.49（α_8）
乾燥期間 26 週に対する 13 週の倍率	1.13	0.043	1.21（α_{13}）

本指針では，構造体コンクリートの乾燥収縮によるひび割れの発生に関して詳細な検討を行わない場合の使用するコンクリートの乾燥収縮率を 8×10^{-4} とすることとした．収縮ひび割れ指針の 4 章「仕様設計」では，標準的な環境下に建設される標準的な建築物を対象とした，「標準仕様」のコンクリートの乾燥収縮率の上限値を，解説表 2.15 中に示すように 800×10^{-6} と定めている．ここで，収縮ひび割れ指針で想定している標準的な建築物とは，一般環境下に建設される，スパン長が 6～8 m，鉄筋比が 0.4％程度，拘束度が 0.3～0.5 程度である，誘発目地が 1 スパンあたり 2～3 本設置されているような建築物である．また，同指針には，乾燥収縮率を「標準仕様」より小さく設定した「高級仕様」や「特級仕様」のコンクリートも用意されており，意匠上や構造上の要求からひび割れ発生にとってより厳しい条件とならざるを得ない建築物に対しては，これらの級のコンクリートを使用することとなっている．

解説表 2.15 乾燥収縮率による使用するコンクリートの級

コンクリートの級	乾燥収縮ひずみ
標準	650～800×10^{-6}
高級	500～650×10^{-6}
特級	500×10^{-6} 以下

また，JASS 5（2009）には，計画供用期間の級が長期および超長期のコンクリートを対象として，特記がない場合，「乾燥収縮率 8×10^{-4} 以下」という規定値が盛り込まれた．この規定値は，収縮ひび割れ指針における，標準仕様コンクリートの乾燥収縮率の上限値が 800×10^{-6} であることや，剥落抵抗性やたわみ増大抵抗性に対する乾燥収縮率の設計値が 800×10^{-6} 以下〔解説

表2.11 参照〕であることなどを根拠として定められたものである．なお，この乾燥収縮率の規定値は，他のさまざまなひび割れ制御対策を併せて実施したうえでの，対策の一環として設けられたものに過ぎず，このことは，心に強く留めておく必要がある．

なお，乾燥収縮率 8×10^{-4} という規定値は，本会の仕様書類では伝統的ともいえる値であり，これまでさまざまな場面で広く用いられてきた．この値の起源を辿っていくと，本会「コンクリートの調合設計・調合管理・品質検査指針案・同解説」(1976)[16]に次のようにその根拠が解説されている．すなわち，構造体コンクリートにひび割れが発生する時点での乾燥収縮率は $3\sim4\times10^{-4}$ 程度であり，その一方で，一般的な建築物の拘束度は $0.25\sim0.5$ なので，両者の厳しい側の値を採って，乾燥収縮試験（JIS A 1129）の試験値の目標値は 8×10^{-4}（$=4\times10^{-4}/0.5$）以下となる．

ところで，コンクリートの水セメント比（水結合材比）が小さいと，解説図 2.23 に示すように，乾燥収縮ひずみが減少する代わりに自己収縮ひずみが増加する．自己収縮は，セメントの水和によりコンクリートの凝結開始以降に生じる巨視的な体積減少であり，水分の逸散によって生じる乾燥収縮とは区別されるものである．また，自己収縮はセメントの水和が活発であるコンクリートの硬化時に大きいので，材齢初期のひび割れ発生の原因となる．したがって，水セメント比（水結合材比）の小さい高強度コンクリートや高流動コンクリートでは，自己収縮ひずみが過大にならないか検討が必要な場合もある．

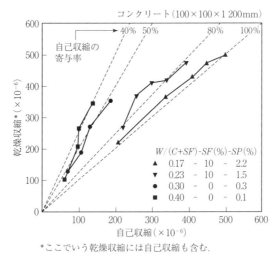

*ここでいう乾燥収縮には自己収縮も含む．

解説図 2.23　全収縮ひずみに占める自己収縮ひずみの寄与率[17]

2.3.4　凍結融解作用に対する抵抗性

a．構造体コンクリートの凍結融解作用に対する抵抗性は，コンクリートが置かれる環境条件で凍結融解作用による著しい劣化やひび割れが生じないものとする．

b．使用するコンクリートの凍結融解作用に対する抵抗性は，耐久性指数で表し，通常の場合は，200 サイクルで 60 以上とし，激しい凍結融解作用に対する抵抗性が必要とされる場合は，300 サイ

> クルで 80 以上とする．
> c．所要の耐久性指数を得るための気泡間隔係数は，試験または信頼できる資料によって求める．

a．2.3.1 や 2.3.2 に記したように，中性化の進行や塩化物イオンの浸透は時間の関数として表すことができ，経過年数に応じて，これらがどの程度進行するのか評価することができる．その一方で，中性化が鉄筋位置に到達して以降の鉄筋の腐食速度に関する知見はほとんどなく，また，塩化物イオン量と鉄筋腐食速度の関係に関しても定式化するには十分な知見が得られているとはいい難い．換言すれば，中性化の進行や塩化物イオンの浸透が鉄筋位置に到達するまでの期間（鉄筋腐食が開始するまでの期間）についての耐久設計は可能であるが，鉄筋腐食が開始して以降に関しては，耐久設計できるレベルにないのが現状である．

そのため，中性化の進行と塩化物イオンの浸透に関しては，構造体コンクリートにおいて，当該コンクリートが置かれる環境条件を想定し，所定の期間（例えば計画供用期間）で鉄筋腐食が生じないような値以下とし，使用するコンクリートにおいては，構造体コンクリートで鉄筋腐食が生じないようにするために必要な中性化速度係数または塩化物イオンの拡散係数を規定した．

これに対し，コンクリートの凍結融解作用は，劣化要因が蓄積され，劣化が顕在化する条件に達するまでの期間が問題になるのではなく，コンクリートの調合設計の段階（コンクリートにとってのごく初期の段階）で劣化しないような条件に設定するか否かが問題となる．したがって，凍結融解作用は，構造体コンクリートに致命的な欠陥をもたらすものではないものの，構造体コンクリートにおいて，スケーリングやひび割れなど凍結融解作用に起因した著しい劣化現象が生じないことを目標とし，これらの劣化現象が生じない条件として，使用するコンクリートにおいては，b 項に示すような条件を満足する規定とした．

b．凍結融解作用による劣化とは，気温の低下に伴ってコンクリート中の水分が凍結し，それが気温の上昇や日射によって融解する凍結融解の繰返し作用を受けて，コンクリートの組織が膨張し，ひび割れ，表層剥離，ポップアウトなどの損傷が生じることをさす．そのため，使用するコンクリートにおいては，凍結融解作用によって生じうるこれらの劣化現象が生じないことが求められる．

凍結融解作用に対する抵抗性は，相対動弾性係数，耐久性指数，気泡間隔係数などの指標で表されることが多い．解説図 2.24 および解説図 2.25 に，水セメント比と耐久性指数の関係および空気量と耐久性指数の関係[18]を示すが，耐久性指数は水セメント比よりも空気量による方が相違は顕著で，空気量がおおむね 4% 以上になると耐久性指数の低下はほぼ見られなくなっている．このような関係に基づき，コンクリートの凍結融解作用に対する抵抗性を確保するため，一般的には，AE コンクリートとして適切量の空気が連行されている．

耐久性指数は，前述したように，コンクリートの凍結融解作用に対する抵抗性を表す指標としてしばしば用いられる指標である．A.M. Neville[19] は，「耐久性指数でコンクリートの合格不合格を決めるための基準は確立されていない」としているが，この耐久性指数が「40 より小さいコンクリートは，凍結融解に対する抵抗性の点で不十分であり…（中略）…60 以上であれば，お

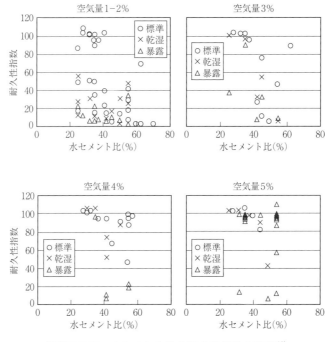

解説図 2.24 水セメント比と耐久性指数の関係[18]

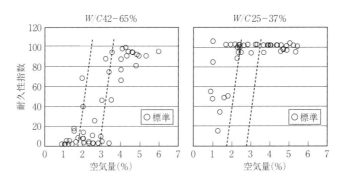

解説図 2.25 空気量と耐久性指数の関係[18]

そらく満足なものであり，係数が 100 付近のコンクリートは，満足な性能が期待できる」としており，このことから，本規定の「200 サイクルで耐久性指数 60 以上」であれば，おおむね耐凍害性を有すると判断される．なお，本規定にある「通常の場合」における「200 サイクルで 60 以上」とは，200 サイクルで相対動弾性係数が 60% 以上であることを意味する．また，耐久性指数の算定にあたっては，JIS A 1148（コンクリートの凍結融解試験方法）などを参照されたい．

一方，激しい凍結融解作用に対する抵抗性が必要とされる場合における「300 サイクルで 80 以上」とは，300 サイクルで相対動弾性係数が 80% 以上であることを表しており，前述の A.M.

Nevilleによる「おそらく満足なもの」と「満足な性能が期待できる」の中間的な性能であると考えられる．

一方，凍害と耐久性設計研究会報告書[20]には，「相対動弾性係数の最小限界値については定量的な根拠が明確にあるわけではないが，これまでの研究成果に経験と実績を踏まえてコンクリートの凍結融解抵抗性を確保するうえでの値としている」と記されている．加えて，上記の「300サイクルで相対動弾性係数が80%」に対しては，「相対動弾性係数が80%程度より低い場合に長さ変化が大きくなる傾向がある」とした見解が示されており，これらのことを踏まえ，激しい凍結融解作用に対する抵抗性が必要とされる場合に「300サイクルで80以上」を，使用するコンクリートの凍結融解作用に対する抵抗性の目標性能とした．

c. 一般に，コンクリートの凍結融解作用に対する抵抗性は，コンクリート中に微細な空気(気泡)を連行することによって得られる．これは，微細な気泡が，コンクリート中の水分の凍結膨張時における水の移動圧を緩和するのに寄与するためとされている．コンクリートの凍結融解作用に対する抵抗性の程度と空気量の相関性は条件によって異なり，一概に表すことは難しい．微細な気泡による凍結融解作用に対する抵抗性の改善効果は，その気泡の粒径や分布状態によって大きく異なる．水圧説によれば，同一の空気量であっても，個々の気泡が小さく気泡間の距離が短いほど，水圧の緩和や移動水の吸収作用が強いため，凍結融解作用に対する抵抗性に優れていると考えられる．このため，本質的には，凍結融解作用に対する抵抗性に関しては，空気量よりも気泡間隔の方が重要で，そのための指標として，気泡の平均間隔を表す気泡間隔係数がしばしば用いられる．

解説図2.26は，気泡間隔係数と耐久性指数の関係[18]を表したものである．また，図中の点線は，気泡間隔係数が0.25 mmを示すもので，これはACI（American Concrete Institute）が推奨する良好な耐凍害性を確保するための数値を表している．同図において，いずれのコンクリートも，気泡間隔係数が0.25 mm以下であれば耐久性指数80以上が確保されていることがわかる．このことから，b項に示す耐久性指数を確保するうえで，気泡間隔係数は有効な指標であると考えられる．

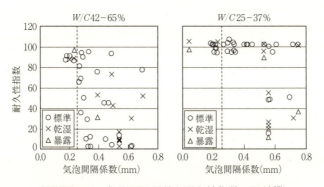

解説図 2.26 気泡間隔係数と耐久性指数の関係[18]

しかし，解説図 2.26 に示すように，コンクリートが置かれる条件によっては，同じ気泡間隔係数であっても耐久性指数が異なる結果となりうることから，所要の耐久性指数を得るための気泡間隔係数は，試験または信頼できる資料によって定めることとした．

2.3.5 水和熱によるひび割れを抑制する性能

> a．構造体コンクリートの水和熱によるひび割れを抑制する性能は，コンクリートの最高温度あるいは内部と表面部との温度差が，有害なひび割れを起こさない値以下であることとする．
> b．使用するコンクリートの水和熱によるひび割れを抑制する性能は，断熱温度上昇量で表し，構造体コンクリートの最高温度あるいは内部と表面部との温度差が有害なひび割れを起こさない値以下になるものとする．

a．水和熱によるひび割れは，部材に生じる水和熱による温度応力がコンクリートの引張強度を超えたときに発生する．この現象は，一般のコンクリートでも条件によっては生じることがあるが，通常はマスコンクリートのように部材断面が大きな場合に問題となる．温度応力は，部材全体の熱変形が他の部材から拘束されることにより生じる応力（外部拘束応力）と，部材断面内の温度の違いで生じる熱膨張変形が同一平面に保持されるために生じる応力（内部拘束応力）とからなる．外部拘束応力は，コンクリートの最高温度が低く部材の平均温度が低いほど小さくなる．また，内部拘束応力は，型枠面からの放熱を抑え部材断面内の内外温度差を小さくするほど小さくなる．したがって，水和熱によるひび割れを抑制するためには，コンクリートの最高温度，部材の内外温度差を抑えることが重要となる．

有害なひび割れは，部材に要求される性能によって異なる．本会「マスコンクリートの温度応力ひび割れ制御設計・施工指針（案）・同解説」(2008)（以下，マスコンクリート指針）では，漏水抵抗性を確保するためのひび割れの許容状態は，貫通ひび割れが生じないこととし，一般環境下において鉄筋腐食抵抗性を確保するための最大ひび割れ幅の許容値は 0.4 mm としている．そして温度応力をひび割れ発生引張強度で除した値を応力強度比として定義し，漏水抵抗性を確保する場合には応力強度比 1.3 以下とすることを標準とし，一般環境下において鉄筋腐食抵抗性を確保する場合には応力強度比 0.8 以下とすることを標準としている．このような応力強度比を満足するための最高温度あるいは内部と表面部との温度差は，部材の形状や拘束条件，外気温等の環境条件，使用するコンクリートによって異なることから，一律に許容値を定めることは難しい．したがって，あらかじめ工区割や養生条件等の一般的な条件あるいは想定される条件を設定し，マスコンクリートの温度応力解析を行うか，信頼できる資料に基づいて許容する最高温度あるいは内部と表面部との温度差を把握する必要がある．マスコンクリート指針には，耐圧版と基礎梁の断面形状の部材に対して，セメントの種類ごとに単位セメント量と部材の形状（断面寸法）から温度上昇量と応力強度比を予測するチャート（回帰式）が準備されており，これを適用すれば解説図 2.27 に示すような最大温度上昇量と応力強度比の関係が得られる．同図では，マット状の耐圧版は，地盤が比較的良好な場合に採用されることが多いことから普通地盤の場合を示し，基礎梁は，地盤が比較的軟弱で杭基礎の場合に採用されることが多いことから，軟弱地盤

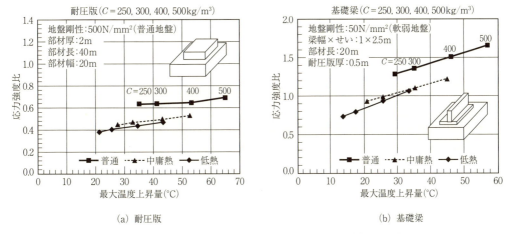

解説図 2.27 最大温度上昇量と応力強度比の推定値の関係

解説表 2.16 打込み温度 20℃における K 値と α[21]

セメント種類	$K=aC+b$		$\alpha=gC+h$	
	a	b	g	h
普通ポルトランドセメント	0.121	13.6	0.0029	0.197
フライアッシュセメント B 種	0.122	9.0	0.0025	−0.024
高炉セメント B 種	0.110	16.8	0.0018	0.234
中庸熱ポルトランドセメント	0.099	14.5	0.0023	−0.077
低熱ポルトランドセメント	0.089	13.8	0.0014	−0.094
早強ポルトランドセメント	0.121	14.9	0.0031	0.419

（ただし，本式の適用範囲として，単位セメント量 C の上限値を 450 kg/m³ とする．）

の場合について示している．この図から，部材の形状や拘束体の剛性が想定できれば，セメントの種類，単位セメント量から有害なひび割れを起こさないための構造体コンクリートの最高温度の目安を知ることができる．

b．コンクリートの発熱特性は，通常，断熱温度上昇特性で表される．マスコンクリート指針では，断熱温度上昇特性を（解 2.42）式，（解 2.43）式で表し，各種のセメントの発熱特性にかかわる係数として解説表 2.16，解説表 2.17 を示している．

$$Q(t)=K(1-e^{-\alpha t}) \tag{解 2.42}$$
$$K=p(aC+b), \alpha=q(gC+h) \tag{解 2.43}$$

ここに，　　t：材齢（日）

$Q(t)$：材齢 t 日までの断熱温度上昇量（℃）

K：最終断熱温度上昇量（℃）

α：断熱温度上昇速度を表す係数

C：単位セメント量（kg/m³）

解説表 2.17 打込み温度 20℃ の K 値と α に対する補正係数一覧[21]

打込み温度 セメント種類	p			q		
	10℃	20℃	30℃	10℃	20℃	30℃
普通ポルトランドセメント	1.019	1.0	0.983	0.538	1.0	1.297
フライアッシュセメントB種	0.992	1.0	0.984	0.570	1.0	1.311
高炉セメントB種	1.036	1.0	0.982	0.565	1.0	1.409
中庸熱ポルトランドセメント	1.003	1.0	1.004	0.594	1.0	1.285
低熱ポルトランドセメント	1.024	1.0	0.982	0.674	1.0	1.474
早強ポルトランドセメント	1.059	1.0	0.960	0.685	1.0	1.534

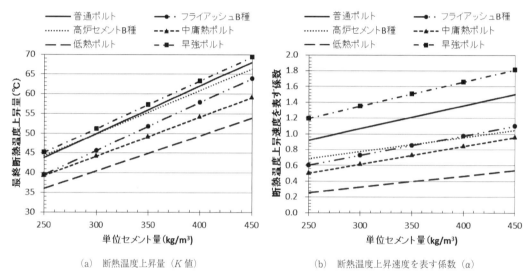

(a) 断熱温度上昇量（K 値）　　(b) 断熱温度上昇速度を表す係数（α）

解説図 2.28　単位セメント量と K 値と α の関係（20℃）

$a,\ b,\ g,\ h,\ p,\ q$：K および α を求めるための係数で，解説表 2.16 および解説表 2.17 による．

　発熱特性に関する係数の K 値および α は，セメントの種類ごとに単位セメント量の1次式として表され，これを図示すると解説図 2.28 となる．K 値と α の増大は，いずれも部材の温度上昇につながるため，これらの値が大きいと温度ひび割れを生じやすくすることになる．K 値と α は，単位セメント量が同じであれば，ポルトランドセメントでは早強，普通，中庸熱，低熱の順に小さくなる．混合セメントで汎用化している高炉セメントB種は，K 値は普通ポルトランドセメントよりやや小さく，また α も小さくなるとされている．しかし，高炉セメントは初期強度発現が遅いことから，これを改善するために粉末度を高めに調整されたような場合は，普通ポルトランドセメントと温度上昇量は変わらない場合もある．また，高炉スラグ微粉末はポルトランドセメントに比べて自己収縮が大きい傾向にある等の理由から，必ずしもマスコンクリートに対して有利にならないとの報告もある[22]ので注意が必要である．一方，最近では水和熱を抑える

目的で，比表面積が 3 000 cm^2/g 程度の高炉スラグ微粉末を使用したセメント[23]や，高炉スラグ微粉末の置換率が高炉セメント B 種の範囲を超えるセメント[24]が適用されるようになってきている．これらのセメントは，マスコンクリートの温度ひび割れ対策として期待できる．

　水和熱によるひび割れの抑制のために必要な使用するコンクリートの発熱特性は，a 項の構造体コンクリートが満たすべき最高温度あるいは内外温度差を満足する条件における，セメントの種類と単位セメント量から，（解 2.42）式，（解 2.43）式を用いて設定することができる．

2.3.6 アルカリ骨材反応を抑制する性能

> a．構造体コンクリートのアルカリ骨材反応を抑制する性能は，コンクリートが置かれる環境条件で著しいひび割れや劣化を起こす反応が生じないものとする．
> b．使用するコンクリートのアルカリ骨材反応を抑制する性能は，アルカリ骨材反応抑制対策を講じたものとし，コンクリートを用いた反応性試験[(1)]によって反応性なしと判定されることとする．
> [注]（1）コンクリートを用いた反応性試験は，JASS 5N T-603 による．

　a，b．中性化の進行，塩化物イオンの浸透および凍結融解作用は，部材に打ち込まれたコンクリートの比較的表層近傍（かぶりコンクリート）の劣化に対する抵抗性を担保すべく規定したものである．一方で，アルカリ骨材反応は，その条件（材料，調合，環境）が整えば，部材の内部（かぶりコンクリートよりも内側）においても生じうる劣化現象である．これを裏付ける事象として，アルカリ骨材反応による膨張で鉄筋コンクリート部材内部の鉄筋が破断した土木構造物の例[25]などがあげられる．さらに，アルカリ骨材反応の場合，反応条件が整って以降のどの時点で劣化現象が生じるかを見極めることは難しく，中性化の進行や塩化物イオンの浸透のように，時間の関数として耐久設計を行うことは困難といえる．

　したがって，アルカリ骨材反応を抑制する性能を考慮し，コンクリートの調合設計，とりわけ耐久設計で考えなければならないのは，構造体コンクリートにおいては，著しいひび割れや劣化が生じないようにすることであり，使用するコンクリートにおいては，アルカリ骨材反応自体が抑制されるようにすること，換言すれば，アルカリ骨材反応が生じる材料的な諸条件を排除することである．具体的には，使用するコンクリートに関しては，JASS 5N T-603（コンクリートの反応性試験方法）に準拠した，いわゆるコンクリートバー法によって「反応性なし」と判定される調合にすることである．

2.4 施工にかかわる性能の目標値の定め方

2.4.1 ワーカビリティー

> a．使用するコンクリートのワーカビリティーは，フレッシュコンクリートの流動性および材料分離抵抗性で評価する．また，フレッシュコンクリートの塑性粘度，降伏値などのレオロジー定数で評価してもよい．
> b．フレッシュコンクリートの流動性は，スランプまたはスランプフローで表し，荷卸し地点または打込み地点における目標値は設計図書による．
> c．フレッシュコンクリートの材料分離抵抗性は，スランプまたはスランプフロー試験後のコンクリ

ートの状態で評価し，粗骨材の偏在や分離したペーストおよび遊離した水がないこととし，過大なブリーディングが発生しないこととする．また，このほかに信頼できる資料に基づく試験によって評価してもよい．
　d．フレッシュコンクリートのレオロジー定数は，信頼できる資料に基づく試験方法によって評価する．

　a．フレッシュコンクリートのワーカビリティーは，流動性および材料分離抵抗性で評価する．かつてのコンクリートは，フレッシュコンクリートの変形性質に関して，その範囲が狭かったため，流動性のみを把握しておけば十分であった．しかし，近年は，高強度コンクリートや高流動コンクリートなどの多種多様なコンクリートが普及し，フレッシュコンクリートの変形性質の範囲が従来よりもはるかに広がり，かつ複雑化している．このことから，最近は，フレッシュコンクリートの変形性質を，流動性と粘性の2つの性質により評価する機会も多くなっている．

　フレッシュコンクリートの変形性質を表すレオロジーモデルには，一般に，解説図2.29に示すようなビンガムモデルが用いられる．図中の降伏値は，流体を変形させるために必要な最小の応力であり，フレッシュコンクリートのスランプはこの値によりほぼ決定される．一方，塑性粘度は，流体に作用する応力と変形速度の関係を表し，直感的には流体の粘り気を表現する値である．また，塑性粘度は，コンクリートの分離抵抗性にも大きな影響を与える．これらの2つの値を合わせてレオロジー定数と呼ぶが，レオロジー定数は試験方法に依存しない物理量であるため，レオロジー試験を行ってこれらの値を測定すれば，将来的にはその利用範囲は広い．

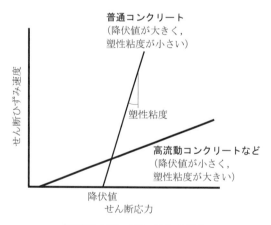

解説図2.29　ビンガムモデル

　b．コンクリートの流動性は，一般にスランプで表すが，高流動コンクリートなどのきわめてスランプが大きいコンクリートについてはスランプフローで表す場合もある．スランプまたはスランプフローの値は，コンクリートを打ち込む部材の形状・寸法，配筋状態，施工条件などを考慮したうえで定められ，設計図書に規定されているものである．したがって，コンクリートの調合設計において目標とするスランプまたはスランプフローの値も，あらかじめ定められている場合がほとんどである．

コンクリートのスランプは，打ち込むことができる範囲でできるだけ小さい値とし，十分に締固めを行うのが原則であるが，①水中コンクリートのように締固めが不可能な場合，②軽量コンクリートのように，締固めによる材料分離を生じるおそれがあり，十分な締固めを行うことが難しいうえ，単位容積質量が小さいため，自重による充填性が普通コンクリートと比較して劣る場合，③配筋が密で打込みが困難な場合，などには材料分離を起こさない範囲でスランプを大きくしてよい．また，高強度コンクリートは材料分離を起こすおそれが少ないので，施工に支障をきたさない範囲でスランプ（スランプフロー）を大きくしてよい．

JASS 5（2009）では，普通コンクリートのスランプを，調合管理強度 33 N/mm^2 以上の場合は 21 cm 以下，33 N/mm^2 未満の場合は 18 cm 以下としている．このようにコンクリートの調合管理強度が高いほどスランプの上限値が大きく設定されているのは，強度が高いと，水セメント比が小さく粘性が高いコンクリートとなり，スランプを大きくしても材料分離を生じるおそれが少なくなるためである．なお，JASS 5（2009）に示されている各種コンクリートのスランプは，解説表 2.18 に示すとおりである．

解説表 2.18　各種コンクリートのスランプ

コンクリートの種類		スランプ（cm）
普通コンクリート	調合管理強度　33 N/mm^2 未満	18 以下
	調合管理強度　33 N/mm^2 以上	21 以下
軽量コンクリート		21 以下
流動化コンクリート	調合管理強度　33 N/mm^2 未満	21 以下
	調合管理強度　33 N/mm^2 以上	23 以下
高流動コンクリート		55[1] 以上 65[1] 以下
高強度コンクリート	設計基準強度　45 N/mm^2 未満	21 以下または 50[1] 以下
	設計基準強度　45 N/mm^2 以上 60 N/mm^2 以下	23 以下または 60[1] 以下
マスコンクリート		15 以下
水中コンクリート	調合管理強度　33 N/mm^2 未満	21 以下
	調合管理強度　33 N/mm^2 以上	23 以下

［注］（1）　スランプフロー（cm）

c．コンクリートは，粒径や密度の異なる複数の材料で構成された複合材料であるため，構成材料間の分離現象はある程度避けられない．また，材料分離は，①水とそれ以外の材料間の分離（ブリーディング），②マトリックスセメントペーストと骨材間の分離，③マトリックスモルタルと粗骨材間の分離，に大別される．ただし，このうちの②と③とでは，寸法の大きな骨材ほどマトリックスに保持されにくいことから，通常，②よりも③のタイプの材料分離の方が先行して生じる．このことから，コンクリートのワーカビリティーを良好に保つためには，③のマトリック

スモルタルと粗骨材間の分離を抑制することが重要といえる．なお，粗骨材の分離には，具体的には，振動締固めに伴う粗骨材の沈降，インターロッキングを含む鉄筋間・間隙通過時の粗骨材の分離，ポンプ圧送時の閉塞などがある．これらは，必ずしも同一のメカニズムに基づく分離現象とはいえないが，いずれにしても，粗骨材の分離が生じると，コンクリートの圧縮強度やヤング係数などの力学的性質に偏りが生じるほか，粗骨材が減少した箇所において，実質的に単位水量や単位セメント量が増大し，局部的に乾燥収縮が増大するなどの弊害が生じる．以上のように材料分離抵抗性は，コンクリートの品質を確保するうえで不可欠な性能である．

ところで，コンクリートが分離に至るか否かは，本来，コンクリート自身の材料分離抵抗性のみで定まるものではなく，配筋状態や，振動締固め・ポンプ圧送などの施工条件によっても大きく左右されるため，これらのことも踏まえて検討されるべきものである．しかしながら，構造体コンクリートに分離が生じるか否かは，現実には，使用するコンクリートのスランプ試験またはスランプフロー試験時の流動状況や静止した試料における粗骨材の分布状況により判断されており，それ以外の方法で判断されるケースはほとんどない．このことを踏まえ，本指針では，フレッシュコンクリートの材料分離抵抗性は，従来どおり，原則として，スランプまたはスランプフロー試験後のコンクリートの状態で評価することとした．

ただし，このような目視観察に頼った定性的な評価には評価者の主観が入り込むため，特に分離限界付近では，その結果に曖昧さが付きまとう．また，材料分離は，本来，分離しているか否

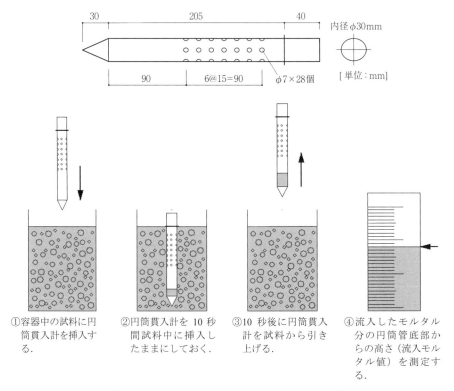

解説図 2.30　円筒貫入計および円筒貫入試験の手順

かの2つの区分で判断されるものではなく，どの程度分離しているかという連続的な尺度で評価されるべきものである．これらのことを踏まえると，コンクリートの材料分離に関しては，今後，その度合いが信頼できる標準化された試験により定量的に評価されることが期待される．また，その試験方法としては，非常に簡便に分離抵抗性を評価することができて，現場での品質管理試験にも適用可能などのことから，円筒貫入試験が適していると考えられる．この試験は，解説図 2.30 に示すような円筒貫入計の内部に周囲のコンクリートから 10 秒間で流入したモルタル成分の，円筒管底部からの高さ（流入モルタル値）を測定するものである．また，本会「コンクリートの調合設計指針改定小委員会」が本指針を見直すためのデータを収集するために実施した 155 ケースのコンクリートの練混ぜ実験の結果によると，解説図 2.31 および解説図 2.32 からわかるように，分離限界の流入モルタル値を 30 mm とすれば，スランプ試験におけるコンクリートの状態の目視観察により判定される分離限界を適切に評価できる[26]．

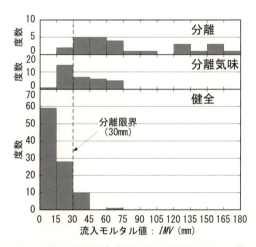

解説図 2.31 分離の目視判定結果ごとの流入モルタル値の分布[26]

　一方，水とそれ以外の材料間の分離であるブリーディングの発生は，その量が適度であれば，仕上げ時の作業性を確保するうえで有効である．しかし，ブリーディング量が過大になると，コンクリートの沈下量が多くなるほか，粗骨材や鉄筋の下側に拘束されたブリーディング水が，硬化コンクリート中の空隙となり，圧縮強度や付着強度の低下，耐久性，水密性などの低下を生じる．また，打込み高さが高い場合には，水セメント比や空気量の変化により，打込み上部と下部での圧縮強度の差が大きくなる．

　d．フレッシュコンクリートの降伏値と塑性粘度を求めるレオロジー試験としては，主に，解説図 2.33 に示すような，回転粘度計，球引上げ試験などが利用されてきた．これらは，理論が成立するような単純な流動状況を再現して物理量であるレオロジー定数を測定するものであり，測定値が試験方法に依存するスランプ試験のようなコンシステンシー試験とは一線を画するものである．ただし，実際には，試験方法や試験条件が異なると，レオロジー定数の測定結果に大きな差が生じることが指摘されている．また，粗骨材のような大粒の固体を含み，試験中に試料の

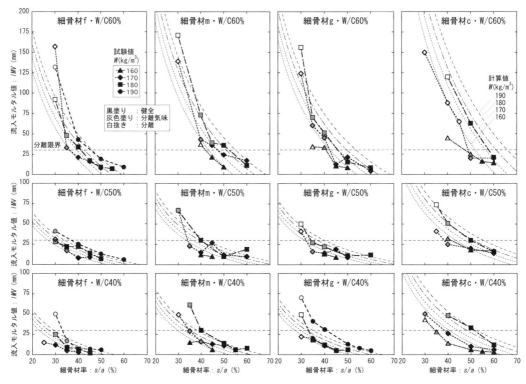

解説図 2.32 流入モルタル値と分離の目視判定結果の比較[26]

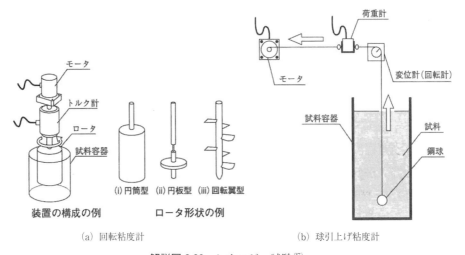

(a) 回転粘度計　　　　　　　　　(b) 球引上げ粘度計

解説図 2.33 レオロジー試験[27]

状態が変化しやすいフレッシュコンクリートにこれらのレオロジー試験を適用することには技術的困難が伴う．したがって，レオロジー試験を行う際にはこれらのことに留意する必要がある．

なお，上記の試験方法のほかに，理論的な厳密さを犠牲にして，フレッシュコンクリートへの適用性を高めたレオロジー試験に近い試験方法として，解説図 2.34 に示すような回転翼型粘度

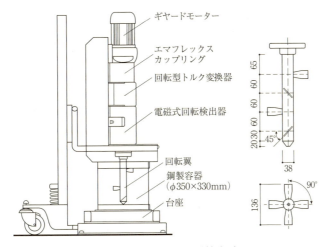

解説図 2.34　回転翼型粘度計

計[28]などの試験方法も利用されている．この試験では，物理量としての降伏値および塑性粘度は測定できないが，これらに関連深い2つの測定値を得ることができるので，試験目的によってはこのような試験の採用を検討してもよい．

2.4.2　仕上げ可能時間

> 使用するコンクリートの仕上げ可能時間は，凝結時間で評価し，施工上支障のないように定める．

　コンクリートの表面仕上げ工程では，通常，まず，木ごてによる仕上げを行うが，その仕上げが可能な時間は，ブリーディング水の上昇が終了する頃であり，コンクリートの凝結開始時間と密接に関係する．また，コンクリート表面に平滑さが要求される場合には，次の段階で，金ごてによる仕上げが行うが，その仕上げが可能な時間は，コンクリートを指で押しても凹まない程度の硬さになった頃といわれており，凝結が進行している最中である．これらのことから，本指針では，使用するコンクリートの仕上げ可能時間を凝結時間で評価することとした．

　コンクリートの凝結時間が早いと，仕上げ作業に間に合わなかったり，過大な作業員が必要となる．また，凝結時間が遅いと仕上げ可能時間が遅れ，深夜作業となったり，工程遅延の原因となる．したがって，適当な凝結時間を確保する必要がある．コンクリートの凝結に影響を及ぼす要因としては，部材条件，使用材料，調合，気象条件などがあげられる．特に混和剤の種類・使用量と養生温度は大きな影響を及ぼす．したがって，信頼できる資料や試験により，これらの要因の影響を把握し，施工上支障とならないようなコンクリートの仕上げ可能時間が得られるように，凝結時間を適切に設定することが重要である．

2.4.3 施工上要求される強度発現性

> a．構造体コンクリートの施工上要求される強度発現性は，所要の材齢において発現する圧縮強度[1]で表し，施工上支障のないように定める．
> b．梁下の支柱を取り外す場合に要求される圧縮強度は，設計基準強度以上とし，スラブ下の支柱を取り外す場合に要求される圧縮強度は，設計基準強度の85％以上とする．ただし，圧縮強度が12 N/mm² 以上で，施工中の荷重および外力によって著しい変形やひび割れが生じないことが構造計算により確かめられた場合はこの限りでない．
> c．基礎，梁側，柱および壁のせき板を取り外す場合に要求される圧縮強度は，5 N/mm² 以上とする．また，梁下およびスラブ下のせき板を取り外す場合に要求される圧縮強度は，設計基準強度の50％以上とするが，圧縮強度が10 N/mm² 以上で，施工中の荷重および外力によって著しい変形やひび割れが生じないことが構造計算によって確かめられ，耐久性上支障がない場合はこの限りでない．
> d．湿潤養生を打ち切る場合に要求される圧縮強度は，計画供用期間が65年以下の場合は10 N/mm² 以上，65年を超える場合は15 N/mm² 以上とする．
> ［注］（1）構造体コンクリートの強度発現推定のための供試体の養生方法は，現場水中養生または現場封かん養生とする．

a．構造体コンクリートに対しては，型枠の取外し時期や湿潤養生の打切り時期に，それぞれ所要の圧縮強度以上となっていることが原則として要求される．ただし，通常の工事では，構造体コンクリートが所要の強度に達するのを待つか，またはその代わりに，コンクリートの材齢がJASS 5 に定められた日数以上経過するのを待って型枠を取り外したり，湿潤養生を打ち切ることが多いので，施工上要求される強度を積極的に定めることはしない．しかし，例えば次のようなケースでは，所要の材齢に施工上要求される強度を得ることを第一に考えて，構造体コンクリートの圧縮強度を定めることが必要となる．

① 早期材齢強度が要求される場合の例
  ・せき板・支柱の早期撤去：所要の材齢で，せき板・支柱（支保工）の存置期間に関するJASS 5 の規定を満足するようにコンクリート強度を定める．
  ・スライディングフォーム工法：所要の材齢で型枠をスライドさせるのに支障がないコンクリート強度を定める．
  ・プレストレストコンクリート工法：JASS 5 においてプレストレス導入時に必要とされているコンクリートの圧縮強度の下限値を，設計基準強度の値にかかわらず満足するように定める．
  ・改修・補修工事：建物を再使用する期限内に所要の強度を確保するように定める．

② 施工上要求される圧縮強度が設計基準強度を上回る場合の例
  ・施工用の重機を構造体に載せる場合：構造計算によりコンクリートの所要の強度を算定する．
  ・構造体を仮設として利用する場合：同上

b．せき板および支柱の存置期間に関しては，昭和46年建設省告示第110号「型わく及び支柱の取り外しに関する基準」（昭和63年最終改定）が公布されており，その中には，せき板およ

び支柱の取外しに必要なコンクリートの圧縮強度が示されている．本指針では，支柱を取り外す場合に要求されるコンクリート強度は，この告示の内容に準じることとした．

c．せき板を取り外す場合に要求されるコンクリート強度についても，支柱の場合と同様に，基本的に，建設省告示110号に示された内容に準じることとした．これは，若材齢のコンクリートが初期凍害を受けることなく，また，容易に傷つけられることのない最低限の強度に達するまでは，せき板を存置しておく必要があるとの考えに基づくものである．なお，スラブ下および梁下のせき板を取り外す場合に要求される「設計基準強度の50%以上」という値は，支柱の盛替え作業に必要な強度の基準値として定められたものである．JASS 5（2009）の9.10解説には，支柱を取り外すことなくせき板を取り外せる場合には，「設計基準強度50%の強度発現を準用するか，あるいは，適切な構造計算により十分安全であることが確かめられれば，支柱を取り外す前にせき板を取り外してもよい．」と記述されているので，本指針でもこれに倣うこととした．ただし，その場合であっても，型枠取外し後に湿潤養生を行わなくても構造体コンクリートの所要の品質が確保されると考えられる圧縮強度（10 N/mm²）に達するまでは，せき板を取り外さないこととした．

d．JASS 5（2009）の8.2では，「コンクリート部分の厚さが18 cm以上の部材において，早強，普通および中庸熱ポルトランドセメントを用いる場合は，（中略）コンクリートの圧縮強度が，計画供用期間の級が短期および標準の場合は10 N/mm²以上，長期および超長期の場合は15 N/mm²以上に達したことを確認すれば，以降の湿潤養生を打ち切ることができる．」としている．本指針でも，湿潤養生を打ち切る場合に要求される圧縮強度は，これと同様とした．

2.5　使用にかかわる性能の目標値の定め方
2.5.1　水　密　性

> a．構造体コンクリートの水密性は，透水係数によって表し，コンクリートが置かれる環境条件で構造体コンクリートの裏側まで水が透過しない値以下とする．
> b．使用するコンクリートの水密性は，標準養生した供試体の透水試験の結果をもとに定め，構造体コンクリートの透水係数との差を考慮して，構造体コンクリートの裏側まで透水しない値以下とする．
> c．所要の透水係数を得るための水セメント比または水結合材比は，試験または信頼できる資料によって求める．通常の場合は，JASS 5に規定される水密コンクリートの仕様に適合するものとする．

a．コンクリートの水密性は，一般に（解2.44）式に示す透水係数 K（cm/s）で表される．

$$K=\frac{Q}{A}\cdot\frac{L}{P} \tag{解2.44}$$

ここに，K：透水係数（cm/s）
　　　　Q：水の流量（cm³/s）
　　　　A：水の透過面積（cm²/s）
　　　　L：供試体の厚さ（cm）
　　　　P：水頭差（cm）

通常の構造物や部材に要求される水密性は，一般の仕様のコンクリートであれば特別な考慮をしなくても，通常の水がかりや水の使用に対しては十分であると考えられる．

なお，コンクリートの水密性に対しては，水セメント比や使用する材料の種類などの影響よりも，施工上コンクリートに生じる豆板，ひび割れ，コールドジョイントなどの影響のほうがはるかに大きいとされている．したがって，水密性の高いコンクリートが得られる材料・調合の選定以上に欠陥を生じない施工がより重要である．

b．標準養生したコンクリートの水密性は，解説図 2.35 に示すように水セメント比と密接な関係があり，普通ポルトランドセメントを用いた場合には水セメント比が 55% を超えると水密

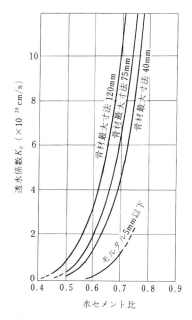

解説図 2.35　コンクリートの水セメント比と透水係数の関係[29]

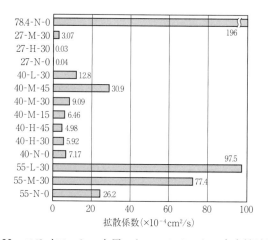

解説図 2.36　フライアッシュを用いたコンクリートの水密性試験結果[30]

性は低下しはじめる．また，解説図 2.36 は 3 種類のフライアッシュを用いたコンクリートについて水密性試験を行い，拡散係数を得た結果であり，同一水結合材比では無添加のコンクリートに対して水密性が悪化する傾向が見られる．なお，拡散係数の単位は（cm^2/s）であり，透水係数の単位とは異なるが，物質透過性を評価しており，透水係数と同様の傾向を把握することが可能である．

また，解説図 2.37 は高炉スラグ微粉末を混和した水結合材比 38% のコンクリートを蒸気養生後に 28 日間水中養生し，さらに 14 日間気中養生した後に透水試験を行って得た拡散係数の結果であり，高炉スラグ微粉末の置換率の増大に伴い拡散係数が低下することが確認されている．

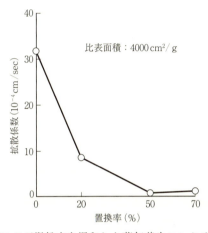

解説図 2.37 高炉スラグ微粉末を混和した蒸気養生コンクリートの拡散係数[31]

以上のように，透水性は使用する材料および調合の条件，養生方法等による．そのため，標準養生した供試体と構造体コンクリートの透水係数には差があると考えられることから，構造体コンクリートとの透水係数の差を考慮して使用するコンクリートの水密性を決定するとよいが，使用する材料および調合については，標準養生した供試体を用いて確認を行う．

2.5.2 遮蔽性

> a．構造体コンクリートの遮蔽性は，放射線遮蔽性能および遮音性能を対象とし，放射線遮蔽性能は乾燥単位容積質量によって，遮音性能は気乾単位容積質量によって確保するものとする．所要の遮蔽性能を得るための乾燥単位容積質量または気乾単位容積質量は，設計図書による．
> b．使用するコンクリートの遮蔽性は，標準養生した供試体の乾燥単位容積質量試験または気乾単位容積質量試験の結果をもとに定め，構造体コンクリートの乾燥単位容積質量または気乾単位容積質量との差を考慮して，構造体コンクリートが所要の遮蔽性能を有する値以上とする．

a．放射線遮蔽性能は主として原子力発電所施設や放射線治療施設で要求されるものであり，乾燥単位容積質量が大きいほど，放射線遮蔽性能は大きくなる．乾燥単位容積質量の値としては，$2.10 t/m^3$ 以上の数値が採用されており，$2.15 t/m^3$ という例が多い．ただし，中性子遮蔽性能は調合計画だけでは確保できない．

遮音性能は構造体に入射する音に対する透過損失で表され，コンクリートでできている場合，その気乾単位容積質量の関数として表される．すなわち，ほかの条件が同じであれば気乾単位容積質量が大きいほど，遮音性能は高くなる．

　b．標準養生した供試体と構造体コンクリートの乾燥単位容積質量には差があると考えられることから，構造体コンクリートとの乾燥単位容積質量の差を考慮して使用するコンクリートの放射線遮蔽性能を決定するとよい．また同様に，標準養生した供試体と構造体コンクリートの気乾単位容積質量には差があると考えられることから，構造体コンクリートとの気乾単位容積質量の差を考慮して使用するコンクリートの遮音性能を決定するとよい．

　なお，コンクリートの乾燥単位容積質量の試験方法に関しては，本会 JASS 5N T-601（コンクリートの乾燥単位容積質量試験方法）を参考にするとよい．

2.5.3 断熱性・蓄熱性

> a．構造体コンクリートの断熱性は熱抵抗，蓄熱性は熱容量で表し，気乾単位容積質量によって確保するものとする．所要の熱抵抗を得るための気乾単位容積質量は，設計図書による．
> b．使用するコンクリートの断熱性は，標準養生した後に気乾状態とした供試体の気乾単位容積質量試験の結果をもとに定め，構造体コンクリートの気乾単位容積質量との差を考慮して，構造体コンクリートが所要の断熱性を有する値以下とする．
> c．使用するコンクリートの蓄熱性は，標準養生した後に気乾状態とした供試体の気乾単位容積質量試験の結果をもとに定め，構造体コンクリートの気乾単位容積質量との差を考慮して，構造体コンクリートが所要の蓄熱性を有する値以上とする．

　a．b．c．材料の熱抵抗（断熱性能あるいは熱の遮断性能）を定量的に表す熱特性値として通常，熱伝導率（W/m・K）が用いられ，また，材料の蓄熱性を定量的に表す熱特性値として熱容量（J/K）があげられる．

　コンクリートの熱特性値は熱伝導率（λ），熱拡散率（a：m^2/h），比熱（c：J/kg・K）などの定数があり，これらの定数相互の間には（解 2.45）式や（解 2.46）式の関係がある．

$$a = \lambda / c \cdot \rho \tag{解 2.45}$$

あるいは

$$\lambda = a \cdot c \cdot \rho \tag{解 2.46}$$

ここに，ρ：単位容積質量（kg/m^3）

　コンクリートの熱特性は単位容積質量（密度），使用材料（特に骨材の岩質），含水状態，温度条件に影響を受ける．解説表 2.19 に代表的な粗骨材を用いたコンクリートの熱特性値の例[32]を示す．また，解説図 2.38 にコンクリートの含水状態と熱伝導率との関係[33]を示す．これより，含水率が高いほど熱伝導率が大となっていることがわかる．気乾状態とは湿潤と絶乾の中間に位置すると考えてよいが，標準養生した後に適当な期間気中養生した供試体の熱特性値と構造体コンクリートの熱特性値には差があると考えられることから，構造体コンクリートとの熱特性値の差を考慮して使用するコンクリートの断熱性・蓄熱性を決定するとよい．

　解説図 2.39 にコンクリートの密度（単位容積質量）と熱伝導率および熱拡散率との関係[32]を

解説表 2.19 代表的な粗骨材を用いたコンクリートの熱特性値[32]

粗骨材の種類	比熱 ($\times 10^3$ J/kg·℃)	熱伝導率 ($\times 10^4$ J/m·h·℃)	熱拡散率 ($\times 10^{-3}$ m²/h)	熱膨張係数 ($\times 10^{-6}$/℃)
玄武岩	0.95	0.67	2.7	7.6〜10.4
石灰岩	1.01	0.92	3.8	5.5〜9.0
砂 岩	0.96	1.06	4.6	8.3〜10.0
安山岩	0.96	0.82	3.3	7.0〜8.0
人工軽量骨材	1.47	0.31	1.3	—

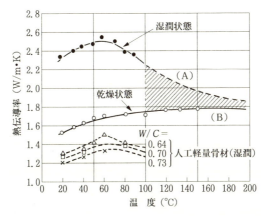

解説図 2.38 含水状態および温度と熱伝導率との関係[33]

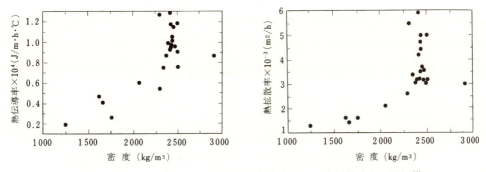

解説図 2.39 コンクリートの密度と熱伝導率および熱拡散率との関係[32]

示す．これより，密度が大となるに従い熱伝導率，熱拡散率とも大となるが，2300〜2400 kg/m³ の範囲でばらつきが大きく，骨材の種類の影響が大きいといえる．また，単位骨材量は解説図 2.40 に示すように熱拡散率に影響を与え[34]，熱伝導率と熱拡散率との間には概略（解 2.47）式のような関係があることから[35]，通常環境条件下でコンクリート部材の断熱性を考慮する必要がある場合には，骨材種類の選定と，気乾単位容積質量（密度）に影響する単位粗骨材量を目安

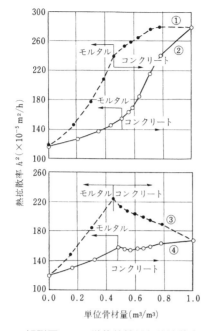

解説図 2.40 単位骨材量と熱拡散率の関係（細骨材と粗骨材の石質が異なる場合）[34]

にコンクリートの調合設計を検討すればよい．また，同様に，(解 2.45) 式や (解 2.46) 式から比熱と熱伝導率は反比例の関係にあり，かつ比熱 (c：J/kg·K) は熱容量 (J/K) の単位質量あたりの値であるため，コンクリートの密度が大となるに従い熱容量は小さくなることがわかる．

$$\lambda = 3.03 \times 10^6 \cdot a \tag{解 2.47}$$

なお，特殊な骨材を使用するなど，既往の資料による推定が困難な場合には試験による確認も検討する．コンクリートの熱伝導率の試験法としては，一般に円筒を用いる Neven 法が推奨されている．これは円筒の両端を断熱し，円筒内孔に設置した電気ヒーターで加熱し，供試体の内孔面と外面との温度差が定常となった状態で (解 2.48) 式によって熱伝導率を算出するものである．

$$\lambda = [Q \cdot \log_e(\gamma_1/\gamma_2)] / [2\pi L(T_2 - T_1)] \tag{解 2.48}$$

ここに，Q：電気ヒーターの熱量 (J/h)
　　　　γ_1：供試体の外径 (m)
　　　　γ_2：供試体の内径 (m)
　　　　L：供試体の厚さ (cm)
　　　　T_1：供試体の外面温度 (℃)
　　　　T_2：供試体の内面温度 (℃)

2.5.4 クリープによる変形に対する抵抗性

> a．構造体コンクリートのクリープは，クリープ係数によって表し，構造安全性および使用性が確保できる値以下とする．
> b．使用するコンクリートのクリープ係数は，標準養生した供試体のクリープ試験の結果をもとに定め，構造体コンクリートのクリープとの差を考慮して，構造体コンクリートが構造安全性および使用性を確保できる値以下であるものとする．

a．コンクリートに力が加わると弾性ひずみが生じ，力を持続すると長年月にわたりひずみが増加する．この現象がクリープで，時間とともに増加したひずみがクリープひずみである．コンクリートに作用する応力がおおむね圧縮強度の 40% 以下の場合，クリープひずみは作用する応力に比例し，その比例定数は圧縮の場合も引張の場合も等しいことが認められている（Davis-Glanville の法則）．これを式で表すと，（解 2.49）式となる．

$$\varepsilon_t = \varepsilon_e \varphi_t = \frac{\sigma}{E_c} \varphi_t \tag{解 2.49}$$

ここに，ε_t：任意時間 t までに起こるクリープひずみ
ε_e：弾性ひずみ
φ_t：クリープ係数
σ：作用する応力
E_c：ヤング係数

（解 2.49）式の比例定数 φ_t はクリープ係数と呼ばれ，クリープを構造設計に取り入れる際の有効な指標となっており，クリープ係数を定めることによりクリープひずみが計算できる．

通常の構造物では，クリープひずみが発生する期間には，同時に乾燥収縮によるひずみやコンクリート硬化によるひずみが発生し，クリープひずみと乾燥収縮によるひずみを分離することは困難である．クリープ試験では載荷試験体のひずみから，同一環境下の無載荷試験体の収縮ひずみを差し引いてクリープひずみを求める．

クリープひずみまたはクリープ係数に影響する調合上の要因およびその他の要因の主なものを以下に示す．

1） コンクリートの圧縮強度

一般的に，圧縮強度が大きいほど最終クリープひずみは小さくなる．調合上は，材料，環境条件などが同じであれば，水セメント比が小さいほどクリープひずみが小さくなる．解説図 2.41 にコンクリートの圧縮強度と最終単位クリープひずみの関係を示す．コンクリートの圧縮強度の増加とともにクリープひずみは減少しており，特に環境湿度が低いほどこの傾向は顕著になる．

2） セメントの種類

セメントの種類により強度発現，水和生成物が異なり，クリープに影響を与える．一般的には，普通ポルトランドセメントを用いた場合に比べ，早強ポルトランドセメントを用いた場合の方がクリープ係数は小さく，逆に低熱ポルトランドセメントを用いた場合は普通ポルトランドセメントよりも大きくなる．

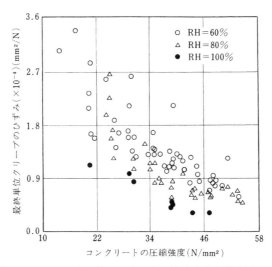

解説図 2.41 クリープひずみに及ぼす圧縮強度と環境湿度の関係[36]

3) 骨材の種類

骨材の種類によりクリープは影響される．一般には骨材の弾性係数が大きいほどクリープひずみは小さくなる．人工軽量骨材を用いた場合は骨材が柔らかいため，同一水セメント比では，普通骨材コンクリートよりもクリープひずみは大きくなる．ただし，クリープ係数に換算すると，軽量コンクリートでは同じ大きさの載荷応力に対する弾性ひずみが大きくなるため，両者はほぼ同様な値となる．

4) 混和材の影響

高炉スラグ微粉末，シリカフュームなどの混和材料を用いたコンクリートのクリープ係数は無混入のものより小さいという報告が多い．これらは，混和材料の混入により強度が増加する条件で認められている．ただし，一部には逆に増大するという報告も見られるため，実際の使用にあたっては慎重な検討を行うことが望ましい．

5) その他の要因

・乾燥条件：乾燥条件が厳しいほどクリープは大きくなる．

・温度：常温から 70〜80℃ 程度までは温度とともにクリープは増大する傾向にある．

・載荷開始時の材齢：材齢が経過し，水和反応が進行し強度が増大するほどクリープは小さくなる．

以上の条件のほか，コンクリートの含水状態，供試体の寸法などの条件によりクリープひずみ，クリープ係数は異なる．すなわち，コンクリートのクリープ係数は，構造物が受ける荷重条件，材料，調合のほか，養生条件，部材形状，寸法などの種々の条件によって変化する．コンクリートの調合を定めるにあたっては，標準養生した供試体から得られたクリープ係数と構造体コンクリートのクリープ係数の差を考慮して，使用するコンクリートのクリープ係数の目標値を定める必要がある．

解説表 2.20　コンクリートのクリープ係数の最終値

ポストテンションの場合	プレテンションの場合
普通コンクリート：$\phi_t=2$ 軽量コンクリート：$\phi_t=2$	普通コンクリート：$\phi_t=2.5$

　なお，本会「プレストレストコンクリート設計施工規準・同解説」では，コンクリートのクリープ係数の最終値として解説表 2.20 の値を規定している．また，材料や調合からコンクリートのクリープ係数を推定するための式が CEB-FIP Model Code 1990 や ACI Committee 209 から提案されている．そのほかにも，使用するコンクリートのクリープ係数の目標値を設定する際に参考となる室内における実験結果は過去に多数報告されている．

2.6　火災時の安定性にかかわる性能の目標値の定め方

> a．構造体コンクリートの表面部の火災時の爆裂に対する抵抗性は，コンクリートが置かれる環境条件で火災時に爆裂によって鉄筋が露出しないものとする．
> b．使用するコンクリートの火災時の爆裂に対する抵抗性は，適当な期間気中で保存した気乾状態の試験体を用いて耐火試験を行い，構造体コンクリートにおいて鉄筋が露出するような爆裂が生じないものとする．

　a．鉄筋コンクリート造は耐火構造である．また，コンクリートは不燃材料であり，火災に対して強いとされてきた．しかし，近年の研究から次のような場合には火災時にコンクリートが爆裂を生じ，鉄筋の保護機能を失う可能性が高いことがわかってきた．

・高強度コンクリート（設計基準強度 80 N/mm^2 以上）
・短期に高い強度が必要な場合など，施工上の必要性から水セメント比を小さくしたコンクリート
・必要な強度を得るための水結合材比が低く組織構造が緻密なコンクリート
・含水率が高いコンクリート
・火災時の燃焼条件がきわめて厳しい部位のコンクリート

このようなコンクリートが爆裂する原因としては，火災時に内部に生じる水蒸気圧と，加熱時の温度分布に起因する熱応力がいわれている．コンクリートが火災時に爆裂する可能性が疑われる場合には，必要に応じて爆裂の抑制対策を施す必要がある．水蒸気圧の上昇を抑制することによる爆裂の抑制対策としてはコンリート中に少量の有機繊維を混入する対策が行われており，熱応力を緩和することによる爆裂の抑制対策としては被覆等を施す対策などが行われている．

　b．コンクリート構造物の耐火性の検証は，部材レベルで載荷加熱試験を行い，所要の耐火時間を有することを確認するのが一般的である．部材レベルでの爆裂状態と，供試体の耐火試験の結果を関係づける知見は十分ではないが，供試体による耐火試験で爆裂が生じなければ，部材レ

ベルでも激しい爆裂は生じず，部材としての耐火性能が確保できる可能性が高い．したがって，鉄筋が露出するような爆裂が生じるかどうかについては，供試体の耐火試験での爆裂の有無で判断するとよい．コンクリートの爆裂のしやすさは，解説図 2.42 に示すように，コンクリートの含水率によって異なり，含水率が高いほど爆裂が生じやすい．供試体による耐火試験を行う場合のコンクリートの養生条件は，構造体コンクリートの置かれている環境条件を考慮して適度な養生期間，乾燥期間とする必要がある．一般に構造体コンクリートは気中で長期間の乾燥を受けることから，供試体での耐火試験には気中で乾燥させた気乾状態の供試体を用いることにしている．

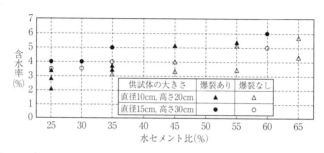

解説図 2.42 供試体の水セメント比・含水率と爆裂発生との関係[37]

2.7 環境配慮にかかわる目標値の定め方

2.7.1 省資源性

> 使用するコンクリートの製造時の省資源性は，コンクリートの材料中の再生材料の使用量で表し，設計図書による．

省資源性とは，再資源化された材料（以下，再生材料という）の使用や使用後にリサイクルに供することが可能な資材・材料を使用すること，あるいは材料を高強度化することで部材断面を低減することなど，天然資源の使用量を削減する環境配慮であり，具体的には，部材・構造体の原材料に占める再生材料の割合や再利用可能な資源の割合を多くすることにより環境負荷を低減する．ただし，コンクリートに使用する材料は，その部材および建築物の耐用年数に深く関わるため，一定の品質が保証されたものである必要がある．例えば，再生材料の使用にあたって省資源性を重視するあまり，耐久性などの本来要求される基本性能が低下してしまっては本末転倒であり，目先のリユース・リサイクル率の向上だけを追求することは，本来の目標を見失うことになりかねない．しかし，品質低下のおそれがない場合や，他の手段で品質・性能の低下が補完できるものに関しては，再生材料の積極的な利用を図る必要がある．

一方，コンクリートに要求される性能によっては，通常の材料と同等品質の再生材料だけでなく，それを下回る中・低品質な再生材料を使うことも検討する．再生骨材コンクリートを例にとると，構造用コンクリート以外の部位などについては，一般骨材と同等なコンクリート用再生骨材 H を用いるコンクリートのみでなく，それを下回る品質の再生骨材コンクリート L を利用す

ることがリサイクル率の向上につながることもある．本指針では，使用するコンクリートの製造時の省資源性は，コンクリートの材料中の再生材料の使用量で表し，その目標値は設計図書によることとする．なお，再生材料としては，セメントについては高炉セメント，フライアッシュセメントおよびエコセメント，骨材については再生骨材および各種スラグ骨材，水については回収水，混和材については高炉スラグ微粉末やフライアッシュなどがあげられる．

2.7.2 省エネルギー性

> 使用するコンクリートの製造時の省エネルギー性は，コンクリートの材料の製造，運搬に要するエネルギーの削減量で表し，基準とするコンクリートからの削減量は設計図書による．

省エネルギー性とは，資材・材料の製造，運搬に要するエネルギーを削減するような材料，機器およびシステムを用いる場合の環境配慮であり，具体的には，原材料の採取から材料の加工・製造の段階において，地産地消などにより製造，運搬に係るエネルギー消費が少ない資材を選定することが有効である．本指針では，使用するコンクリートの製造時の省エネルギー性は，コンクリートの材料の製造，運搬に要するエネルギーの削減量で表し，基準とするコンクリートからの削減量は設計図書による．なお，評価対象となるエネルギーとしては，セメントをはじめとするコンクリートの材料の製造・運搬やコンクリートの製造などに要するエネルギーがあげられる．

2.7.3 環境負荷物質低減性

> 使用するコンクリートの製造時の環境負荷物質低減性は，コンクリートの材料に起因する CO_2 排出量の削減量で表し，基準とするコンクリートからの削減量は設計図書による．

環境負荷物質低減性とは，地球・地域環境，作業環境など，さまざまな空間規模の環境に対して負荷要因となる地球温暖化や近隣環境公害などを生じさせる有害な物質を低減する環境配慮であり，具体的には，資源の採取から材料の製造の段階で発生する環境負荷物質（CO_2 など）の発生が少ない材料の選定や，セメントあるいは各種スラグ骨材などに含まれる微量成分の溶出を抑制[38]することにより，健康被害の防止や環境影響を低減する．なお，CO_2 は用いる機器の燃費と消費時間が決まれば，本会「建物のLCA指針」[39]に掲載されている原単位を用いて定量化が可能である．環境負荷物質には，CO_2，NOx，SOx，粉じん，ばいじんなどがあるが，本指針では，使用するコンクリートの製造時の環境負荷物質低減性は，コンクリートの材料の製造・運搬に起因する CO_2 排出量の削減量で表し，基準とするコンクリートからの削減量は設計図書による．なお，評価対象となる排出 CO_2 としては，セメントをはじめとするコンクリートの材料の製造・運搬やコンクリートの製造時などに排出される CO_2 があげられる．

2.7.4 長寿命性

> 構造体コンクリートの長寿命性は，計画供用期間の級で表し，設計図書による．

構造体コンクリートの長寿命性とは，建築物およびその構成材料の耐久性の向上に寄与し，鉄筋コンクリート造建築物の耐用年数を向上させることに貢献する環境配慮であり，具体的には，部材・構造体の耐久性向上に寄与し，鉄筋コンクリート造建築物の耐用年数の延伸に貢献する材料を選定し，コンクリートを製造する．構造体コンクリートの長寿命性は，JASS 5 の一般的な劣化作用を受ける構造体の計画供用期間の級により表し，設計図書によることとする．

　1997 年の本会会長声明「二酸化炭素排出量の削減のためには，我が国の建築物の耐用年数を 3 倍に延長することが必要不可欠であり，また可能であると考える．」[40]にも示されたように，建築物の耐用年数を向上させることは，結果的に，廃棄物の発生抑制，天然資源の使用量削減，材料・製造に関わるエネルギー消費量の削減につながる．

参考文献

1) 日本建築学会：鉄筋コンクリート造建築物の環境配慮施工指針（案）・同解説，2008
2) 野口貴文・友澤史紀：高強度コンクリートの圧縮強度とヤング係数との関係，日本建築学会構造系論文集，No. 474, pp. 1-10, 1995.8
3) 嵩　英雄・和泉意登志・友澤史紀・福士　勲：経年 RC 構造物におけるコンクリートの中性化と鉄筋の腐食，第 6 回コンクリート工学年次講演会論文集，pp. 181-184, 1984
4) 阿部道彦・桝田佳寛・田中　斉・柳　啓・和泉意登志・友澤史紀：コンクリートの促進中性化試験法の評価に関する研究，日本建築学会構造系論文集，第 409 号，pp. 1-10, 1990.3
5) 太田達見・山﨑庸行・桝田佳寛：有効かぶり厚さ設計法の提案，日本建築学会技術報告集，第 22 号，pp. 77-80, 2005.12
6) 和泉意登志・嵩　英雄・押田文雄・西原邦明：コンクリートの中性化に及ぼすセメントの種類，調合および養生条件の影響について，第 7 回コンクリート工学年次講演会論文集，pp. 117-120, 1985
7) 鈴木澄江・飛坂基夫：高流動コンクリートの力学特性・耐久性に関する研究（その 12．中性化），日本建築学会大会学術講演梗概集，pp. 303-304, 1995.8
8) 堀口賢一・丸屋　剛・武若耕司：腐食発生限界塩化物イオン濃度に及ぼすコンクリート配合の影響，コンクリート工学年次論文集，Vol. 29, No. 1, pp. 1377-1382, 2007
9) 桝田佳寛・友澤史紀・安田正雪・原　謙治：コンクリート中への塩化物浸透速度に関する実験，コンクリート工学年次論文報告集，10-2, pp. 493-498, 1988
10) 太田達見・山﨑庸行・桝田佳寛：かぶりコンクリートの性状に及ぼす各種要因に関する実験的研究，日本建築学会構造系論文集，第 572 号，pp. 1-8, 2003.10
11) 日本建築学会：鉄筋コンクリート造建築物の収縮ひび割れ制御設計・施工指針（案）・同解説，2006.2
12) 石井祐輔・三谷裕二・谷村　充：コンクリートの乾燥収縮に及ぼす相対湿度の影響評価，日本建築学会大会学術講演梗概集，A-1, pp. 711-712, 2012.9
13) 百瀬晴基・閑田徹志：体積表面積比が乾燥収縮ひずみに与える影響，日本建築学会大会学術講演梗概集，A-1, pp. 847-848, 2008.9
14) 樋口優香・寺西浩司：仕上げ方法がコンクリートの乾燥収縮および中性化に及ぼす影響，コンクリート工学年次論文集，Vol. 35, No. 1, pp. 469-474, 2013.7
15) 例えば，桝田佳寛・仕入豊和：コンクリートの乾燥収縮の促進試験方法に関する一実験，日本建築学会大会学術講演梗概集，pp. 97-98, 1984.9
16) 日本建築学会：コンクリートの調合設計・調合管理・品質検査指針案・同解説，1976.12
17) 田澤榮一：水和反応によるセメントペーストの自己収縮，セメント・コンクリート，No. 565, pp. 35-44, 1994.3

18) 米田恭子・千歩　修・長谷川拓哉：既往の凍結融解試験データに基づくコンクリートの耐凍害性に及ぼす乾湿繰返し・暴露の影響，コンクリート工学年次論文集，Vol. 30, No. 1, pp. 951-956, 2008
19) A.M. Neville（三浦尚訳）：ネビルのコンクリートバイブル，技報堂出版，2004.6
20) 日本コンクリート工学協会北海道支部：凍害と耐久性設計研究委員会報告書，2008.10
21) 日本建築学会：マスコンクリートの温度応力ひび割れ制御設計・施工指針（案）・同解説，2008
22) 橋田　浩・小澤貴史：建築工事に用いるマスコンクリートのひび割れ危険度に関する簡易評価手法の検討，コンクリート工学年次論文集，Vol. 28, No. 1, pp. 1301-1306, 2006
23) 藤原　稔・行徳爲己・久保田賢・新崎義幸：低発熱型高炉セメントB種の特性と施工例のコンクリート工学，Vol. 47, No. 3, pp. 10-15, 2009.3
24) 米澤敏男・坂井悦郎・鯉渕　清・木之下光男・釜野博臣：エネルギー・CO_2ミニマム（ECM）セメント・コンクリートシステム，コンクリート工学，Vol. 48, No. 9, pp. 69-73, 2010.9
25) 大深伸尚・鳥居和之・池富　修・川村満紀：鉄筋コンクリート堤体の耐久性調査，コンクリート工学年次論文集，Vol. 22, No. 1, pp. 43-48, 2000
26) 寺西浩司・桝田佳寛ほか：細骨材および調合がコンクリートのワーカビリティーに及ぼす影響，日本建築学会構造系論文集，Vol. 80, No. 707, pp. 9-18, 2015.1
27) 谷川恭雄ほか：フレッシュコンクリートの流動特性とその予測，p. 118, セメントジャーナル社，2004.9
28) G.H. Tattersall and P.F.G. Banfill：The Rheology of Fresh Concrete, Pitman Advanced Publishing Program, pp. 97-100, 1983
29) 近藤泰夫訳：米国内務省開拓局編　コンクリートマニュアル　第8版，国民科学社，p. 30, 1978.11
30) 和田真平・阿部道彦・柳　啓・藤田克己：フライアッシュコンクリートの中性化，水密性および遮塩性に関する実験，コンクリート工学年次論文報告集，Vol. 20, No. 2, pp. 121-127, 1998
31) 壇　康弘・近田孝夫・水浜一孝：高炉スラグ微粉末を用いたコンクリートの蒸気養生特性，セメント・コンクリート論文集，No. 45, 1991
32) 笠井芳夫編著：コンクリート総覧，技術書院，pp. 456-459, 1998.6
33) 阿部博俊・青柳征夫：高温下におけるコンクリート構造物の熱応力に関する問題点，コンクリートジャーナル，Vol. 8, No. 1, pp. 62-67, 1970.1
34) 徳田　弘・庄谷征美：複合材料としての熱拡散率，材料，Vol. 21, No. 230, pp. 1017-1023, 1966.11
35) 徳田　弘：コンクリートの熱的性質，コンクリート工学，Vol. 22, No. 3, pp. 29-37, 1984.3
36) 阪田憲次ほか：コンクリートのクリープひずみの予測式の提案，コンクリート工学年次論文報告集，pp. 271-276, 1988
37) 井上明人・飛坂基人・棚池　裕：高強度コンクリートの耐火性の評価および考察；日本建築学大会学術講演梗概集 A-2, pp. 45-48, 1998.9
38) 土木学会：コンクリートからの微量成分溶出に関する現状と課題，コンクリートライブラリー 111, 2003.5
39) 日本建築学会地球環境委員会編：建物のLCA指針，2013
40) 日本建築学会：気候温暖化への建築分野での対応（会長声明全文），1997.12
http://www.aij.or.jp/jpn/archives/971202.htm

3章 材料の選定

3.1 セメント

> a．セメントは，JIS R 5210（ポルトランドセメント），JIS R 5211（高炉セメント），JIS R 5212（シリカセメント），JIS R 5213（フライアッシュセメント）または JIS R 5214（エコセメント）に規定するセメントを標準とし，コンクリートの目標性能に応じて選定する．
> b．a項以外のセメントを使用する場合は，試験または信頼できる資料により，その性能を確認する．
> c．中性化に対する抵抗性を重視してセメントを選定する場合は，ポルトランドセメントを標準とする．混合セメントとする場合は，混和材の分量を考慮して選定する．
> d．塩化物イオンの浸透に対する抵抗性を重視してセメントを選定する場合は，塩化物イオンの浸透抑制に効果のある混和材の分量が多い混合セメントを選定する．
> e．水和熱によるひび割れを抑制する性能が必要な場合は，中庸熱ポルトランドセメント，低熱ポルトランドセメント，フライアッシュセメントなど，水和熱の小さいセメントを選定する．
> f．セメントの種類やアルカリ総量によりアルカリ骨材反応抑制対策を行う場合は，ポルトランドセメント低アルカリ形あるいはアルカリ骨材反応抑制効果のある混合セメントを選定する．
> g．環境配慮性を重視してセメントを選定する場合は，混和材の分量の多い混合セメントや原材料で省資源性の配慮がなされたエコセメントなどを選定する．

a．わが国で JIS に品質が定められているセメントは，解説表 3.1 に示すポルトランドセメント・高炉セメント・シリカセメント・フライアッシュセメントおよびエコセメントである．これらのうち，シリカセメントは，工場製品用にごくわずか生産されている．1997 年 4 月の JIS 改正で新たに規格化された低熱ポルトランドセメントは，コンクリートの低発熱性，高強度性および高流動性に対応できるセメントとして，近年，中庸熱ポルトランドセメントとともに需要が徐々に増加している．

解説表 3.1　セメントの種類

種類		規格
ポルトランドセメント（低アルカリ型を含む）	普通ポルトランドセメント 早強ポルトランドセメント 超早強ポルトランドセメント 中庸熱ポルトランドセメント 低熱ポルトランドセメント 耐硫酸塩ポルトランドセメント	JIS R 5210
高炉セメント	A種・B種・C種	JIS R 5211
シリカセメント	A種・B種・C種	JIS R 5212
フライアッシュセメント	A種・B種・C種	JIS R 5213
エコセメント	普通エコセメント 速硬エコセメント	JIS R 5214

ポルトランドセメントは，2003年のJIS改正で各種の廃棄物および副産物をセメントの原料，燃料および混合材として再資源化している取組みにこたえるための規格値の見直しとして，普通ポルトランドセメントの塩化物イオンの規格値が0.035%以下と改正された．また，2002年には，都市部などで発生する廃棄物のうち主たる廃棄物である都市ごみを焼却したときに発生する灰を主とし，必要に応じて下水汚泥などの廃棄物を従としてエコセメントクリンカーを主原料に用いて製造される資源リサイクル型セメントの一種であるエコセメントがJIS化された．用途は，普通エコセメントは一般コンクリートに使用できるが，速硬エコセメントは塩素量が多く，ブロック等のコンクリート製品分野に限られる．

参考のため，セメントの品質規格の一部を解説表3.2に，また最近の各種セメントの物理試験結果および化学分析結果を解説表3.3，解説表3.4に示す．

セメントには，それぞれに特性があるので，コンクリートの使用箇所，施工時期，施工方法などによって，その特性を効果的に活用するようセメントの種類を選定する．主として建築工事に使用されるセメントの種類とそれぞれの主な特性と用途を解説表3.5に示す．

ただし，解説表3.5に示した各種セメントのうち，全国的に常時レディーミクストコンクリート工場で供給可能なセメントは，普通ポルトランドセメント（低アルカリ形を除く），早強ポルトランドセメント（低アルカリ形を除く）および高炉セメントB種である．したがって，これら以外のセメントを使用する場合は，事前にセメント会社やレディーミクストコンクリート工場

解説表3.2 セメントの品質規格値（一部)[1]

			比表面積 (cm^2/g)	凝結 始発 (min)	凝結 終結 (h)	圧縮強さ (N/mm^2) 1日	3日	7日	28日	91日	水和熱 (J/g) 7日	28日
ポルトランドセメント（低アルカリ形を含む）(JIS R 5210)	普	通	2 500以上	60以上	10以下	—	12.5以上	22.5以上	42.5以上	—	—	—
	早	強	3 300以上	45以上	10以下	10.0以上	20.0以上	32.5以上	47.5以上	—	—	—
	超早強		4 000以上	45以上	10以下	20.0以上	30.0以上	40.0以上	50.0以上	—	—	—
	中庸熱		2 500以上	60以上	10以下	—	7.5以上	15.0以上	32.5以上	—	—	—
	低	熱	2 500以上	60以上	10以下	—	—	7.5以上	22.5以上	42.5以上	290以下	340以下
	耐硫酸塩		2 500以上	60以上	10以下	—	10.0以上	20.0以上	40.0以上	—	250以下	290以下
高炉セメント (JIS R 5211)	A	種	3 000以上	60以上	10以下	—	12.5以上	22.5以上	42.5以上	—	—	—
	B	種	3 000以上	60以上	10以下	—	10.0以上	17.5以上	42.5以上	—	—	—
	C	種	3 300以上	60以上	10以下	—	7.5以上	15.0以上	40.0以上	—	—	—
シリカセメント (JIS R 5212)	A	種	3 000以上	60以上	10以下	—	12.5以上	22.5以上	42.5以上	—	—	—
	B	種	3 000以上	60以上	10以下	—	10.0以上	17.5以上	37.5以上	—	—	—
	C	種	3 000以上	60以上	10以下	—	7.5以上	15.0以上	32.5以上	—	—	—
フライアッシュセメント (JIS R 5213)	A	種	2 500以上	60以上	10以下	—	12.5以上	22.5以上	42.5以上	—	—	—
	B	種	2 500以上	60以上	10以下	—	10.0以上	17.5以上	37.5以上	—	—	—
	C	種	2 500以上	60以上	10以下	—	7.5以上	15.0以上	32.5以上	—	—	—
エコセメント (JIS R 5214)	普	通	2 500以上	60以上	10以下	—	12.5以上	22.5以上	42.5以上	—	—	—
	速	硬	3 300以上	—	1以下	15.0以上	22.5以上	25.0以上	32.5以上	—	—	—

解説表 3.3　各種セメントの物理試験結果（JIS R 5201（1997））および水和熱試験結果（JIS R 5203（1995））[1]

セメントの種類		密度 (g/cm^3)	粉末度		凝結			圧縮強さ（N/mm^2）					水和熱 (J/g)	
			比表面積 (cm^2/g)	90μm 残分 (%)	水量 (%)	始発 (h-m)	終結 (h-m)	1日	3日	7日	28日	91日	7日	28日
ポルトランドセメント	普通	3.14	3 400	0.8	28.1	2-20	3-28	—	29.5	45.2	62.6	—	—	—
	早強	3.12	4 630	0.2	31.2	2-04	3-14	27.6	46.6	57.3	66.6	—	—	—
	中庸熱	3.21	3 280	0.4	28.2	3-14	4-45	—	20.4	30.1	56.2	—	262	322
	低熱	3.21	3 440	0.2	27.6	3-17	4-40	—	14.6	21.6	55.3	80.8	214	276
高炉セメント B 種		3.03	3 880	0.4	29.5	2-53	4-21	—	22.4	36.2	62.8	—	—	—
フライアッシュセメント B 種		2.97	3 370	0.5	29.4	3-09	4-11	—	25.7	39.4	58.5	—	—	—
普通エコセメント		3.15	4 300	0.1	28.4	2-52	4-24	—	31.0	43.9	55.6	—	—	—

解説表 3.4　各種セメントの化学分析結果（JIS R 5204（2002），JIS R 5202（2010））（一部）[1]

セメントの種類		ig. loss (%)	insol. (%)	SiO_2 (%)	Al_2O_3 (%)	Fe_2O_3 (%)	CaO (%)	MgO (%)	SO_3 (%)	Na_2O (%)	K_2O (%)	TiO_2 (%)	P_2O_5 (%)	MnO (%)	Cl^- (%)
ポルトランドセメント	普通	1.80	0.15	20.68	5.28	2.91	64.25	1.40	2.10	0.28	0.40	0.28	0.25	0.09	0.015
	早強	1.18	0.08	20.42	4.84	2.61	65.26	1.32	2.98	0.23	0.37	0.27	0.22	0.07	0.008
	中庸熱	0.69	0.08	23.36	3.79	3.88	63.64	1.09	2.24	0.26	0.39	0.22	0.19	0.12	0.004
	低熱	0.80	0.06	26.10	2.83	2.95	63.24	0.74	2.38	0.18	0.38	0.14	0.08	0.09	0.005
高炉セメント B 種		1.52	0.16	25.50	8.90	1.94	55.16	3.24	2.00	0.25	0.37	0.42	0.14	0.16	0.010
フライアッシュセメント B 種		1.04	12.85	19.04	4.62	2.82	55.47	1.04	1.70	0.28	0.37	0.24	0.23	0.09	0.005
普通エコセメント		1.68	0.10	16.67	7.23	3.94	61.52	1.84	3.56	0.51	0.02	0.80	1.27	0.10	0.035

［注］　全セメントの ig. loss, insol., Cl^- ならびに，高炉セメントの SO_3 およびフライアッシュセメントの全化学成分は JIS R 5202（2010）によるもので，それ以外は JIS R 5204（2002）によるものである．

と十分な打合せを行い，円滑な供給を確保する必要がある．セメントは，JIS に適合したものを使用することを原則とするが，品質に信頼性があるセメントであれば，必ずしもこれを排除するものではない．この場合，使用する前にセメントの品質試験を行い，品質を確認することが必要であり，さらに，全アルカリ含有量と塩化物イオン量には特に注意を払わなければならない．

　b．最近の建設工事は，コンクリート躯体の高品質化，工事の合理化，経済性，環境配慮性など多様な要求条件が出され，初期強度の増強とともに乾燥収縮の低減，温度ひび割れに対する水和熱の低減など耐久性の向上が要求される場面が多い．そして，これらの多様なニーズに応えて JIS 適合品以外の各種セメントが開発され，使用されている．主なものをあげると，次のとおりである．

解説表 3.5　各種セメントの特性と主な用途

種類		特性	主な用途
ポルトランドセメント	普通	・最も一般的なセメント	・一般のコンクリート工事
	早強	・普通ポルトランドセメントより強度発現が早い ・低温でも強度を発揮する	・冬期工事 ・プレキャストコンクリート製品 ・プレストレストコンクリート
	中庸熱	・普通ポルトランドセメントより強度発現が遅い ・乾燥収縮が小さい	・マスコンクリート ・高流動コンクリート ・高強度コンクリート
	低熱	・中庸熱ポルトランドセメントより水和熱が小さく強度発現が遅いが、長期強度が大きい ・乾燥収縮が小さい	・マスコンクリート ・高流動コンクリート ・高強度・超高強度コンクリート
高炉セメント	B種	・普通ポルトランドセメントに比べ、初期強度は小さく、特に低温期の強度発現は遅いが、長期強度は大きい ・耐海水性、化学抵抗性が大きい ・アルカリシリカ反応を抑制する	・普通ポルトランドセメントと同様な工事 ・海水・硫酸塩・熱の作用を受けるコンクリート ・水中・地下構造物コンクリート
フライアッシュセメント	B種	・普通ポルトランドセメントに比べ、ワーカビリティーがよい ・十分な湿潤養生をすれば普通ポルトランドセメントに比べ、長期強度は大きい ・乾燥収縮が小さい ・水和熱が小さい ・アルカリシリカ反応を抑制する	・ポルトランドセメントと同様な工事 ・マスコンクリート ・水中コンクリート
エコセメント	普通エコセメント	・普通ポルトランドセメントとほぼ同等の性質	・コンクリート製品

（1）シリカフューム混合セメント

ポルトランドセメントをベースセメントとして、シリカフュームを10%～20%程度工場で混合したセメントであり、主に高強度コンクリートに適用されている。高性能AE減水剤や高性能減水剤との併用により、水結合材比で25%程度以下の領域においても良好な施工性を確保でき、また、設計基準強度で80 N/mm^{2}以上の高強度化を実現できる。

（2）超速硬セメント

ポルトランドセメントの成分と類似のもので構成されているが、2～3時間の短時間において、セメントの圧縮強さが10 N/mm^{2}以上得られるセメントで、凝結・硬化速度は専用の調整剤を用いて制御する。各種の補修・補強などの緊急工事に用いられている。

（3）膨張セメント

カルシウムサルホアルミネートまたは生石灰などの膨張材をセメントに混合したものである。

乾燥収縮ひび割れの防止や，機械基礎のように，同一箇所に長時間荷重がかかると復元しないクリープ変形等を防止[1]するために使用する．

（4） 白色セメント

ポルトランドセメントは通常灰緑色を呈している．これは主にセメント成分中の三酸化二鉄などの影響によるものである．白色セメントは，原料を厳選し，製造工程においてできるだけ酸化第2鉄などの混入をなくしたセメントである．また，白色セメントに顔料を添加したものがカラーセメントである．各種建築物の内・外壁，床などの化粧仕上げ，打放しコンクリート，カーテンウォールなどに用いられる．セメントの物理的性質は普通ポルトランドセメントと同等と考えて良い．

これらのセメントを使用する場合，まだその使用実績が少ないため，その性能を信頼できる資料により十分検討して確認するか，または試験を行って性能を確認しなければならない．

c．解説表3.6に示すように，セメントの種類が異なるコンクリートを対象に，同一条件にて促進中性化試験を実施した結果を見ると，ポルトランドセメントでは，早強ポルトランドセメント，普通ポルトランドセメント，中庸熱ポルトランドセメント，低熱ポルトランドセメントと，強度発現が早い順に中性化速度係数は小さくなる．また，強度発現の遅い低熱ポルトランドセメントの試験開始材齢を28日から56日に延長すると，中性化速度係数が著しく小さくなり普通ポルトランドセメントと同程度となる．

解説表 3.6 各種セメントを用いたコンクリートの中性化速度係数（$mm/\sqrt{年}$：CO_2濃度：5%）[2]

セメントの種類	養生（日）	W/C (%)		
		45	55	65
普通ポルトランドセメント	28	16.9	30.7	42.9
早強ポルトランドセメント		10.8	27.3	39.4
中庸熱ポルトランドセメント		19.8	42	54.2
低熱ポルトランドセメント		23.3	42	65.8
高炉セメントB種		21.1	39	51.9
低熱ポルトランドセメント	56	14.6	32.1	48.9

また，解説表3.6および解説図3.1に示すように，一般的に高炉スラグ微粉末やフライアッシュ等の混和材をセメントに置換して用いる場合には，混和材の置換率の増大とともに中性化速度が大きくなることが知られている．これは，混和材がセメントから供給される水酸化カルシウムと反応することや，セメント量の減少に伴うアルカリ量の減少の影響を受けるためとされている．

一方，解説図3.2のように混和材の種類や置換率にかかわらず中性化速度と強度には高い相関性があることも示されており，混合セメントを使用する場合であっても，十分な養生や水結合材比を下げること等によって，ポルトランドセメントの場合と同程度の性能を得ることも可能と考

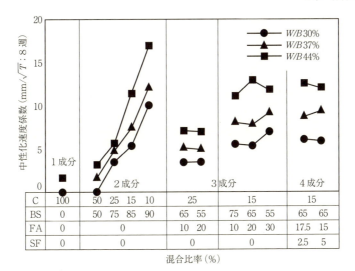

解説図 3.1 混和材の置換率と中性化速度係数との関係（CO_2 濃度：5％）[3]

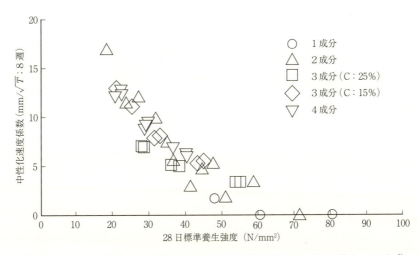

解説図 3.2 28 日標準養生強度と中性化速度係数との関係（CO_2 濃度：5％）[3]

えられる．また，構造物が置かれる実環境下では，炭酸ガス濃度や含水状態等が，促進試験の条件とは異なるため，必ずしも同様の結果とはならないことも指摘されている．

以上，混合セメントの中性化に関してはさまざまな調査・研究が行われているが，中性化に対する抵抗性を重視する場合は，理論的には混和材を使用したコンクリートの中性化抵抗性は普通ポルトランドセメントに比して小さく，使用材料の変遷もあって長期にわたって供用された構造物レベルでの情報も十分とは言えないことから，混合セメントの混和材の種類や置換率を考慮して，実験や信頼できる資料に基づいて選定することが必要である．

d．解説図 3.3 は，水セメント比 55％の条件において各種セメントを用いたコンクリートを対

象に，前養生28日間実施後，濃度10%のNaCl水溶液に6か月間浸漬させた供試体断面に0.1 N硝酸銀溶液を噴霧し，発色法により塩化物イオンの浸透深さを測定した結果である．塩化物イオンの浸透深さは，高炉セメントB種（BB）がポルトランドセメントの場合に比べて小さい．これは，高炉セメントB種はフリーデル氏塩の生成量が多く，塩化物イオンの固定能力が高いためと考えられる．また，低熱ポルトランドセメント（L）は，前養生期間を28日から56日に長くした場合，遮塩性が向上する結果が得られている．また，解説図3.4に示すとおり，W/C 60%で実施した結果からもフライアッシュセメントおよび高炉セメントがポルトランドセメントの場合に比べて遮塩性に優れることがわかる．

以上，塩化物イオンの浸透に対する抵抗性を重視してセメントを選定する場合には，実験や信頼できる資料に基づいて，混和材の分量の大きい混合セメントを選定する必要がある．

e．近年，施工技術の向上に伴ってコンクリート工事はますます大型化している．具体例をあ

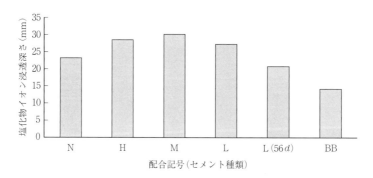

解説図3.3 発色法による塩化物イオンの浸透深さ結果[2]

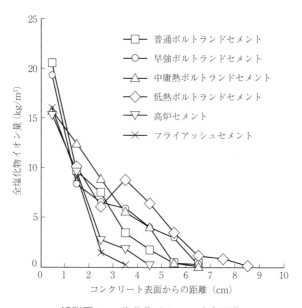

解説図3.4 塩化物イオンの分布図[4]

げれば，超高層鉄筋コンクリート造建築物や大型火力発電所の基礎（ベースマット）などではマスコンクリートとなっている．断面寸法の大きい部材に打ち込まれたコンクリートは，硬化中にセメントの水和熱が蓄積され内部温度が上昇する，このとき，コンクリート部材の表面と内部の温度差や，部材全体の温度が降下するときの収縮変形の拘束によって，応力が生じひび割れの発生をもたらす．部材の温度は，打ち込まれたコンクリート中のセメントや混和材の水和反応によって上昇する．このため，設計で要求されている品質に見合った発熱特性をもつセメントを選定するように心掛けなければならない．

各種セメントの断熱温度上昇試験結果を解説図 3.5 に示す．低熱ポルトランドセメントや中庸熱ポルトランドセメントはゆるやかに反応が進むために，温度上昇速度が小さくなり，部材の温度上昇を抑えることができる．混合セメントの場合は，強度発現が遅いために脱型時期や初期養生などに留意は必要であるが，混合材量が少ない A 種を除き，高炉スラグ微粉末やフライアッシュ等の混和材の置換率の増大に伴い水和熱の面で有利となる．しかしながら，高炉セメント B

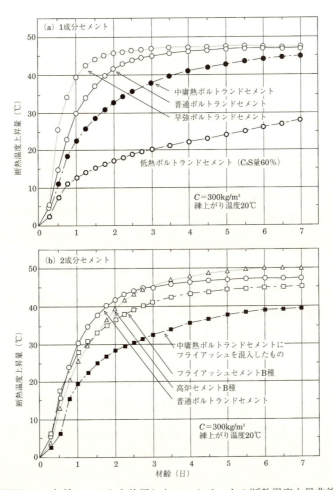

解説図 3.5 各種セメントを使用したコンクリートの断熱温度上昇曲線[5]

種では，適用条件によっては必ずしもひび割れ抵抗性の面で有利とならないことも指摘されており，高炉スラグ微粉末の比表面積を小さくしたり，混和材量を大きくしたりして，より発熱を抑えたマスコンクリート用セメントが実用化され，一部の地域で供給されている．使用にあたっては，試験または信頼できる資料等を基に検討すると良い．

f．使用する骨材がアルカリシリカ反応性試験で無害でないと判定された場合やアルカリシリカ反応性試験を行っていない場合には，アルカリ骨材反応抑制対策を行うことが必要になる．セメントの選定で抑制対策を行う場合は，ポルトランドセメント低アルカリ形または高炉セメントB種・C種，フライアッシュセメントB種・C種でアルカリ骨材反応抑制効果が確認されたものを採用すればよい．

また，コンクリート中の総アルカリ量で抑制対策を実施する場合は，コンクリート中のアルカリ量はセメント中のアルカリ量が大半を占めることから，できるだけアルカリ量の少ないセメントを選定しなければならない．解説表3.4に最近のセメントの化学分析結果を一例として示すので参考にされたい．

g．ポルトランドセメントの生産では，主原料である石灰石が焼成する際の脱炭酸反応により，解説表3.7に示すように，セメント1t製造するのに対して700 kg以上の二酸化炭素を排出する．高炉スラグ微粉末またはフライアッシュが混合された混合セメントを用いることにより二酸化炭素排出量が低減でき，環境負荷物質の低減の観点から環境配慮がなされることとなる．

解説表3.7 各種セメントの二酸化炭素排出量原単位

セメントの種類	二酸化炭素排出量原単位（kg-CO_2/t）	投入エネルギー量（GJ/t）
ポルトランドセメント（N）	764.3[6]	3.40[8]
高炉セメントB種（BB）	444.1[6]	2.28[8]
フライアッシュセメントB種（FB）	643.4[6]	3.02[8]
エコセメント（E）	803.0[7]	6.40[8]

エコセメントは，都市ごみ焼却灰や下水汚泥を主原料として，2001年には千葉県市原市に世界初の工場が完成し生産を開始し，2002年7月にJIS化されたセメントである．塩化物量がやや高いため用途は限定されるが，普通ポルトランドセメントを用いた場合とほぼ同等の性能を得ることができ，省資源性等の観点から環境配慮がなされることとなる．

なお，普通ポルトランドセメント等の生産においても，他産業等で発生した廃棄物・副産物や生活系廃棄物を，原燃料・製品の一部として活用し，最終処分場への負担軽減に貢献している．解説図3.6に示すように，それらの有効利用量は年々増加傾向にあり，セメント1t製造するのに対して470 kg以上の有効利用量となっている．

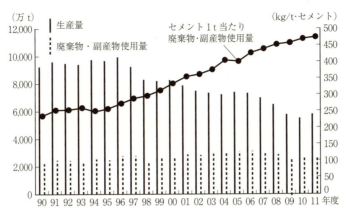

解説図 3.6 廃棄物・副産物使用量と生産量の推移[1]

3.2 骨　材

> a．骨材は，JIS A 5308 附属書 A（規定）「レディーミクストコンクリート用骨材」に適合するものとし，コンクリートの目標性能に応じて選定する．
> b．JIS に規定されていない骨材は，信頼できる資料や試験により，事前にその性能を確認する．
> c．コンクリートのヤング係数に対する要求がある場合には，骨材のヤング係数に留意して選定する．
> d．コンクリートの気乾単位容積質量または乾燥単位容積質量に対する要求がある場合は，骨材の絶乾密度および吸水率に留意して選定する．
> e．コンクリートの乾燥収縮を小さくしたい場合は，骨材のヤング係数および収縮特性に留意して選定する．
> f．凍結融解作用に対して高い抵抗性が必要な場合は，骨材の安定性試験における損失質量分率が小さく，吸水率の小さい骨材を選定する．
> g．水和熱を抑制したい場合は，熱伝導率の大きい骨材や熱容量の大きい骨材を選定する．また，水和熱によるひび割れ発生を抑制させたい場合は，線膨張率の小さい骨材を選定する．
> h．骨材によるアルカリ骨材反応抑制対策を行う場合には，アルカリシリカ反応に対して無害と判定される骨材を選定する．
> i．コンクリートのワーカビリティーの改善が必要な場合は，粗骨材の最大寸法，骨材の粒度分布および粒形を考慮して選定する．
> j．コンクリートの火災時の爆裂に対する抵抗性が必要な場合は，耐火性の高い骨材を選定する．
> k．省資源性の環境配慮を行う場合は，コンクリートの性能が確保される範囲で再生骨材，スラグ骨材などを選定する．また，回収骨材を使用する．
> l．省エネルギー性あるいは環境負荷物質低減性の環境配慮を行う場合は，骨材製造時に CO_2 排出量の少ない砂利，砂，砕石または砕砂を選定する．
> m．長寿命性の環境配慮を行う場合は，塩化物量が少ない骨材やアルカリシリカ反応性が無害と判定される骨材を選定する．

　a．JIS A 5308 附属書 A（規定）「レディーミクストコンクリート用骨材」によると，コンクリート用の骨材の種類は，砕石および砕砂，スラグ骨材，人工軽量骨材，再生骨材 H ならびに砂利および砂とされており，次のような品質規定が設けられている．

　砕石および砕砂を使用する場合は，JIS A 5005（コンクリート用砕石及び砕砂）のうち解説表3.8 の品質規定に適合するものを使用しなければならない．

解説表 3.8 JIS A 5005（コンクリート用砕石及び砕砂）の品質規定

種類＼項目	絶乾密度 (g/cm³)	吸水率 (%)	微粒分量[1][2] [許容差] (%)	粒形判定実積率 (%)	安定性 (%)	すりへり減量 (%)
砕 石	2.5 以上	3.0 以下	3.0 以下 [±1.0]	56 以上	12 以下	40 以下
砕 砂	2.5 以上	3.0 以下	9.0 以下 [±2.0]	54 以上	10 以下	―

[注] （1） 微粒分量は，[ ] 内の許容差の範囲内でばらつきが生じても最大値を超えないように，製造業者と購入者が協議して定める．
（2） 砕石について，粒形判定実積率が 58% 以上の場合は，微粒分量の最大値を 5.0% とすることができる．

　スラグ骨材は，高炉スラグ骨材，フェロニッケルスラグ骨材，銅スラグ骨材または電気炉酸化スラグ骨材を用いるものとし，それぞれの品質規定は JIS A 5001-1～4（コンクリート用スラグ骨材）のうち解説表 3.9 の品質規定に適合するものを使用しなければならない．ただし，電気炉酸化スラグ骨材については，JIS マーク品とし，生産工場からレディーミクストコンクリート工場に直接納入されるものとする．

解説表 3.9 JIS A 5011（コンクリート用スラグ骨材）の品質規定

項　目		高炉スラグ粗骨材 L	高炉スラグ粗骨材 N	高炉スラグ細骨材	フェロニッケルスラグ細骨材	銅スラグ細骨材	電気炉酸化スラグ粗骨材 N	電気炉酸化スラグ粗骨材 H	電気炉酸化スラグ細骨材 N	電気炉酸化スラグ細骨材 H
化学成分	酸化カルシウム（CaO として） %	45.0 以下	45.0 以下	45.0 以下	15.0 以下	12.0 以下	40.0 以下			
	全硫黄（S として） %	2.0 以下	2.0 以下	2.0 以下	40.0 以下	2.0 以下	10.0 以下			
	三酸化硫黄（SO_3 として） %	0.5 以下	0.5 以下	0.5 以下	0.5 以下	0.5 以下	50.0 以下			
	全鉄（FeO として） %	3.0 以下	3.0 以下	3.0 以下	13.0 以下	70.0 以下	2.0 以下			
絶乾密度　g/cm³		2.2 以上	2.4 以上	2.5 以上	2.7 以上	3.2 以上	3.1 以上 4.0 未満	4.0 以上 4.5 未満	3.1 以上 4.0 未満	4.0 以上 4.5 未満
吸水率　%		6.0 以下	4.0 以下	3.5 以下	3.0 以下	2.0 以下	2.0 以下			
単位容積質量　kg/l		1.25 以上	1.35 以上	1.45 以下	1.50 以上	1.80 以上	1.6 以上	2.0 以上	1.8 以上	2.2 以上

　人工軽量骨材を使用する場合は，JIS A 5002（構造用軽量コンクリート骨材）のうち解説表 3.10 の品質規定に適合するものを使用しなければならない．
　コンクリート用再生骨材 H を使用する場合は，JIS A 5021（コンクリート用再生骨材 H）のうち，解説表 3.11 の品質規定に適合するものを使用しなければならない．
　砂利および砂を使用する場合は，解説表 3.12 の品質規定および解説表 3.13 の粒度分布に適合するものを使用しなければならない．
　なお，コンクリートに使用する骨材の種類は地域によって大きな差があり，骨材の品質にも地域差のあることが指摘されており，骨材の選定にあたっては，あらかじめその地域の骨材の種類

解説表 3.10　JIS A 5002（構造用軽量コンクリート骨材）の品質規定

項　目			人工軽量骨材	天然軽量骨材 副産軽量骨材
化学成分	強熱減量	%	1 以下	5 以下
	酸化カルシウム（CaO として）[1]	%	—	50 以下
	三酸化硫黄（SO$_3$ として）	%	0.5 以下	0.5 以下
	塩化物（NaCl として）	%	0.01 以下	0.01 以下
有機不純物			試験溶液の色が標準色液より淡いこと 又は色見本より渋い	
安定性		%	—	20 以下
粘土塊量		%	1 以下	2 以下
細骨材の微粒分量		%	10 以下	10 以下

［備考］（1）　膨張スラグ及びその加工品だけに適用する．

解説表 3.11　JIS A 5021（コンクリート用再生骨材 H）の品質規定

試験項目		再生粗骨材 H	再生細骨材 H
絶乾密度	g/cm^3	2.5 以上	2.5 以上
吸水率	%	3.0 以下	3.5 以下
すりへり減量[1]	%	35 以下	—
微粒分量	%	1.0 以下	7.0 以下

［注］（1）　舗装版に用いる場合に適用する．

と品質の実態を把握しておくことが重要である．

b．コンクリートに使用する骨材のうち JIS A 5308 附属書 A（規定）に規定されていないものは，次のものがある．

・再生骨材 M および L

　再生骨材 H が JIS A 5021（コンクリート用再生骨材 H）に骨材として規格化されているのに対して，再生骨材 M および L は，それぞれ JIS A 5022（再生骨材 M を用いたコンクリート），JIS A 5023（再生骨材 L を用いたコンクリート）の附属書の中に骨材の規定がある．これは，再生骨材 H が一般の骨材と同様に用いることができるのに対して，再生骨材 M および L は使用方法に検討が必要であり，コンクリートの品質管理も一般のコンクリートと異なるためである．

　再生骨材の品質は，解説図 3.7 に示すとおり，密度と吸水率により分類される．品質は，表面に付着するモルタル・ペーストによるところが大きく，一般にこれらが多いほど密度は減少，吸水率は増大し，コンクリートの品質を低下させる．また，再生骨材の品質は原骨材の品質にも左右されるため，再生骨材の密度と吸水率も原骨材に影響を受ける．

　再生骨材 M および L の性能の確認については，それぞれのコンクリートの JIS において不純

解説表 3.12　JIS A 5308 附属書 A（規定）「レディーミクストコンクリート用骨材」の砂利および砂の品質規定

項目	砂利	砂
絶乾密度　g/cm³	2.5 以上[1]	2.5 以上[1]
吸水率　%	3.0 以下[2]	3.5 以下[2]
粘土塊量　%	0.25 以下	1.0 以下
微粒分量　%	1.0 以下	3.0 以下[3]
有機不純物	—	標準色液又は色見本の色より淡い[4]
塩化物量（NaCl として）　%	—	0.04 以下[7]
安定性　%[8]	12 以下	10 以下
すりへり減量　%	35 以下[9]	—

［注］（1）購入者の承認を得て，2.4 以上とすることができる．
（2）購入者の承認を得て，4.0 以下とすることができる．
（3）コンクリートの表面がすりへり作用を受けない場合は，5.0 以下とする．
（4）試験溶液の色合いが標準色より濃い場合でも，JIS A 1142 に規定する圧縮強度百分率が 90% 以上であれば，購入者の承認を得て用いてよい．
（5）舗装版及び表面の硬さが特に要求される場合に適用する．
（6）コンクリートの外観が特に重要でない場合は，1.0 以下とすることができる．
（7）0.04 を超すものについては，購入者の承認を必要とする．ただし，その限度は 0.1 とする．
　プレテンション方式のプレストレストコンクリート部材に用いる場合は，0.02 以下とし，購入者の承認があれば 0.03 以下とすることができる．
（8）JIS A 1122 の試験操作を 5 回繰り返す．
（9）舗装版に用いる場合に適用する．

解説表 3.13　JIS A 5308 附属書 A（規定）「レディーミクストコンクリート用骨材」の砂利および砂の粒度分布

骨材の種類			ふるいを通るものの質量分率 (%) ふるいの呼び寸法[1] mm										
			50	40	30	25	20	15	10	5	2.5	1.2	0.6	0.3	0.15
砂利	最大寸法 mm	40	100	95〜100	—	—	35〜70	—	10〜30	0〜5	—	—	—	—	—
		25	—	—	100	95〜100	—	30〜70	—	0〜10	0〜5	—	—	—	—
		20	—	—	—	—	100	90〜100	—	20〜55	0〜10	0〜5	—	—	—
砂			—	—	—	—	—	—	100	90〜100	80〜100	50〜90	25〜65	10〜35	2〜10

［注］（1）ふるいの呼び寸法は，それぞれ JIS Z 8801-1 に規定するふるいの公称目開き 53 mm, 37.5 mm, 31.5 mm, 26.5 mm, 19 mm, 16 mm, 9.5 mm, 4.75 mm, 2.36 mm, 1.18 mm, 600 μm, 300 μm 及び 150 μm である．

物量，物理的性質，アルカリシリカ反応性，粒度，粒形，および塩化物量が規定されている．ただし再生骨材 L については粒形の規定がない．したがって再生骨材 M および L を使用する場合には，これらの品質規定により，事前に性能を確認する必要がある．

・その他の骨材

その他の骨材としてシラスがある．シラスは火砕流堆積物の総称であり，海砂を主流としてき

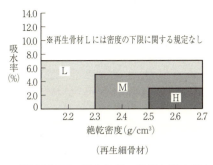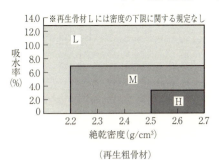

解説図 3.7 再生骨材の種類と吸水率および絶乾密度の関係（JIS A 5021～5023）

た地域において代替細骨材として注目され，実用化に向けた検討が進められている．

解説表 3.14 に，シラスをコンクリートの細骨材として使用する場合の，各種物性値とばらつきを示す．シラスは多孔質材料であり，密度は低く，吸水率は高い．また，微粒分量が多く，細骨材としての粒度は JIS 外の細粒度となるため，これらの骨材を使用する場合には，事前に信頼できる資料や試験により性能を確認する必要がある．

解説表 3.14 シラス細骨材の各種物性値とそのばらつき[9]

	一般的な川砂	シラス		
		最小～最大	平均	標準偏差
表乾密度（g/cm³）	2.5～2.7	2.1～2.3	2.18	0.04
吸水率（%）	1～3	2.5～11.3	4.97	1.61
粗粒率	2～3.5	1.1～2.1	1.46	0.21
実積率（%）	55～65	47～64	55.1	3.36
微粒分量（%）	～5	16～28	23.8	4.27

［備考］ シラスはすべて入戸火砕流起源の一次シラス

c．コンクリートのヤング係数がコンクリート強度に大きく依存していることはよく知られているが，骨材のヤング係数によっても大きく変化する．したがって，コンクリートのヤング係数に対して，設計図書に特別な要求がある場合は，骨材の選定に留意する必要がある．

骨材のヤング係数とは，コンクリート中で骨材が応力に対して変形する程度を表す指標であり，原石から切り出した供試体の応力─ひずみ関係，またはコンクリートの調合とヤング係数から計算によって求められる．

コンクリートを骨材とペーストマトリックスからなる二相材料と考えると，骨材とマトリックス間にずれがないと仮定すれば，コンクリートのヤング係数は骨材とマトリックスのヤング係数ならびにそれらの容積比によって決定される．解説図 3.8 は粗骨材の容積比とコンクリートのヤング係数の関係を理論的に示したものである．複合体モデルの形式によりコンクリートのヤング係数の取り得る値は変わってくるが，実際のコンクリートでは直列モデル（a）と並列モデル

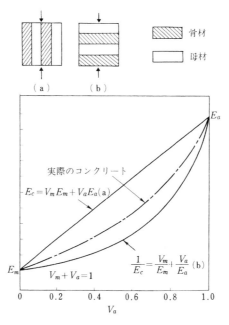

解説図 3.8 複合モデルによるヤング係数の表示法[10]

(b) の中間に位置するものと考えられる．

d．コンクリートの単位容積質量は骨材の密度に大きく影響され，通常の骨材を用いた場合で 2.3 (t/m³) 程度である．それよりも軽いコンクリートとする場合には一般に軽量骨材を用い，重いコンクリートとする場合には重量骨材を用いることになる．したがって，コンクリートの気乾単位容積質量または乾燥単位容積質量に対して，設計図書に特別な要求がある場合には，骨材の選定に留意する必要がある．

軽量骨材としては通常人工軽量骨材が用いられるが，現在市販されている軽量骨材は，絶乾密度が細骨材で 1.3〜1.8 g/cm³，粗骨材で 1.0〜1.5 g/cm³ 程度である．これらを用いた場合，コンクリートの単位容積質量は軽量 1 種（粗骨材のみ軽量骨材を使用）で 1.7〜2.1 t/m³，軽量 2 種（粗骨材および細骨材の一部または全部に軽量骨材を使用）で 1.4〜1.7 t/m³ 程度となる．普通コンクリートよりも単位容積質量の大きいコンクリートを必要とする場合には重量骨材を用いる必要がある．重量コンクリートは主に遮蔽能力を必要とする原子力発電所などに用いられることが多い．コンクリートの遮蔽能力は単位容積質量に大きく依存するため，骨材の選定は極めて重要である．コンクリートの単位容積質量を算定するための目安として，解説表 3.15 に重量骨材の密度を，解説表 3.16 に重量骨材を用いたときのコンクリートの単位容積質量を，解説表 3.17 に骨材の密度とコンクリートの単位容積質量の関係式をそれぞれ示す．これらの表を参考にして使用骨材を選定すればよいが，骨材の密度にはばらつきがあるため，コンクリートの単位容積質量は試し練りによって事前に確認しておく必要がある．

e．コンクリートの乾燥収縮は，原理的にはセメントペーストの乾燥収縮によって引き起こされ，セメントペースト中に非収縮性の骨材を混入すると，ペーストと骨材間の力学的平衡によっ

解説表 3.15 重量骨材の絶乾密度[11]

骨材	磁鉄鉱	砂鉄	褐鉄鉱	針鉄鉱	赤鉄鉱	チタン鉄鉱	鉄	りん鉄	バライト（重晶石）	銅からみ
主成分	$FeO \cdot Fe_2O_3$	磁鉄鉱・チタン鉄鉱・褐鉄鉱・赤鉄鉱など	$FeO(OH) \cdot nH_2O$ $HFeO_2 \cdot nH_2O$ $Fe_2O_3 \cdot nH_2O$	$FeO(OH)$	Fe_2O_3	$FeTiO_3$	Fe	Fe_3P	$BaSO_4$	Fe, SiO_2 をそれぞれ約30%
密度 (g/mm^3)	4.5～5.2	4～5	2.7～4.3	3～4.4	4～3.5	4.2～4.8	7～8	5.7～6.5	4～4.5	3.6前後

解説表 3.16 骨材の種類とコンクリートの気乾単位容積質量[11]

骨材の種類	細骨材	砂	褐鉄鉱	砂	砂	バライト	磁鉄鉱	りん鉄	磁鉄鉱	りん鉄
	粗骨材	砂利・砕石	褐鉄鉱	バライト	磁鉄鉱	バライト	磁鉄鉱	りん鉄	鉄	鉄
コンクリートの気乾単位容積質量 (t/m^3)		2.2～2.4	2.5～3.5	3.0～3.3	3.0～3.5	3.5～3.8	3.5～4.0	4.5～5.0	4.5～5.5	5.0～6.0

解説表 3.17 骨材の密度とコンクリートの単位容積質量の関係式[11]

コンクリートの種類		コンクリートの打込み時の単位容積質量 W_0 (t/m^3) $\left(\rho_s, \rho_g は細骨材・粗骨材の表乾密度\right)$	コンクリートの気乾単位容積質量 W_d (t/m^3) $\left(\rho_s, \rho_g は細骨材・粗骨材の絶乾密度\right)$
普通工法のコンクリート	粗骨材の最大寸法40mmで硬練りの場合	$W_0 = 0.25\rho_s + 0.46\rho_g + 0.5$	$W_d = 0.25\rho_s + 0.46\rho_g + 0.45$
	粗骨材の最大寸法25mmで軟練りの場合	$W_0 = 0.25\rho_s + 0.42\rho_g + 0.55$	$W_d = 0.25\rho_s + 0.42\rho_g + 0.5$
プレパックドコンクリートの場合 W_σ, W_ω は先詰め骨材，グラウトモルタルの単位容積質量 (t/m^3), V は先詰め骨材の空隙率		$W_0 = W_\sigma + W_\omega \cdot V$	—

［備考］（1）コンクリートの絶乾単位容積質量は，気乾単位容積質量より約 0.1 t/m³ 小さくなる．
（2）W の値は，従来の試験値ではだいたい次の範囲にある．
　　　川砂モルタル…………2.0～2.1　　褐鉄鉱モルタル……2.2～2.7
　　　バライトモルタル……2.4～2.6　　砂鉄モルタル………2.6～2.8
　　　鉄粉モルタル…………4.1～4.3

てコンクリートの収縮量が決定される．したがって，コンクリートの乾燥収縮を小さくしたい場合は，骨材の選定に留意する必要がある．

　骨材の力学的性質，特にヤング係数やポアソン比がコンクリートの収縮量に影響を与えることがわかっている．解説図 3.9 は骨材のヤング係数とコンクリートの乾燥収縮ひずみの関係を示したものである．骨材のヤング係数が大きくなるほど，コンクリートの乾燥収縮ひずみは小さくなる傾向が認められるものの，両者の相関は必ずしも高いとはいえない．

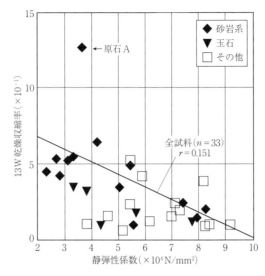

解説図 3.9 骨材のヤング係数とコンクリートの乾燥収縮ひずみ[12]

近年では，骨材の乾燥収縮ひずみがコンクリートの乾燥収縮ひずみに影響を与えることがわかってきた．解説図 3.10 は骨材（原石コア）の乾燥収縮ひずみとコンクリートの乾燥収縮ひずみの関係を示したものである．骨材自身の収縮ひずみが小さいほど，コンクリートの収縮ひずみは小さくなっている．しかしながら，両者に相関が認められたとしても，コンクリートに使用する細・粗骨材の乾燥収縮ひずみを得るのは容易ではない．そのため，骨材の乾燥収縮ひずみの推定に関する検討が併せて進められている．解説図 3.11 は，骨材の比表面積，気乾含水率，安定性における損失質量分率と乾燥収縮ひずみの関係を示したものである．各種物性値と細・粗骨材の乾燥収縮ひずみには相関が認められ，これらの物性値を用いて骨材の乾燥収縮ひずみを間接的に推定できると考えられる．

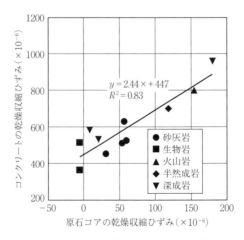

解説図 3.10 コンクリートと骨材（原石コア）の乾燥収縮ひずみの関係[13]

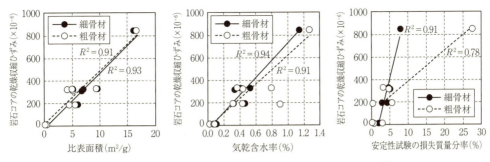

解説図 3.11 骨材の各種物性値と乾燥収縮ひずみの関係[13]

骨材の種類や，砕石・砕砂の場合には原石の種類もコンクリートの収縮量に影響を与える．解説図 3.12 は，骨材の種類とコンクリートの乾燥収縮ひずみの関係を示しており，石灰石骨材を用いたコンクリートの乾燥収縮ひずみが小さくなることがわかる．

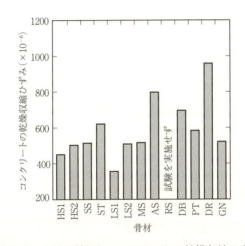

解説図 3.12 骨材の種類とコンクリートの乾燥収縮ひずみ[13]

f．凍結融解作用を受けるとコンクリートは劣化する．劣化現象としては，ひび割れ，表面層の剥離，ポップアウトなどであり，それらが著しい場合はコンクリートの崩壊につながることもある．凍結融解のメカニズムはまだ十分に解明されていないが，一般には Powers の水圧説によって説明されている．すなわち，毛細管空隙の中の水が温度降下により氷結すると体積膨張を起こすが，それにより未氷結の水分が毛細管より押し出され，その際の圧力増加により組織を破壊するというものである．凍結融解に強いコンクリートとするためには内部圧力を緩和するための空気泡が必要であり，これが AE コンクリートの凍結融解抵抗性を改善する効果の根拠である．

一方，骨材の性質も凍結融解抵抗性に大きな影響を与える．したがって，凍結融解作用に対して高い抵抗性が必要な場合は，骨材の選定に留意する必要がある．

一般に吸水率の高い骨材を用いた場合ほど凍結融解抵抗性は劣るといわれている．これは骨材内の水分が氷結する際に余剰の水分が周囲のセメントペースト中に追い出され，その毛細管空隙

および気泡の飽水度を高めるためと考えられている．したがって，吸水率が大きく透水性の高い骨材は凍結融解作用を受けるコンクリートには適していない．解説図 3.13 は，粗骨材の吸水率が異なったときの凍結融解試験結果を示しており，骨材の吸水率が大きい場合にはコンクリートが早く劣化することが示されている．また，骨材が多孔質である場合にはコンクリート表面にポップアウトを生じる原因にもなるので注意が必要である．

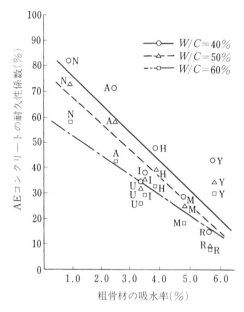

解説図 3.13 粗骨材の吸水率と凍結融解抵抗性の関係[14]

また，骨材自身も凍結融解作用により膨張・破壊などしにくいものを使用しなければならない．骨材の安定性試験方法には JIS A 1122（硫酸ナトリウムによる骨材の安定性試験方法）があり，この試験による損失質量分率が低い骨材を使用することが必要である．

g. マッシブなコンクリートでは，水和発熱に伴う温度上昇により温度ひび割れが生じる危険性がある．温度ひび割れは，コンクリートの温度変化による膨張・収縮が拘束されるために生じるものであり，したがってコンクリートの熱膨張率が小さいほど温度ひび割れは生じ難いことになる．コンクリートの熱膨張は，セメントペーストの熱膨張と骨材の熱膨張が組み合わされたものである．したがって，水和熱を目標値に収めてひび割れ発生を抑制させたい場合は，骨材の選定に留意する必要がある．

骨材の熱膨張係数は，解説表 3.18 に示すようにその岩種により異なり，一般に用いられている骨材では $6 \sim 12 \times 10^{-6}$/℃ 程度である．セメントペーストの熱膨張係数はその調合や乾燥状態によって異なるが，$10 \sim 20 \times 10^{-6}$/℃ 程度であり，骨材のそれよりも大きい．したがって，解説図 3.14 に示すようにコンクリート中に占める骨材の含有量が多いほどコンクリートの熱膨張係数は小さくなることになる．通常用いられている骨材の中では石灰岩などが熱膨張係数の小さい骨材として知られており，その使用は水和熱による温度ひび割れの危険性のある場合などには有

解説表 3.18 骨材の熱的性質[11]

骨材の種類	密度 ρ (g/cm³)	熱膨張率 α (×10⁻⁶/℃)	熱伝導率 k (W/m·K)	比熱 C (J/kg·K)	熱拡散率 h^2 (m²/h)
石　　英	2.635	10.2⁽¹⁾〜13.4⁽²⁾	5.18	733	0.00964
花こう岩	—	5.5〜8.5	2.91〜3.08	716〜787	—
白 雲 岩	—	6〜10	4.12〜4.30	804〜837	—
石 灰 石	2.670〜2.700	3.64〜6	2.66〜3.23	749〜846	0.00457〜0.00509
長　　石	2.555	0.88⁽¹⁾〜16.7⁽²⁾	2.33	812	0.00405
大 理 石	2.704	4.41	2.45	875	0.00374
玄 武 岩	2.695	5〜7.5	1.71	766〜854	0.00267
砂　　岩	—	10〜12	—	712	—
高炉スラグ	—	8	—	—	—

[備考]　（1）結晶主軸に直角な方向
　　　　（2）結晶主軸方向

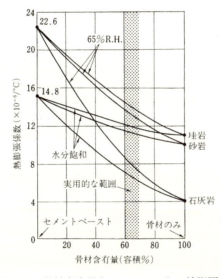

解説図 3.14　骨材含有量とコンクリートの線膨張係数[15]

効な対策となろう．

h．アルカリ骨材反応に関して，国土交通省は，建築指導課長通達「アルカリ骨材反応抑制対策に関する指針について」（建設省住指発第 244 号：平成元年 7 月）を廃止し，平成 14 年に「アルカリ骨材反応抑制対策」を改正し，通知した．この中では，次に示す 3 つのアルカリ骨材反応抑制対策が示されている．

ア．コンクリート中のアルカリ総量を 3.0 kg/m³ 以下とする．

イ．抑制効果のあるセメント等（高炉セメント B 種または C 種，もしくはフライアッシュセメント B 種（フライアッシュ混合比 15% 以上）または C 種，もしくは混合材をポルトランドセメントに混入して対策をする場合には，試験によって抑制効果を確認したもの）を使用

する.

ウ．アルカリ骨材反応に対して安全と認められる骨材を使用する．

なお，JIS A 5308（レディミクストコンクリート）附属書B「アルカリ反応抑制対策の方法」においても，同様の対策が示されている．骨材のアルカリシリカ反応性を確認するための試験方法としては，JIS A 1145（骨材のアルカリシリカ反応性試験方法（化学法））およびJIS A 1146（骨材のアルカリシリカ反応性試験方法（モルタルバー法））が制定されている．

改正されたアルカリ骨材反応抑制対策において，無害と判定される骨材の使用を最後にした理由は明らかにされていないが，試験する骨材が必ずしも産地を代表する試料採取がされておらず，不適切な試料が混入している場合があること，そのため現行実施されている骨材試験の頻度である6か月に1回では見落としてしまうおそれがあるとしたことが考えられる．しかしながら，試験の頻度を現行以上に増やすことは難しい．そのため，アルカリ骨材反応抑制対策を無害と判定される骨材を使用するとした場合は，骨材試験の結果を詳細に調査し，化学法で無害と判定されても判定線にきわめて近接してプロットされた骨材でないことや，モルタルバー法で無害と判定されても最終の膨張量が規定値にきわめて近い値であったり，特異な膨張傾向を示す骨材でないことなどを確認[16]しておくことが望ましい．

また近年，化学法やモルタルバー法で無害と判定されてもきわめて長期の材齢において膨張を開始した例が報告されており，岩石学的な判定が必要であるという意見[17]もあり，新たな産地の骨材を使用する場合は岩石学的な評価も含めて事前に十分な調査，検討をすることが望まれる．

ⅰ．コンクリートのワーカビリティーの改善が必要な場合は，粗骨材の最大寸法，骨材の粒形および粒度分布に留意して骨材を選定する．1種類の骨材では所要のワーカビリティーが得られない場合には，粗目の骨材と細目の骨材など複数の骨材を組み合わせて粒度分布を整えることが有効である．

粗骨材の最大寸法は，充填性に大きな影響を与える．部材厚や配筋条件によっては，粗骨材の最大寸法を小さくすることで，充填性を上げることができる．

骨材の粒形および粒度分布は，コンクリートの流動性，充填性および分離抵抗性に影響を与える．骨材の粒形とは骨材粒子の形状をいい，骨材の粒形の評価方法には粒子長辺，短辺，厚さ，体積などをもとに求められる形状係数と単位容積質量をもとに求められる粒形判定実積率などがある．骨材の粒形が角張ったものよりも球に近いほうが流動性がよくなるため，通常は，砕石よりも砂利，砕砂よりも砂の方がコンクリートのワーカビリティーは良好となる．

解説図3.15は，粗骨材の粒度分布，細骨材率（50％）および単位水量（180 kg/m^3）を一定として，細骨材の粒度分布を変えた場合のスランプの違いを示したものである．細骨材の粒度分布を標準粒度曲線とした場合（F.M. 2.69）では，良好なワーカビリティーを示した．一方，細目の細骨材が多く含まれる粒度分布（F.M. 2.2）では，粘性が高くもったりとした性状となり，粗目の細骨材が多く含まれる粒度分布（F.M. 3.3）では，がさつきがあり分離気味の性状を示した．

骨材の粒度分布については細目のものから粗目のものまで偏りなく組み合わせ，0.15～0.3 mmの細粒分量を適切に確保することで，良好なワーカビリティーが確保できることがわかる．

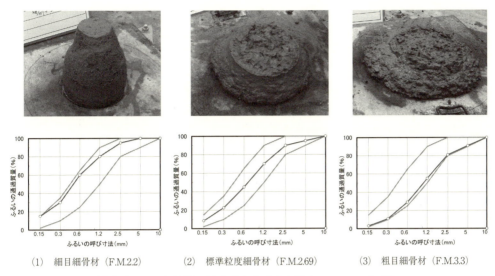

(1) 細目細骨材（F.M.2.2）　　(2) 標準粒度細骨材（F.M.2.69）　　(3) 粗目細骨材（F.M.3.3）

解説図 3.15 細骨材の粒度分布を変えた場合のスランプの違い

j．鉄筋コンクリート造構造物の火災時の温度として JIS 標準加熱曲線を用い，これに基づいてコンクリート内部の温度を計算すると，1時間火災を想定しても表面からの深さが 2 cm および 4 cm の点では，温度がそれぞれ約 600℃ および 400℃ となる．このため，コンクリートの火災時の爆裂に対する抵抗性に対して，設計図書に特別な要求がある場合には，骨材の選定に留意する必要がある．

コンクリートに用いる骨材は，できるだけ熱伝導率および線膨張率が小さくて耐熱度の大きなものが望ましい．石英を含む花崗岩や砂岩は 570℃ 以上の高温で急激に膨張率が増大し，骨材自体の組織が破壊されるため，コンクリートの火災時の爆裂に対する抵抗性を必要とする場合には不適当である．安山岩などの火山岩系骨材や高炉スラグ骨材，あるいは 1 000℃ 以上の高温で焼成して作られる人工軽量骨材などは分解温度が高いため耐熱性に優れるため，コンクリートの火災時の爆裂に対する抵抗性を必要とする場合に用いるのがよい．

k．本会「鉄筋コンクリート造建築物の環境配慮施工指針（案）・同解説」においては，再生骨材，各種スラグ骨材および産業副産物を原料とした人工骨材を使用することは，省資源型の環境配慮に大きく寄与するとされている．そのため本書においても，省資源性の環境配慮を行う場合は，コンクリートの性能が確保される範囲で可能な限りそれらを使用するものとした．

また，レディーミクストコンクリートを工場で製造供給する過程において，戻りコンクリート（受入検査に不合格になった生コン，余った生コン，プラントのホッパや輸送管などに付着および残留した生コンなどで工場に戻されるコンクリート）の発生は不可避であり，これらを清水または回収水で洗浄し，粗骨材と細骨材に分別して取り出した回収骨材の使用は，省資源型の環境配慮に大きく寄与する．回収骨材を使用する場合は，JIS A 5308（レディーミクストコンクリート）の基準に適合するものとし，適切な品質管理方法のもとで未使用の新骨材に含まれる質量割合 5% 以下又は 20% 以下の範囲で使用しなければならない．

l．本会「鉄筋コンクリート造建築物の環境配慮施工指針（案）・同解説」においては，砂利，砂は天然の材料として採取されるため，最も二酸化炭素排出量原単位が小さくなっており，省エネルギー性あるいは環境負荷物質低減性の環境配慮に大きく寄与するとされている．しかしながら，天然の材料であるため，材料採取による自然破壊を生じることも多く，一部の地域では採取禁止となっている．砕石，砕砂は，砂利，砂と同様に天然の材料であり省エネルギー性あるいは環境負荷物質低減性の環境配慮に寄与するものであるが，破砕に要するエネルギーの分だけ二酸化炭素排出量原単位が増加する．そのため本書においても，省エネルギー性あるいは環境負荷物質低減性の環境配慮を行う場合は，可能な限り砂利，砂，砕石または砕砂を選定するものとした．

m．本会「鉄筋コンクリート造建築物の環境配慮施工指針（案）・同解説」においては，長寿命型の環境配慮を行う場合の骨材の選択においては，骨材の品質に十分な注意が必要であり，塩化物含有量の少ないものおよびアルカリ骨材反応試験で無害と判定されたものを選択しなければならないとされている．そのため本書においても，長寿命性の環境配慮を行う場合は，それらの骨材を選定するものとした．

3.3 練混ぜ水

> a．練混ぜ水は，JIS A 5308（レディーミクストコンクリート）附属書C「レディーミクストコンクリートの練混ぜに用いる水」に適合するものとし，コンクリートの目標性能に応じて選定する．
> b．省資源性または環境負荷物質低減性の環境配慮を行う場合は，コンクリートの性能が確保される範囲で回収水を使用する．
> c．長寿命性の環境配慮を行う場合は，原則として上水道水を用いる．

a．コンクリートに使用される練混ぜ水としては，上水道水，上水道以外の水，回収水があり，きわめてまれに河川水，湖沼水などが用いられる．上水道以外の水には地下水，工業用水などが，回収水には上澄水，スラッジ水がある．

上水道水を練混ぜ水として用いる場合には特に問題はない．上水道以外の水および回収水を練混ぜ水として用いる場合には，特別の成分が溶解している可能性があり，凝結異常，硬化不良，強度低下，ひび割れの発生，混和剤の効果の阻害などの悪影響を及ぼすことがあるので注意が必要である．そのため，これらの上水道以外の水および回収水を使用する場合は，JIS A 5308（レディーミクストコンクリート）附属書C「レディーミクストコンクリートの練混ぜに用いる水」において，練混ぜ水の試験方法と次のような品質規定が設けられており，上水道水以外の水を使用する場合には解説表3.19「上水道以外の水の品質」の規定に，回収水を使用する場合には解説表3.20「回収水の品質」の規定に適合するものを使用しなければならない．スラッジ水を使用する場合は，スラッジ水の濃度管理方法の規定に基づいて，スラッジ固形分率がコンクリートの調合における単位セメント量の3％以下となるように濃度調整して使用しなければならない．

b．本会「鉄筋コンクリート造建築物の環境配慮施工指針（案）・同解説」においては，レディーミクストコンクリートを工場で製造供給する過程において回収水の発生は不可避であり，こ

解説表3.19 上水道以外の水の品質 (JIS S 5308 附属書C)

項 目	品 質
懸濁物質の量	2 g/L 以下
溶解性蒸発残留物の量	1 g/L 以下
塩化物イオン（Cl⁻）量	200 mg/L 以下
セメントの凝結時間の差	始発は30分以内, 終結は60分以内
モルタルの圧縮強さの比	材齢7日および材齢28日で90%以上

解説表3.20 回収水の品質 (JIS S 5308 附属書C)

項 目	品 質
塩化物イオン（Cl⁻）量	200 mg/L 以下
セメントの凝結時間の差	始発は30分以内, 終結は60分以内
モルタルの圧縮強さの比	材齢7日および材齢28日で90%以上

れらをコンクリートの練混ぜ水としてリサイクルすることは，省資源性ならびに環境負荷物質低減性に大きく寄与するとされている．そのため本書においても，省資源性または環境負荷物質低減性の環境配慮を行う場合は，コンクリートの性能が確保される範囲で可能な限り回収水を使用するものとした．

c．本会「鉄筋コンクリート造建築物の環境配慮施工指針（案）・同解説」においては，スラッジ水をコンクリートの練混ぜ水として使用することは環境配慮の面からは重要であるとされている．しかしながら，長寿命性の環境配慮を行う場合には，スラッジ水を用いたコンクリートの長期性能について十分な研究がなされていないことを考慮して，現状では，上水道水を用いることが原則とされている．そのため，本書においても長寿命性の環境配慮を行う場合は，練混ぜ水には上水道水を使用することを原則とした．

なお，上水道水以外の水もしくは回収水のうち上澄み水は，JIS A 5308（レディーミクストコンクリート）附属書C「レディーミクストコンクリートの練混ぜに用いる水」に規定される試験により，所定の品質基準に適合することが確認されれば，長寿命性の環境配慮を行う場合においても練混ぜ水として使用できる．

3.4 混和剤

> a．混和剤は，JIS A 6204（コンクリート用化学混和剤），JIS A 6205（鉄筋コンクリート用防せい剤）または JASS 5M-402（コンクリート用収縮低減剤の性能判定基準）に適合するものとし，コンクリートの目標性能に応じて選定する．
> b．a項以外の混和剤は，混和剤に含まれる塩化物イオン量およびアルカリ量に留意し，試験または信頼できる資料により，その性能および使用方法を確認する．

a．化学混和剤とは，主として界面活性作用および／または水和調整作用によってフレッシュ

コンクリートあるいは硬化したコンクリートの諸性質を改善するために用いられ，JIS A 6204（コンクリート用化学混和剤）に適合したものを使用する．1982年のJIS制定以降，1995年に高性能AE減水剤が，2006年に高性能減水剤，硬化促進剤および流動化剤が追加され，現在は7種類に性能が分類されている．JIS A 6204に規定される化学混和剤の種類と関連用語の定義を表3.21に示す．

解説表 3.21 JIS A 6204 に規定される化学混和剤の種類と関連用語の定義

種　　類	定　　義
A　E　剤	コンクリートなどの中に，多数の微細な独立した空気泡を一様に分布させ，ワーカビリティー及び耐凍害性を向上させるために用いる化学混和剤
減　水　剤	所要のスランプを得るのに必要な単位水量を減少させるための化学混和剤
A E 減水剤	空気連行性能をもち，コンシステンシーに影響することなく単位水量を減少させる化学混和剤
高性能減水剤	コンシステンシーに影響することなく単位水量を大幅に減少させるか，または単位水量を変えることなくスランプを大幅に増加させる化学混和剤
高性能AE減水剤	空気連行性能をもち，AE減水剤よりも高い減水性能及び良好なスランプ保持性能をもつ化学混和剤
流　動　化　剤	あらかじめ練り混ぜられたコンクリートに添加し，これを撹拌することによって，その流動性を増大させることを主たる目的とする化学混和剤
硬　化　促　進　剤	セメントの水和を早め，初期材齢の強度を大きくするために用いる化学混和剤
基準コンクリート	化学混和剤の性能を試験する場合に基準とする化学混和剤を用いないコンクリート（流動化剤の品質を試験する場合にはAE剤を使用したコンクリート）
試験コンクリート	化学混和剤の品質を試験する場合に，試験の対象とする化学混和剤を用いたコンクリート
減　水　率	基準コンクリートの単位水量に対する試験コンクリートの単位水量の低減率

　化学混和剤の分類は，コンクリートに使用した際の効果や性能によって解説表3.22のように規定されている．この規格は，一定条件下で基準コンクリートと試験コンクリートの試験を行って化学混和剤の性能を判定することを目的としたものである．そのため，化学混和剤を選定する際には使用目的やコンクリートの使用材料，製造，施工等の諸条件を考慮し，適切に選定しなければならない．

　また，混和剤の選定に際しては，混和剤に含まれる塩化物イオン量およびアルカリ量に留意しなければならない．JIS A 6204では化学混和剤からコンクリート中に供給される塩化物イオン量（Cl^-）によってⅠ種，Ⅱ種およびⅢ種に分類されている．Ⅰ種に属するものは，慣用的に非塩化物タイプまたは無塩化物タイプと称されるものであり，現在市販されている化学混和剤のほとんどがⅠ種に分類されている．全アルカリ量は，試験コンクリートに対して化学混和剤によって混入されるアルカリ量で表し，$0.30 kg/m^3$以下と定められている．

　化学混和剤の主な働きは，①コンクリート中への微細気泡の導入，②セメントの分散，③セメ

解説表 3.22　JIS A 6204 に規定されるコンクリート用化学混和剤の分類と性能

項目		AE剤	高性能減水剤	硬化促進剤	減水剤			AE減水剤			高性能AE減水剤		流動化剤	
					標準形	遅延形	促進形	標準形	遅延形	促進形	標準形	遅延形	標準形	遅延形
減水率（％）		6以上	12以上	—	4以上	4以上	4以上	10以上	10以上	8以上	18以上	18以上	—	—
ブリーディング量の比（％）		—	—	—	—	100以下	—	70以下	70以下	70以下	60以下	70以下	—	—
ブリーディング量の差（cm³/cm²）		—	—	—	—	—	—	—	—	—	—	—	0.1以下	0.2以下
凝結時間の差分	始発	−60〜+60	+90以下	—	−60〜+90	+60〜+210	+30以下	−60〜+90	+60〜+210	+30以下	−60〜+90	+60〜+210	−60〜+90	+60〜+210
	終結	−60〜+60	+90以下	—	−60〜+90	0〜+210	0以下	−60〜+90	0〜+210	0以下	−60〜+90	0〜+210	−60〜+90	0〜+210
圧縮強度比（％）	材齢1日	—	—	120以上	—	—	—	—	—	—	—	—	—	—
	材齢2日(5℃)	—	—	130以上	—	—	—	—	—	—	—	—	—	—
	材齢7日	95以上	115以上	—	110以上	110以上	115以上	110以上	110以上	115以上	125以上	125以上	90以上	90以上
	材齢28日	90以上	110以上	90以上	110以上	110以上	110以上	110以上	110以上	110以上	115以上	115以上	90以上	90以上
長さ変化比（％）		120以下	110以下	130以下	120以下	120以下	120以下	120以下	120以下	120以下	110以下	110以下	120以下	120以下
凍結融解に対する抵抗性（相対動弾性係数％）		60以上	—	—	—	—	—	60以上	60以上	60以上	60以上	60以上	60以上	60以上
経時変化量	スランプ(cm)	—	—	—	—	—	—	—	—	—	6.0以下	6.0以下	4.0以下	4.0以下
	空気量(％)	—	—	—	—	—	—	—	—	—	±1.5以内	±1.5以内	±1.0以内	±1.0以内
塩化物イオン量（kg/m³）		I種：0.02以下，II種：0.02を超え0.20以下，III種：0.20を超え0.60以下													
全アルカリ量（kg/m³）		0.30以下													

ントの水和反応の促進・遅延ならびに④その他の特殊な性質の改善である．これらを組み合わせることにより，解説表 3.23 に示すように，減水性，スランプ保持性，空気連行性，凝結時間および早期強度発現性が制御され，その結果，コンクリートのワーカビリティーの改善，凝結・硬化速度の調整，水和熱の低減，水密性の改善，耐久性の改善および環境配慮等に貢献している．

化学混和剤による単位水量の低減効果の一例を解説図 3.16 に示す．基準コンクリート（プレーンコンクリート）に対する単位水量の低減効果は，AE 剤，AE 減水剤，高性能 AE 減水剤の順に高くなるため，使用される材料および調合の条件により所要の単位水量となるように化学混和剤の種類および使用量を選定する．また，解説図 3.17，3.18 に示すように，化学混和剤の種類

解説表 3.23　化学混和剤の主な効果

性能	AE剤	高性能減水剤	硬化促進剤	減水剤	AE減水剤	高性能AE減水剤	流動化剤
減 水 性	△	◎	—	○	◎〜○	◎	◎〜○
スランプ保持性	—	△	—	△	○	◎	△
空 気 連 行 性	◎	—	—	—	○	○	—
凝結時間の促進	—	—	◎	○*1	○*1	—	—
凝結時間の遅延	—	—	—	○*2	○*2	○*2	○*2
早期強度発現性	—	○	◎	○*1	○*1	—	—

［注］　◎：効果大　○：効果あり　△：効果ややあり　—：関係なし　*1：促進形　*2：遅延形

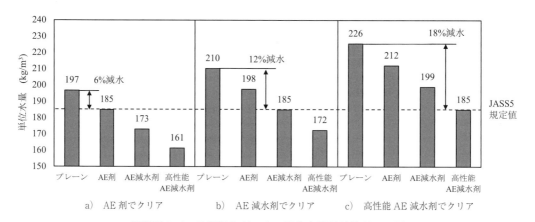

解説図 3.16　化学混和剤による単位水量低減効果の一例

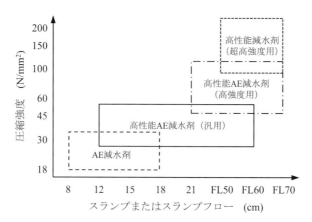

解説図 3.17　化学混和剤の使用区分の概念図

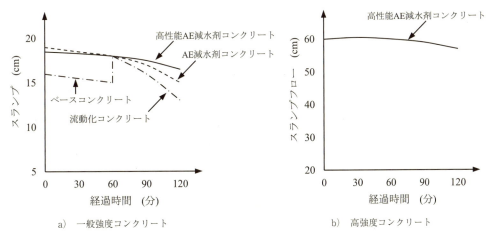

解説図 3.18 各種化学混和剤を使用したコンクリートのスランプまたはスランプフローの経時変化

によって適用されるコンクリートの強度領域（水セメント比）やスランプ保持性が異なり，かつワーカビリティーの改善効果にも違いがあることから，コンクリートに要求される目標性能に応じて選定するとよい．昨今では，骨材事情やコンクリートへの要求性能の高まりを受けて，従来のAE減水剤と高性能AE減水剤の中間的な性能を示すAE減水剤（高性能タイプ）が開発され利用されている．このタイプは，JIS A 6204ではAE減水剤に分類され，減水率が15%程度でスランプ保持性能を有する化学混和剤である．

コンクリートの凝結および強度発現は温度と密接な関係がある．凝結は温度が低くなると遅れ，高くなると早くなり，強度発現も同様である．暑中では水和が促進されて凝結が早くなるため，コールドジョイントの発生などの施工の不具合が生じるのでなるべく遅延形の化学混和剤を使用するとよい．冬期は逆に水和が遅いために仕上げ時間が遅れることや，初期強度の発現が低いので促進形のものを使用するとよい．ただし，標準形，促進形，遅延形の分類による使用期間の制約は特になく，凝結や強度発現を考慮すれば通年使用が可能である．解説図3.19に温度と凝結時間[18]の関係を示す．

また最近では，JIS A 6204の規格を満たしながら従来の化学混和剤にない新たな機能を付与したタイプが使用されている〔解説表3.24参照〕．

収縮低減タイプの各種減水剤は，収縮低減成分を各種の減水剤と一液化した化学混和剤である．この収縮低減効果を付与した各種減水剤は，従来の各種減水剤を使用したコンクリートと同様の製造・施工方法でコンクリートの乾燥収縮を5～15%程度低減することが出来るため，収縮ひび割れの低減対策の一手法とされている．収縮低減タイプの各種減水剤の種類や使用方法，留意事項については，本会「膨張材・収縮低減剤を使用したコンクリートに関する技術の現状」を参考にするとよい．

増粘剤一液タイプの各種減水剤は，界面活性剤系の増粘成分を各種の減水剤と一液化した化学混和剤である．この分離抵抗性能を付与した化学混和剤は，通常の製造設備を用いて，比較的簡便に従来の高流動コンクリートよりも単位セメント量を低減した高流動（中流動）コンクリート

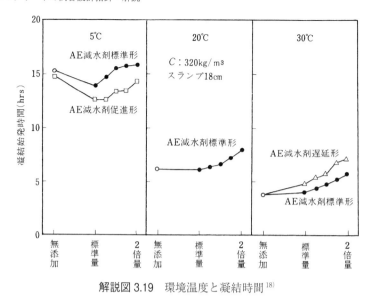

解説図 3.19 環境温度と凝結時間[18]

解説表 3.24 新たな機能を付与した化学混和剤(2014年8月)

JIS A 6204 による分類		機能による細分類	
		収縮低減タイプ	増粘剤一液タイプ
高性能減水剤		○	○
AE 減水剤	標準形	○	—
	遅延形	○	—
高性能 AE 減水剤	標準形	○	○
	遅延形	○	○
流動化剤	標準形	—	○

[注] ○:該当あり,—:該当なし (コンクリート用化学混和剤協会 HP を元に作成)

を製造することができるため,製造・施工の合理化や省力化に貢献できるとされている.

防せい剤の品質は,解説表 3.25 の JIS A 6205(鉄筋コンクリート用防せい剤)の表1(防せい剤の性能)による.防せい剤を使用する目的は,コンクリート中の鉄筋が使用材料中に含有される塩化物イオンによって腐食することを抑制することである.コンクリートは強アルカリであり,コンクリート中の鉄筋は水酸化第二鉄($\gamma\text{-}Fe_2O_3 \cdot nH_2O$)からなる不導態皮膜で覆われているため,腐食から保護される.鉄筋腐食のメカニズムを解説図 3.20[19]に示す.代表的なアノード抑制タイプの防せい剤は,防せい剤と第一鉄イオン(Fe^{2+})が反応することにより不導態皮膜(酸化皮膜 $\gamma\text{-}Fe_2O_3$)を形成し,鉄筋表面に沈着することでアノード部からの Fe^{2+} の移動が抑制する.腐食領域からの Fe^{2+} の移動よりも防せい剤による Fe^{2+} の酸化速度のほうが高いため,鉄筋腐食を抑制する.なお,防せい剤も JIS A 6205 で塩化物イオン量,アルカリ量の上限値が規定されている.

解説表 3.25　防せい剤の性能（JIS A 6205）

項目		規定	試験方法
腐食の状況（目視）		腐食が認められないこと	JIS A 6205 5.1 による
防せい率（%）		95 以上	JIS A 6205 5.2 による
コンクリートの凝結時間の差（min）	始発	−60〜＋60	JIS A 6205 5.3 による
	終結	−60〜＋60	
コンクリートの圧縮強度比（%）	材齢 7 日	90 以上	
	材齢 28 日	90 以上	
塩化物イオン量（kg/m³）		0.02 以下	JIS A 6205 5.4 による
全アルカリ量（kg/m³）		0.02 以下	JIS A 6205 5.5 による

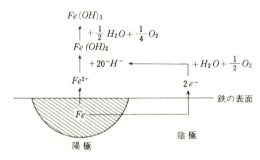

解説図 3.20　鉄筋腐食のメカニズム[17]

　収縮低減剤は，「コンクリートの乾燥収縮および自己収縮を低減する作用を持つ混和剤」と定義され，その多くは非イオン系界面活性剤の骨格を有する．収縮低減剤の作用機構として，これまでは主にセメント硬化体中の自由水の表面張力を下げることによって毛細管中の負圧が低減され，収縮を抑制するものであると説明されてきたが，最近では，細孔組織の変化やセメントゲルの膨潤，セメント硬化体比表面積の減少など，収縮低減効果を説明するものとして新たな知見が報告されている．また，最近では，従来の収縮低減剤で課題とされてきたコンクリートの物性への影響を改善したタイプとして，鉱物油を使用したタイプや保水性を有するタイプのものも市販されている．収縮低減剤はコンクリート用膨張材（JIS A 6202）と併用される場合もあり，併用した場合でも，膨張材の膨張作用および収縮低減剤の収縮低減効果は，それぞれ独立しており，互いに損なわれることなく効果が発揮されることが報告されている．収縮低減剤の品質は，JASS 5 M-402（コンクリート用収縮低減剤の性能判定基準）の附属書1に規定されている「コンクリート用収縮低減剤の品質規準」〔解説表 3.26〕による．収縮低減剤の使用に際しては，JASS 5 M-402（コンクリート用収縮低減剤の性能判定基準）に基づき，試し練りによってコンクリートのフレッシュおよび硬化性状への影響を確認することが重要である．収縮低減剤の種類や性能確保に必要な使用量，使用方法，留意事項については，本会「膨張材・収縮低減剤を使用したコンクリートに関する技術の現状」を参考にするとよい〔解説表 3.27〕．

混和剤による環境配慮は，解説表3.28に示すように，フレッシュコンクリートおよび硬化コンクリートの性質の改善による省資源性，長寿命性への貢献が大きい．一方，混和剤のコンクリート1 m^3 あたりの使用量は非常に少ないため，混和剤自体の環境負荷物質量の影響は他のコンクリート材料に比べて非常に小さいといえる．

解説表3.26 コンクリート用収縮低減剤の品質基準

項　目		品質基準
フロー値比（%）		85以上
凝結時間の差（分）	始発	120以下
	終結	180以下
圧縮強さ比（%）	材齢7日	80以上
	材齢28日	85以上
長さ変化比（%）	乾燥期間7日	70以下
	乾燥期間28日	75以下

解説表3.27 収縮低減剤使用量と収縮低減率の目安

収縮低減剤使用量			
2 kg/m^3	4 kg/m^3	6 kg/m^3	8 kg/m^3
10～20%	20～30%	25～35%	35～40%

※アルコール系，鉱物油系を対象

解説表3.28 各種混和剤の環境配慮性

環境配慮性	対象となる混和剤の種類	効果
省資源性	AE剤，AE減水剤，高性能減水剤 高性能AE減水剤，流動化剤	単位セメント量の低減
長寿命性	AE減水剤，高性能減水剤 高性能AE減水剤，流動化剤	単位水量の低減 水セメント比（水結合材比）の低減
	防せい剤	塩化物イオンによる鉄筋腐食の抑制
	収縮低減剤 収縮低減タイプの各種減水剤	ひび割れ発生の低減
	増粘剤一液タイプの各種減水剤	コンクリートを均質かつ密実に充填
	遅延形の各種減水剤	コールドジョイントの防止

3.5 混和材

a．混和材は，JIS A 6201（コンクリート用フライアッシュ），JIS A 6202（コンクリート用膨張材），JIS A 6206（コンクリート用高炉スラグ微粉末）または JIS A 6207（コンクリート用シリカフューム）に適合するものとし，コンクリートの目標性能に応じて選定する．
b．a項以外の混和材は，試験または信頼できる資料により，その性能および使用方法を確認する．

a．混和材料とは，セメント・骨材以外の材料で，必要に応じてコンクリートに加える材料のことであり，3.4 に示した界面活性作用によってコンクリートの品質を改善する化学混和剤と，セメントに置き換えて使用される粉体材料とがある．JASS 5 では，防せい剤，フライアッシュ，高炉スラグ微粉末，シリカフュームおよび膨張材を取り上げている．それぞれの使用目的は，鉄筋の保護，水和熱の抑制，長期強度発現，高強度・高流動コンクリートの製造，乾燥収縮の低減等を目的に用いられる．また，フライアッシュや高炉スラグ微粉末は，環境負荷低減の観点から，積極的に使用されている．本会「鉄筋コンクリート造建築物の環境配慮施工指針（案）・同解説」では，高炉セメントまたはフライアッシュセメントを用いる場合は，コンクリートの耐久性を確認した上で混合比率の高いセメントを優先して用いることを推奨している．解説表 3.29 に各種混和材料の環境配慮の分類を示す．

解説表 3.29　各種混和材の環境配慮の分類

分類	対象	効果
省資源 省エネルギー 環境負荷物質低減	高炉スラグ微粉末 フライアッシュ	単位セメント量の低減 製造エネルギーの節減 CO_2 排出量低減
長寿命	高炉スラグ微粉末 シリカフューム	耐海水性

一般にセメントに置き換えて使用される粉体の混和材は，比較的多くの量を使用するため，この容積をコンクリートの容積に算入して調合計算が行われる．これらの粉体の混和材は，ポルトランドセメントとは異なる水和反応を示し，一般的に強度発現も緩やかな傾向を示す．また，混和材の種類や置換率によって，フレッシュコンクリートおよび硬化コンクリートの性能は変化する．

フライアッシュの品質は，解説表 3.30 に示す JIS A 6201 でⅠ種～Ⅳ種の 4 種類に区分されている．本会「フライアッシュを使用するコンクリートの調合設計・施工指針・同解説」において，結合材として使用する場合のフライアッシュの品質を，JASS 5M-401（結合材として用いるフライアッシュの品質基準）〔付 4 参照〕で規定している〔解説表 3.31 参照〕．よって，フライアッシュを結合材として用いる場合は，JASS 5M-401，結合材として用いない場合は JIS Ⅱ種またはⅣ種に適合するものを用いることとする．

フライアッシュは，火力発電所で石炭を燃焼させるときに飛散した細かい灰を集塵機により捕

解説表 3.30　フライアッシュの品質（JIS A 6201）

項目 \ 種類		フライアッシュ I 種	フライアッシュ II 種	フライアッシュ III 種	フライアッシュ IV 種
二酸化けい素　　　　（％）		45.0 以上			
湿　　分　　　　　　（％）		1.0 以下			
強熱減量[1]　　　　　（％）		3.0 以下	5.0 以下	8.0 以下	5.0 以下
密　度　　　　　　（g/cm³）		1.95 以上			
粉末度[2]	45μm ふるい残分（網ふるい方）[3]　（％）	10 以下	40 以下	40 以下	70 以下
	比表面積（ブレーン方法）（cm²/g）	5 000 以上	2 500 以上	2 500 以上	1 500 以上
フロー値比　　　　　（％）		105 以上	95 以上	85 以上	75 以上
活性度指数　　（％）	材齢 28 日	90 以上	80 以上	80 以上	60 以上
	材齢 91 日	100 以上	90 以上	90 以上	70 以上

［注］（1）強熱減量に代えて，未燃炭素含有率の測定を JIS M 8819 または JIS R 1603 に規定する方法で行い，その結果に対し強熱減量の規定値を適用してもよい．
　　　（2）粉末度は，網ふるい方法またはブレーン方法による．
　　　（3）粉末度を網ふるい方法による場合は，ブレーン方法による比表面積の試験結果を参考値として併記する．

解説表 3.31　結合材として用いるフライアッシュの品質基準（JASS 5M-401）

項目		品質基準値
強熱減量　　　　　　　　　　（％）		4.0 以下
粉末度	比表面積　　（cm²/g）	3 000 以上
フロー値比　　　　　　　　　（％）		100 以上

集した副産物である．フライアッシュが混合された混合セメント用いる場合や混和材としてセメントに置換して使用することで，省資源，省エネルギー・環境負荷物質低減型の環境配慮が図れる．フライアッシュを混和材として，セメントに置換して使用すると，ボールベアリング効果とポルトランドセメントとは異なる反応プロセスを示すために流動性が改善され，単位水量が減少する傾向が認められている．また，フライアッシュは，細骨材の粒形・粒度の改善，細骨材の微粒分が不足している場合の補充にも使用される．フライアッシュはポゾランであり，自身では結合性がないが，水分とコンクリート中に生成された水酸化カルシウムと常温で長期的に反応（ポゾラン反応）することで組織を緻密化する特徴がある〔解説図 3.21 参照〕[20]．ポゾラン反応の反応速度は遅く，発熱速度や強度発現も遅延するため，水和熱を抑制することが可能となる．また，この反応自体は石灰消費型であるので，酸性環境化において耐久性を高める．さらに，反応生成物が空隙を充填することでの自己治癒効果も確認されている．結果として，コンクリートの

水密性や耐薬品性等を向上させる．他の効果として，乾燥収縮率の低減およびセメントに質量で15%以上置換することで，アルカリシリカ反応を抑制できる．JIS A 5308附属書B「アルカリシリカ反応抑制対策方法」では，「混和材（フライアッシュ）の使用」を示している．フライアッシュの使用量は，上記の効果を考慮し，使用目的に応じて所要の性能が得られる範囲で定めることが望ましい．

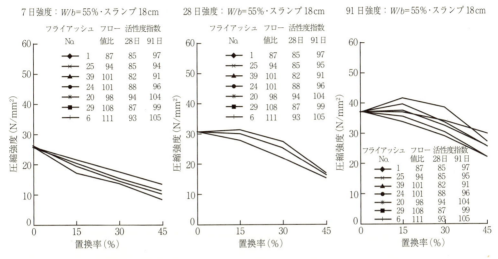

解説図 3.21　フライアッシュの置換率と圧縮強度との関係[20]

　フライアッシュの品質は，原炭の産地および石炭火力発電所の燃焼温度，NO_x規制により物理的・化学的品質が変動することがあるので留意が必要である．フライアッシュ中の未燃カーボン量の増大やメチレンブルー吸着量の増加は，エントレインドエアの連行性に影響を及ぼす．フライアッシュ中の未燃カーボンにAE剤が先行吸着することが原因である．空気量の調整が困難になる場合や空気量が低くなり凍結融解作用に対する抵抗性が低下する場合は，フライアッシュ用AE剤（JASS 5M-404）を使用する．また，JIS A 6201には品質項目として定められていないが，解説図3.22[21]に示すようにメチレンブルー吸着量と目標空気量となるAE剤使用量には高い関係性があるため，フライアッシュコンクリートの品質管理を行う際，メチレンブルー吸着量を管理することもある．

　膨張材の品質は，解説表3.32のJIS A 6202（コンクリート用膨張材）による．また，膨張材の使用に際しては，本会「膨張材を使用するコンクリートの調合設計・施工指針（案）・同解説」を参考にするとよい．

　膨張材は，他産業における副産物ではなく工業製品である．代表的な使用目的は，膨張力を拘束することで圧縮応力を生じさせ，乾燥収縮により発生する引張応力を低減し，乾燥収縮ひび割れを抑制することである．また，膨張力を拘束し，コンクリート内部に発生した圧縮応力が乾燥収縮により低下しても，なおその圧縮応力が相当量残存するように，比較的大きな膨張力を付与するケミカルプレストレスの導入に使用される．収縮補償の概念を解説図3.23[22]に示す．

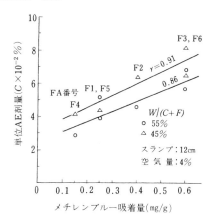

解説図 3.22 フライアッシュの品質と AE 剤量の関係[21]

解説表 3.32 JIS A 6202（コンクリート用膨張材）

項目			規定値	適用試験項目
化学成分	酸化マグネシウム　　　（％）		5.0 以下	JIS A 6202 6.1 による
	強 熱 減 量　　　　　（％）		3.0 以下	JIS A 6202 6.2 による
	全 ア ル カ リ　　　　（％）		0.75 以下	JIS A 6202 6.3 による
	塩 化 物 イ オ ン　　　（％）		0.05 以下	JIS A 6202 6.4 による
物理的性質	比表面積　　　　　　（cm²/g）		2 000 以上	JIS A 6202 7.1 による
	1.2 mm ふるい残分＊　　（％）		0.5 以下	JIS A 6202 7.2 による
	凝結	始発　　　　（min）	60 以後	JIS A 6202 7.3 による
		終結　　　　（h）	10 以内	
	膨張性　　　　　　（％）（長さ変化率）	材齢 7 日	0.025 以上	JIS A 6202 7.4 による
		材齢 28 日	−0.015 以上	
	圧縮強さ　　　　（N/mm²）	材齢 3 日	12.5 以上	JIS A 6202 7.5 による
		材齢 7 日	22.5 以上	
		材齢 28 日	42.5 以上	

［注］　＊：1.2 mm ふるいは，JIS Z 8801 に規定する呼び寸法 1.18 mm の網ふるいである．

　膨張材は，化学組成の違いからカルシウムサルフォアルミネート系と石灰系がある．近年，一般的に使用されている低添加型の膨張材を，乾燥収縮の補償を目的として使用した場合の単位膨張材量は 10～20 kg/m³ 程度である．主な膨張反応は，エトリンガイトおよび水酸化カルシウム，またはその両者の反応により膨張する．エトリンガイトの生成は，アウインおよび酸化カルシウム，無水石膏を主成分，または，アルミン酸三カルシウムおよび石膏を主成分とするものが一般的である．水酸化カルシウムの生成は，酸化カルシウム（生石灰）が主成分である．膨張反応は水分の供給によって大きく異なるため，初期の養生を入念に行うことが重要である．また，

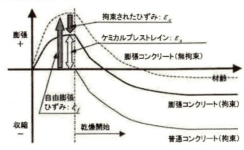

a) 拘束体（鉄筋）のひずみ

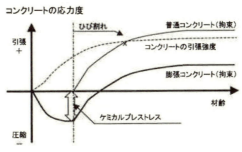

解説図 3.23　収縮保障の概念[22]

　膨張特性は使用するセメントによっても大きく異なる．低熱ポルトランドセメントや高炉スラグ微粉末およびフライアッシュなどの混合比率が高い混和材や混合セメントを使用する際は，膨張反応の開始時期や膨張特性が異なることもあるので，信頼できる資料や試し練りによって事前に確認する必要がある．必要な膨張性能の確保や使用方法については，前記指針案および本会「鉄筋コンクリート造建築物の収縮ひび割れ制御設計・施工指針（案）・同解説」を参考にするとよい．
　高炉スラグ微粉末の品質は，解説表 3.33 の JIS A 6206（コンクリート用高炉スラグ微粉末）による．粉末度によって 3000，4000，6000，8000 の 4 種類が規格化されている．高炉スラグ微粉末 4000 は，高炉セメント用の混和材として用いられているものと同様であり，特殊な混合率にする場合を除いて，高炉セメントとして使用するのがよい．高炉スラグ微粉末 6000 および 8000 は，高炉セメントの初期強度発現の改善に使用される．使用に際しては，本会「高炉スラグ微粉末を使用するコンクリートの調合設計・施工指針・同解説」を参考にするとよい．
　高炉スラグ微粉末は，製鉄所の溶融炉（高炉）で銑鉄と同時に生成する溶融高炉スラグを水によって急冷してできた高炉スラグを乾燥微粉末化したものでありガラス質で非結晶質である．目的によって石膏を添加しているものもある．高炉スラグ微粉末は，銑鉄製造時の副産物であり，高炉スラグ微粉末が混合された混合セメント用いる場合や混和材としてセメントに置換して使用することで，省資源，省エネルギー，環境負荷物質低減性の環境配慮が図れる．高炉スラグ微粉末は潜在水硬性があり，それ自体で結合性を有するが，ポルトランドセメントと併用することで

解説表 3.33　コンクリート用高炉スラグ微粉末（JIS A 6206）

品質		高炉スラグ微粉末 3000	高炉スラグ微粉末 4000	高炉スラグ微粉末 6000	高炉スラグ微粉末 8000
密度　(g/cm³)		2.80 以上	2.80 以上	2.80 以上	2.80 以上
比表面積　(cm²/g)		2 750 以上 3 500 未満	3 500 以上 5 000 未満	5 000 以上 7 000 未満	7 000 以上 10 000 未満
活性度指数　(%)	材齢 7 日	—	55 以上	75 以上	95 以上
	材齢 28 日	60 以上	75 以上	95 以上	105 以上
	材齢 91 日	80 以上	95 以上	—	—
フロー値比　(%)		95 以上	95 以上	90 以上	85 以上
酸化マグネシウム　(%)		10.0 以下	10.0 以下	10.0 以下	10.0 以下
三酸化硫黄　(%)		4.0 以下	4.0 以下	4.0 以下	4.0 以下
強熱減量　(%)		3.0 以下	3.0 以下	3.0 以下	3.0 以下
塩化物イオン　(%)		0.02 以下	0.02 以下	0.02 以下	0.02 以下

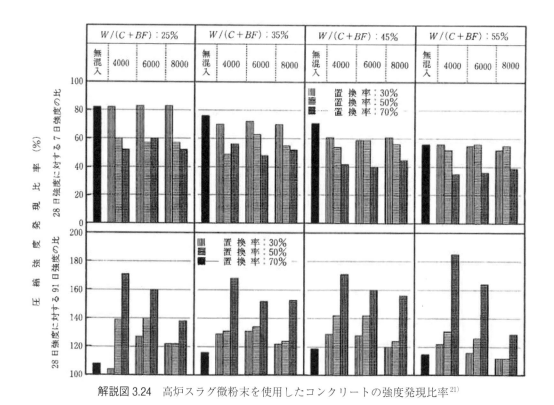

解説図 3.24　高炉スラグ微粉末を使用したコンクリートの強度発現比率[21]

Ca(OH)$_2$と石膏により高炉スラグ微粉末の水和反応は促進される．この反応は，ポゾラン反応と同様に，コンクリートの長期強度の増大[23]や水密性，耐薬品性を向上させる．高炉スラグ微粉末は，セメントと大量に置換することが可能であり，高炉セメントB種相当の置換率では，材齢28日では普通ポルトランドセメントを使用したコンクリートと同等の強度を得ることができる．C種相当の置換率では，単位水量の低減効果が確認される．また，JIS A 5308 附属書B（アルカリシリカ反応抑制対策方法）では，「混和材（高炉スラグ微粉末）の使用」に関して，セメントに対して質量で40％以上を置換することで，アルカリシリカ反応を抑制できるとされている．高炉スラグ微粉末の使用量は，上記の効果を考慮し，使用目的に応じて所要の性能が得られる範囲で定めることが望ましい．

シリカフュームの品質は，解説表3.34のJIS A 6207（コンクリート用シリカフューム）による．また，シリカフュームの使用に際しては，本会「シリカフュームを用いたコンクリートの調合設計．施工ガイドライン」を参考にするとよい．

解説表3.34　コンクリート用シリカフューム（JIS A 6207）

項目		品質
二酸化けい素 (％)		85.0 以上
酸化マグネシウム (％)		5.0 以上
三酸化硫黄 (％)		3.0 以下
遊離酸化マグネシウム (％)		1.0 以下
遊離けい素 (％)		0.4 以下
塩化物イオン (％)		0.10 以下
強熱減量 (％)		4.0 以下
湿分＊ (％)		3.0 以下
比表面積（BET法） (m^2/g)		15 以上
活性度指数 (％)	材齢7日	95 以上
	材齢28日	105 以上

［注］　＊：粉体シリカフュームおよび粒体シリカフュームに適用する．

シリカフュームは，金属シリコンまたはフェロシリコンをアーク式電気炉で製造する際に発生する排ガス中のダストを集塵機により捕集した平均粒径 0.1 μm 程度，比表面積 20 m^3/g，ポゾラン性の球形の超微粒子である．コンクリートの高強度化・高流動化・耐久性の向上等の目的で使用される．普通ポルトランドセメントの粒径に対し 0.5％程度の超微粒子であるため，シリカフュームがセメント粒子間の空隙に充填されることで，フレッシュコンクリートの流動性を向上させる．このマイクロフィラー効果とシリカフューム自体のポゾラン性により，高強度コンクリートや水密性コンクリートの製造に有効である．一般的には，水結合材比が20％以下を下回る高強度コンクリートでは，粘性の低減や流動性の向上が図られるため，ワーカビリティーに優れ

た高強度コンクリートが製造できる．近年では，この特徴から，100 N/mm^2 を超えるような高強度コンクリートに一般的に使用されている．

　　b．a項に定める種類以外の JIS あるいは本会指針などの一般的な品質基準がない混和材を使用する際は，信頼できる資料によって品質や効果が確認されている場合には，これを使用することができる．a項以外の混和材としては，石灰石微粉末（JASS 5M-701（高強度コンクリート用セメントの品質基準）附属書2），高強度コンクリート用混和材（エトリンガイト系やスラグ石こう系（JASS 5M-701（高強度コンクリート用セメントの品質基準）附属書3），シリカ（ケイ酸）質粉末系の防水剤がある．石灰石微粉末は，石灰石を微粉砕したもので，セメントまたは細骨材の一部として置換して使用した場合に，コンクリートの流動性を改善することができる．また，石灰石微粉末は化学的に不活性であるため，水和熱の抑制を目的に使用される場合もある．石灰石微粉末の品質は，（公社）日本コンクリート工学会が規定する石灰石微粉末の品質（JCI-SLP：コンクリート用石灰石微粉末品質規格（案））が参考になる．また，砂石粉については JIS A 5041（コンクリート用砂石粉）がある．エトリンガイト系高強度用混和材は，シリカヒュームのようなポゾラン性の超微粒子とは異なり，SiO_2，CaO，SO_3 を主成分とし，エトリンガイト生成による空隙の充填およびカルシウムシリケート生成の促進効果により，コンクリートを高強度化することを特徴としている．シリカ（ケイ酸）質粉末系防水剤は，ポゾラン等の反応性のものや石粉等の非反応性のものがある．セメントに対して 10〜15% 置き換えで使用し，硬化コンクリートを物理的に密実化する．使用に際しては，信頼できる資料や試し練りにより確認したうえで使用することが望ましい．

3.6　その他の材料

> a．火災時の爆裂を抑制するための有機繊維材は，試験または信頼できる資料により，その性能および使用方法を確認する．
> b．ひび割れを抑制するための繊維材は，試験または信頼できる資料により，その性能および使用方法を確認する．
> c．コンクリートの性能を改善するために使用するその他の材料は，試験または信頼できる資料により，その性能および使用方法を確認する．

　　a．設計基準強度が 80 N/mm^2 を超えるような超高強度コンクリートは，火災時における爆裂の問題が指摘されている．解説表 3.35 に示す非鋼繊維のうち，一般的にポリプロピレン繊維やポリビニルアルコール繊維などの短繊維が爆裂防止材として使用される．爆裂防止の効果は，繊維の種類および形状（繊維長，繊維径），混入率に影響を受けるため，使用に際しては，信頼できる資料や試し練りにより確認したうえで使用することが必要である．

　　b．鋼繊維はコンクリートのぜい性的な破壊を抑制し，ひび割れを防止する目的で使用される．伸び能力や靭性の増加は，使用する鋼繊維の種類（繊維長・形状・断面積等）および使用量により変化する．また，長すぎたり細すぎるものはボール状の塊（ファイバーボール）になるため，実製造したコンクリートでこのような塊が生じない使用量および製造方法を定める必要がある．目標性能を得るための使用量は信頼できる資料や試験によって事前に定める必要がある．

解説表 3.35 非鋼繊維の種類とその品質（例）

成分	引張強度 (N/mm^2)	弾性係数 (kN/mm^2)	破断伸び率（%）	密度（g/cm^3）
ポリプロピレン繊維	300〜750	10〜22	10〜15	0.91
ポリビニルアルコール繊維	690〜1 500	11〜36	3〜13	1.30
ポリエチレン繊維	250〜700	14〜22	10〜15	0.95
ガラス繊維	2 500	74	2.0	2.78
炭素繊維	760〜2 900	39〜98	1〜2	2.00

　その他の繊維材として，ガラス繊維や炭素繊維などの無機系繊維とアラミド繊維やビニロン繊維，ポリプロピレン繊維などの有機系合成繊維がある．これらの繊維はひび割れの防止，剥離・剥落の防止・補修補強材として使用される．性能に及ぼす影響は，繊維の断面積，繊維長，形状により変化する．コンクリートと混合する場合は，練り上がった後に塊にならないように撹拌しながら混合する．また，混合時間が長くなりすぎると繊維が塊になることがあるので留意が必要となる．繊維の使用量を定める際は，目標性能，製造方法（投入方法・撹拌時間等）を考慮する必要がある．また，繊維の混入に伴い，一般的にはスランプおよびスランプフローが低下するため，あらかじめ繊維投入後に目標のスランプおよびスランプフローとなるように化学混和剤の使用量を増加させておくか，繊維混入後に流動化剤等で調整する必要がある．使用量を定める際は，使用に際しては，信頼できる資料や試し練りにより確認したうえで使用することが必要である．

　c．コンクリートの性能を改善するために使用するさまざまなその他の材料は，試験または信頼できる資料により，その性能および使用方法を確認する必要がある．

参考文献

1) セメント協会：「セメントの常識」，2013.4
2) セメント協会：コンクリート専門委員会「委員会報告ダイジェスト版」，2011.3
3) 一瀬賢一・小林利充・溝渕麻子：混和材を高含有したコンクリートの基礎的性状その2乾燥収縮および耐久性，日本建築学会大会学術講演梗概集，p. 87-188, 2011.7
4) 高橋英孝・湯浅　昇・松井　勇・笠井芳夫：セメント種類の違いがコンクリートの塩化物イオン浸透性に及ぼす影響，日本建築学会大会学術講演梗概集，p. 189-190, 2009.7
5) 「三菱低熱型各種セメント」技術資料
6) セメント協会：「セメントのLCIデータの概要」，p. 7, 2013.7
7) 佐野　奨・市川牧彦・辰市祐久・四阿秀雄：都市ごみ焼却灰処理に伴う環境負荷の定量化，資源環境対策，Vol. 36, No. 10, pp. 58-63, 2000
8) 土木学会コンクリート委員会：コンクリートの環境負荷評価（その2），コンクリート技術シリーズ p. 62, 2004.9
9) 前田　聡・武若耕司・山口明伸・渕田和樹：コンクリート用細骨材のシラスの特性，コンクリート工学年次論文報告集，Vol. 28, No. 1, pp. 2069-2074, 2006

10) K. Newman : Composite Materials, Elsevier Pub. Comp., New York（1966）
11) 岡田・六車編：改定新版コンクリート工学ハンドブック，朝倉書店，1981
12) 立松和彦・荒木正直・岩清水隆・木村芳幹・浦野英男・今本啓一・元木 亮：関西地域における骨材原石の乾燥収縮および細孔径分布に関する実験的研究，日本建築学会構造系論文集，No. 549, pp. 1-6, 2001.11
13) 寺西浩司：骨材の乾燥収縮ひずみの評価指標に関する研究，日本建築学会構造系論文集，No. 687, pp. 905-912, 2013.5
14) A.M. Neville : Creep of Concrete : North-Holland Pub. Co.（1970）
15) U. Schneider（森永繁監訳）：コンクリートの熱的性質，技報堂出版，1983
16) 松田芳範・墨部 佳・木野淳一・岩田道敏：アルカリ骨材反応のJR東日本版抑制対策の制定について，コンクリート工学，Vol. 50, No. 8, pp. 669-675, 2012.8
17) 川端雄一郎・山田一夫・古賀裕久・久保善司：アルカリシリカ反応を生じた構造物の診断に対する技術者の意識調査―ASR診断の現状とあるべき姿研究委員会の活動―，コンクリート工学，Vol. 50, No. 7, pp. 593-600, 2012.7
18) 藤沢薬品工業株式会社技術資料
19) 桝田佳寛：防せい剤，コンクリート工学，Vol. 26, No. 3, pp. 80-84, 1988.3
20) 日本建築学会材料施工委員会鉄筋コンクリート工事運営委員会フライアッシュ調査研究小委員会：フライアッシュ調査研究小委員会中間報告集，1997.2
21) 山田有一・増田和機：フライアッシュ，コンクリート工学，Vol. 1, No. 4, p. 14
22) 日本建築学会：膨張材・収縮低減剤を使用したコンクリートに関する技術の現状，p. 50, 2013
23) 日本建築学会：高炉スラグ微粉末を用いたコンクリートの技術の現状，pp. 16-17, 1992.6

4章　計画調合を定めるための基本条件

4.1　一般事項

> a．コンクリートの計画調合は，荷卸し時または打込み時および構造体コンクリートにおいて所定の性能が得られるものとする．
> b．計画調合を定めるための調合計算は，コンクリートの練上がり時を基準に行う．
> c．調合計算を行うために，下記（1）～（9）の調合要因に関する条件を定める．
> 　（1）　品質基準強度・調合管理強度および調合強度
> 　（2）　練上がりスランプまたはスランプフローおよび材料分離抵抗性
> 　（3）　練上がり空気量
> 　（4）　練上がり容積
> 　（5）　水セメント比または水結合材比の最大値
> 　（6）　単位水量の最大値
> 　（7）　単位セメント量または単位結合材量の最小値と最大値
> 　（8）　塩化物イオン量
> 　（9）　アルカリ総量

　a．本章では，2章で規定した構造体コンクリートおよび使用するコンクリートの所要の性能を満足させるために，コンクリートの計画調合を具体的に検討する段階で，最初に設定する基本的な調合要因とその条件について定めている．

　本指針では，コンクリートの調合は，構造体コンクリートが所要の性能を満足するように定めることを基本とし，構造体コンクリートで性能を確認することが困難なヤング係数や乾燥収縮などについては使用するコンクリートが所要の性能を満足するようにしている．使用するコンクリートはどこの時点で性能を規定するかで所要の性能が異なるが，前述の趣旨から構造体コンクリートとして打ち込まれる直前の荷卸し時または打込み時に所定の性能が得られるようにすることにしている．

　b．コンクリートの計画調合においては，荷卸し時または打込み時および構造体コンクリートについて目標性能を定めている．しかし，具体的に調合計算を行う段階では，練上がり時を対象に目標値を定めなければ試し練りによる調合の調整は不可能であり，最終的な計画調合を定めることは難しくなる．したがって，荷卸し時または打込み時および構造体コンクリートが所定の性能が得られるように練上がり直後のコンクリートの目標性能を定め，これを目標に調合計算を行う．

　c．ここで挙げた調合計算を行うためのコンクリートの調合要因は，2章のコンクリートの各種性能を制御するための基本的な調合要因であるので，コンクリートが目標性能を満足するよう，適切に条件を設定する必要がある．コンクリートの性能あるいは性能に関わる調合要因で，ここに挙げていない項目，たとえばコンクリートの単位容積質量や乾燥収縮率，クリープ係数，

環境配慮に関わる項目等は，最初に与える基本条件ではなく，5章以降の具体的な調合計算や試し練りの段階で所定の性能が確保できていることを確認する内容であることから，本章では取り込んでいない．

　本指針は，耐久性に関して性能設計を行うことができる内容になっているが，一方で，水セメント比，単位水量，単位セメント量，塩化物イオン量および総アルカリ量は，コンクリートの品質や耐久性に及ぼす影響が広範にわたり，必ずしも単一性能で決められているわけでもなく，関連法規や各種指針類で上限値や下限値が規定されている．本章では，これらの規定値についても，計画調合を定めるための基本条件として規定している．

4.2　品質基準強度，調合管理強度および調合強度

a．品質基準強度は，設計基準強度と耐久設計基準強度から（4.1）式によって定める．

$$F_q = \max(F_c, F_d) \tag{4.1}$$

ここに，F_q：品質基準強度（N/mm^2）
　　　　F_c：設計基準強度（N/mm^2）
　　　　F_d：耐久設計基準強度（N/mm^2）
　　　　max（*）は，括弧内の大きい方の値の意味である．

b．調合管理強度は，構造体コンクリートが所要の強度を得られるよう（4.2）および（4.3）式を満足するように定める．

$$F_m = F_q + {}_mS_n \tag{4.2}$$
$$F_m = F_{\text{work}} + S_{\text{work}} \tag{4.3}$$

ここに，F_m：調合管理強度（N/mm^2）
　　　　${}_mS_n$：標準養生した供試体の材齢 m 日における圧縮強度と構造体コンクリートの材齢 n 日における圧縮強度の差による構造体強度補正値（N/mm^2）．ただし，${}_mS_n$ は 0 以上の値とする．28 日 $\leq m \leq n \leq$ 91 日とする．
　　　　F_{work}：施工上要求される材齢における構造体コンクリートの圧縮強度（N/mm^2）
　　　　S_{work}：標準養生した供試体の材齢 m 日における圧縮強度と施工上要求される材齢における構造体コンクリートの圧縮強度との差（N/mm^2）

c．調合強度は，調合管理強度および施工上要求される強度発現から（4.4）および（4.5）式を満足するように定める．

$$F \geq F_m + k_1 \sigma \tag{4.4}$$
$$F \geq \alpha F_m + k_2 \sigma \tag{4.5}$$

ここに，F：調合強度（N/mm^2）
　　　　k_1：強度試験値が調合管理強度を下回る確率に対する正規偏差で，通常の場合は，1.73 とし，コンクリートの設計基準強度が 80 N/mm^2 以上の高強度コンクリートの場合は 2.0 以上とする．
　　　　k_2：強度試験値が調合管理強度に対して最小の許容される強度を下回る確率に対する正規偏差で 3.0 以上とする．
　　　　α：調合管理強度に対する最小の許容される強度の比で，通常の場合は 0.85 を標準とし，コンクリートの設計基準強度が 80 N/mm^2 以上の高強度コンクリートの場合は 0.9 を標準とする．
　　　　σ：使用するコンクリートの圧縮強度の標準偏差で，実績をもとに定める．実績がない場合は，2.5 N/mm^2 または，0.1 F_m の大きいほうの値を標準とする．

　a．コンクリートの品質基準強度は，JASS 5（1997）で導入された概念であり，JASS 5

(2009)では,「構造体の要求性能を得るために必要とされるコンクリートの圧縮強度で,通常,設計基準強度と耐久設計基準強度を確保するために,コンクリートの品質の基準として定める強度」と定義している.すなわち,品質基準強度の値は,設計基準強度と耐久設計基準強度の大きい方の値であり,構造体コンクリートが発現している必要のある圧縮強度である.

耐久設計基準強度もJASS 5 (1997)において導入された.耐久性にかかわる多くの性能が水セメント比と密接な関係があり,所要の耐久性を確保するために必要な水セメント比に対応する圧縮強度で表す.構造設計で用いる設計基準強度と同じ圧縮強度という尺度で耐久性を表すことにより,耐久性も計画調合を定める条件として取り込むことができるだけでなく,圧縮強度を検査すれば耐久性も検査できることになった.このような概念を表したものが解説図4.1である.本指針2.3節の耐久設計にかかわる性能の目標値の定め方によれば,中性化に対する抵抗性および塩化物イオンの浸透性に対する抵抗性に対する所要の水セメント比または水結合材比を求めたうえ,この水セメント比または水結合材比で得られる圧縮強度を求め,この値以上を耐久設計基準強度とすることにしている.

JASS 5-1993

JASS 5-1997 以降

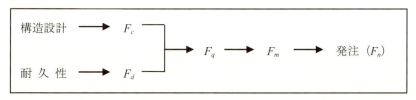

解説図 4.1 耐久設計基準強度を取り入れた調合設計

JASS 5 (2009)では,コンクリートの種別に応じて,設計基準強度の範囲と,耐久設計基準強度を定めているので,それぞれ解説表4.1,解説表4.2に示す.

b.調合管理強度(F_m)は,JASS 5 (2009)で新たに導入され,設計基準強度と耐久設計基準強度に,それぞれ構造体強度補正値を加えた値のうち大きい方の値である.逆にいえば,構造体コンクリート強度が品質基準強度(F_q)を満足するように定めたコンクリートを,標準養生したときに満足すべき圧縮強度のことである.本指針では,これに加えて施工上要求される材齢において構造体コンクリート強度を満足するように定めたコンクリートを,標準養生したときに満足すべき圧縮強度としている.

構造体コンクリート強度とは,構造体中で発現している圧縮強度のことである.これは,構造体の各部から切り取ったコア供試体の圧縮強度で定義され,通常の場合は,工事現場で打ち込まれるコンクリートから採取した供試体を構造体が置かれる状態に近い条件で養生したときの材齢における圧縮強度で表される.この定義に基づくと,構造体コンクリート強度の推定方法として

解説表 4.1 コンクリートの設計基準強度の標準値（N/mm²）（JASS 5（2009））

普通骨材		軽量骨材		鋼管充填	プレストレスト	プレキャスト複合	再生骨材	住宅基礎および無筋
一般	高強度	1種	2種					
18		18	18		ポストテンション方式 24以上	18	Hは36以下 Mは30以下	18（特記）
21		21	21			21		
24		24	24	24		24		
27		27	27	27		27		
30		30		30	プレテンション方式 35以上	30		
33		33		33		33		
36		36		36		36		
	39	39		39		39		
	42			42		42		
	45			45		45		
	48			48		48		
	54			54		54		
	60			60		60		

解説表 4.2 コンクリートの耐久設計基準強度（JASS 5（2009））

計画供用期間の級	耐久設計基準強度（N/mm²）				
	普通骨材	軽量骨材		再生骨材 H（1種, 2種）	再生骨材 M（1種, 2種）
		1種	2種		
短 期	18	18	18	18	21
標 準	24	24	24	24	27
長 期	30	30	—	30	—
超長期	36[(1)]	—	—	—	—

［注］（1） 計画供用期間の級が超長期で，かぶり厚さを 10 mm 増やした場合は，30 N/mm² とすることができる．

は，次のようなものが考えられる．

（イ） 打ち込んだ構造体コンクリートから採取したコア供試体の圧縮強度から推定する．

（ロ） 構造体とほぼ同一寸法のダミー試験体に打ち込んだコンクリートから採取したコア供試体の圧縮強度から推定する．

（ハ） あらかじめ行った実大部材実験によるコア供試体の圧縮強度と標準養生した供試体の圧縮強度の関係から推定する．

（ニ） あらかじめ行った実大部材実験によるコア供試体の圧縮強度と現場養生した供試体の圧縮強度の関係から推定する．

（ホ） あらかじめ行った実大部材実験における部材温度履歴のモデルを用いて，部材温度履歴養生した供試体の圧縮強度から推定する．

（ヘ） 構造体と類似の温度履歴となる簡易断熱養生供試体の圧縮強度から推定する．

構造体コンクリート強度の定義は，通常の場合は JASS 5 によればよいが，高強度コンクリートやマスコンクリートなどで不都合がある場合は，本指針に示した推定方法に基づいて定めればよい．

構造体強度を保障する材齢 n 日に関しては，建築基準法施行令（昭和 25 年政令第 388 号）第 74 条第 1 項第 2 号に基づく昭和 56 年 6 月 1 日建設省告示 1102 号（最終改正平成 12 年 5 月 31 日建設省告示第 1462 号）に規定があり，設計基準強度との関係において安全上必要なコンクリートの強度の基準として，以下の供試体の圧縮強度の平均値が，設計基準強度の値以上であることとしている．

　i) 　現場水中養生またはこれに類する養生を行った供試体の材齢 28 日の圧縮強度
　ii) 　コア供試体またはこれに類する強度特性を有する供試体の材齢 91 日の圧縮強度（かつ，材齢 28 日では設計基準強度の 70% 以上）

したがって，構造体コンクリートの保障材齢は，材齢 91 日までの範囲となる．

標準養生した供試験体の圧縮強度は，そのコンクリートがもつポテンシャルの性能としての圧縮強度を表しており，使用するコンクリートの圧縮強度とも呼ばれる．材齢を m 日とすると，これが調合強度を定めるための基準の材齢となる．使用するコンクリートの圧縮強度に対する規定がなされる理由について JASS 5（2009）では，コンクリートの製造者と購入者の間の契約上の理由と，最小限の耐久性を確保するためという理由があげられている．JIS A 5308（レディーミクストコンクリート）では，その適用範囲を荷卸し地点到着までのレディーミクストコンクリートとし，受入れ後の運搬・打込みおよび養生を経た構造体コンクリートは適用外としている．しかしながら，レディーミクストコンクリートは，現場に搬入されたときはまだ固まらない半製品の状態であるので，それが標準的な方法で養生されたときに発揮するポテンシャルの性能としての圧縮強度を規定する必要がある．

使用するコンクリートの定義については，一般に以下のような考え方がある．

　i) 　レディーミクストコンクリート工場で練上がり時に採取した供試体の標準養生による材齢 m 日の圧縮強度
　ii) 　工事現場で採取した供試体の標準養生による材齢 m 日の圧縮強度．

これらの考え方をもとに，本会のコンクリート工事関連の JASS では，以下のように定義している．

　(イ) 　JASS 5（2009）：工事現場で採取した供試体の標準養生による材齢 m 日の圧縮強度．
　(ロ) 　JASS 5 N（2013）：工事現場または製造時に採取し標準養生した供試体の強度管理材齢における圧縮強度．
　(ハ) 　JASS 10（2013）：部材製造工場で採取し標準養生した材齢 28 日における圧縮強度．

施工者は，レディーミクストコンクリートを使用する場合は，調合管理強度以上の呼び強度を指定してレディーミクストコンクリートを発注する．これに対し，レディーミクストコンクリート工場は，JIS A 5308：2014（レディーミクストコンクリート）の次の規定を満足するように，工場の実績等をもとに正規偏差を定め，コンクリートを製造する．

(a) 1回の試験結果は，購入者が指定した呼び強度の値の 85% 以上でなければならない．
(b) 3回の試験結果の平均値は，購入者が指定した呼び強度の値以上でなければならない．

構造体強度補正値（$_mS_n$）は，1997年の JASS 5 の改定で高強度コンクリートに対して導入された．標準養生した供試体の m 日の圧縮強度と，柱や梁などの材齢 n 日における構造体コンクリート強度の差に対する強度補正値である．

解説図 4.2 は，高強度コンクリートを，柱などの断面の大きな部材に打ち込み，硬化初期に自己発熱により高温履歴を受けた場合の構造体コンクリート（コア供試体）の圧縮強度発現と，標準養生による管理用供試体の強度発現傾向を示したものである．このように両者の強度発現傾向に違いがあると，管理用供試体の圧縮強度で構造体コンクリートを直接推定することは困難であり，従来の温度補正を用いても適切に補正できない．これを踏まえ，1997年の JASS 5 の改定において，高強度コンクリートについては，標準養生供試体の圧縮強度と構造体コンクリート強度の差 $_mS_n$ が採用された．JASS 5（2009）では，$m=28$ 日，$n=91$ 日とし，標準値として解説表 4.3 が示されている．

一般の圧縮強度のコンクリートの調合設計では，1997年以降も JASS 5 では，温度補正値 T

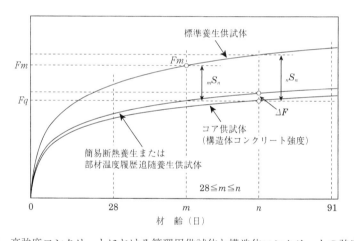

解説図 4.2 高強度コンクリートにおける管理用供試体と構造体コンクリートの強度発現傾向

解説表 4.3 構造体強度補正値 $_{28}S_{91}$ の標準値（$F_c>36\,\mathrm{N/mm^2}$）（JASS 5（2009））

セメントの種類	設計基準強度の範囲（N/mm²）		
	$_mS_n$	$36<F_c\leq48$	$48<F_c\leq60$
普通ポルトランドセメント	$_{28}S_{91}$	9	12
中庸熱ポルトランドセメント	$_{28}S_{91}$	3	5
	$_{56}S_{91}$	6	10
低熱ポルトランドセメント	$_{28}S_{91}$	3	3
	$_{56}S_{91}$	6	10

や補正値 ΔF を用いていた．2009 年の JASS 5 の大改定において，高強度コンクリートと同様に，構造体強度補正値が採用され，解説表 4.4 に示す構造体強度補正値（$_{28}S_{91}$）が示された．この構造体強度補正値（$_{28}S_{91}$）の中身は，従来から用いてきた予想平均気温による温度補正値 T と，1997 年版 JASS 5 から導入された構造体コンクリート強度と供試体の強度との差である補正値 ΔF が含まれるものであるため実質は変わりはない．

解説表 4.4 構造体強度補正値 $_{28}S_{91}$ の標準値（$F_c \leqq 36$ N/mm^2）（JASS 5（2009））

セメントの種類	コンクリートの打込みから 28 日までの期間の予想平均気温 θ の範囲（℃）	
早強ポルトランドセメント	$5 \leqq \theta$	$0 \leqq \theta < 5$
普通ポルトランドセメント	$8 \leqq \theta$	$0 \leqq \theta < 8$
中庸熱ポルトランドセメント	$11 \leqq \theta$	$0 \leqq \theta < 11$
低熱ポルトランドセメント	$14 \leqq \theta$	$0 \leqq \theta < 14$
フライアッシュセメントB種	$9 \leqq \theta$	$0 \leqq \theta < 9$
高炉セメントB種	$13 \leqq \theta$	$0 \leqq \theta < 13$
構造体強度補正値 $_{28}S_{91}$（N/mm^2）	3	6

［注］ 暑中期間における構造体強度補正値 $_{28}S_{91}$ は 6 N/mm^2 とする．

設計基準強度 60 N/mm^2 以上の高強度コンクリートについては，出荷実績がまだ乏しく，本会「高強度コンクリート施工指針・同解説」に示される解説図 4.3 を参考にして，試し練りにより構造体強度補正値を定める必要がある．

なお，JASS 5（2009）では，一般のコンクリートの調合強度を定める材齢は 28 日とし，構造体コンクリートの強度が品質基準強度 F_q を満足しなければならない材齢は 91 日としている．本指針では，調合設計の自由度を高めるため，調合強度を定める材齢，構造体コンクリートが品質基準強度を満足しなければならない材齢をそれぞれ m 日，n 日とし，材齢 28 日以上 91 日以内，m 日 $\leqq n$ 日の範囲で設定できるようにしている．

中庸熱ポルトランドセメントおよび低熱ポルトランドセメントなどのビーライト量の多いポルトランドセメントや，フライアッシュセメントB種や高炉セメントB種などの混合セメントを用いた場合は，標準養生強度の初期の発現が緩やかで，構造体コンクリート強度の長期での伸びが大きいことがある．マスコンクリートや高強度コンクリートなどで低発熱性のセメントや混合セメントを使用する場合には，調合強度を定めるための基準とする材齢 m 日を 28 日に固定してしまうと構造体強度補正値が計算上マイナスとなり，過剰な調合になることがある．このような場合には，調合強度を定めるための基準とする材齢 m 日は，28 日を超える材齢で適切に設定するとよい．

標準養生した供試体の強度分布における調合管理強度および調合強度と構造体コンクリート強度の分布における品質基準強度と構造体コンクリート（コア強度）の関係は，解説図 4.4 に示す

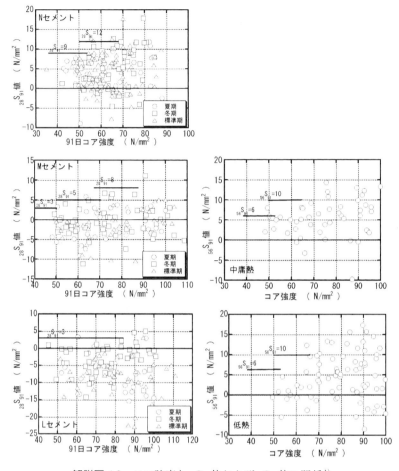

解説図 4.3 コア強度と $_{28}S_{91}$ 値および $_{56}S_{91}$ 値の関係[1]

ようになる．上段の図は，構造体コンクリート強度の分布が品質基準強度（F_q）を下回る確率を統計的にあらわしたものであり，過去の実績によれば，その確率は5%となっているため，1.64σで表している．下段の図は，材齢28日における標準養生供試体の圧縮強度の分布であり，平均値が調合強度である．標準養生供試体は管理状態が良いため標準偏差は小さく，高温履歴を受けることによる強度発現の停滞がないため，コア強度より強度が高いほうに分布する．c項で後述するように調合設計上は，調合管理強度（F_m）を下回る確率は4%，正規偏差1.73と設定している．

構造体強度補正値（$_mS_n$）の取り方については，解説図4.4の図中に示した①～③の3種類が考えられる．すなわち，構造体コンクリート（コア供試体）の圧縮強度の平均値と標準養生供試体の平均値との差から求めた $_mS_n$ 値（①），各圧縮強度分布の管理限界（構造体コンクリートでは1.64σ（品質基準強度（F_q）に相当），標準養生供試体では1.73σ（調合管理強度（F_m）に相当））の強度差から求めた $_mS_n$ 値（②），各分布の下限値（一般に3σを減じた値）の差から求めた $_mS_n$ 値（③）である．

解説表4.5に，標準養生供試体とコア供試体の圧縮強度の平均値をそれぞれ 65 N/mm²，60

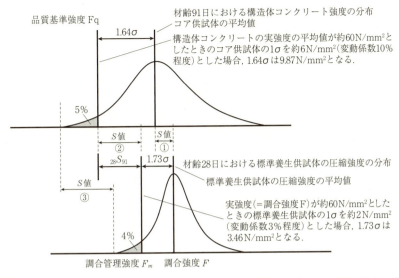

解説図 4.4 構造体コンクリートの圧縮強度分布と調合管理強度および調合強度の関係

N/mm² とし，それぞれ標準偏差と許容不良率を仮定したときの，S 値の試算例を示す．$_mS_n$ 値は，①＜②＜③となる．JASS 5（2009）の構造体強度補正値に関する用語の解説では，「標準養生供試体の圧縮強度とコア供試体の強度との差の実験結果の分布において 90～95％ 程度を包含するように構造体強度補正値を定めるとよい」と記載があり，コア強度が 60 N/mm² の場合の JASS 5 の $_{28}S_{91}$ の値は解説表 4.4 および解説図 4.3 から読み取ると 12 N/mm² であり，これは②の強度補正値の値に近いことがわかる．

解説表 4.5 構造体強度補正値の試算例

供試体の種類	圧縮強度の分布特性の仮定値			強度補正値（N/mm²）		
	平均値（N/mm²）	標準偏差（N/mm²）	許容する不良率（対応する正規偏差）	①	②	③
標準養生供試体	65	2（変動係数 3％）	4（1.73）	5	11.4	17
コ ア 供 試 体	60	6（変動係数 10％）	5（1.64）			

　早期に品質基準強度を得ようとしたときに必要なコンクリートの強度発現性の関係を解説図 4.5 に示す．施工上の理由などにより，早期に品質基準強度を得ようとしたときには，当然，材齢 91 日における構造体コンクリート強度は高くなることになる．

　施工上要求される強度は，早期材齢強度が要求される場合や施工上要求される圧縮強度が設計基準強度を上回る場合などに規定される．また，JASS 10「プレキャストコンクリート工事」のプレキャスト部材のように，脱型時や出荷時の強度を規定することもある．前述の昭和 56 年建設省告示 1102 号や JASS 5（1986）において，材齢 91 日における構造体コンクリートの圧縮強度が設計基準強度を満足すると同時に，材齢 28 日において設計基準強度の 70％，すなわち短期

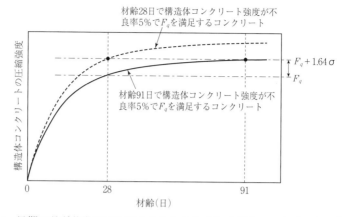

解説図4.5 早期に品質基準強度を得ようとしたときに必要なコンクリートの強度発現性

許容応力度を満足しなければならないという条件を付けているが，これも，施工上要求される強度に対する条件と考えられなくもない．いずれにせよ，施工条件に応じて必要とする構造体コンクリートの圧縮強度（F_{work}）が，所要の材齢で確保できるように調合管理強度（F_m）を定めなければならない．この場合も，事前の調査で両者の圧縮強度の差を考慮する必要がある．この差を本指針では，「S_{work}：標準養生した供試体の材齢 m 日における圧縮強度と施工上要求される材齢における構造体コンクリートの圧縮強度との差」と定義している．事前の調査で S_{work} を求めておく必要がある．

解説図4.6 に，施工上要求される構造体コンクリート強度と標準養生した供試体の強度発現のイメージを示す．施工上要求される構造体コンクリートの強度管理は，現場水中養生や現場封かん養生などにより行う場合が多い．今回，S_{work} は標準養生供試体の材齢 m 日の圧縮強度と施工上要求される材齢における構造体コンクリートの強度差として表わしている．施工時での圧縮強度の確認は，施工上要求される材齢における標準養生圧縮強度と構造体コンクリート強度の差に

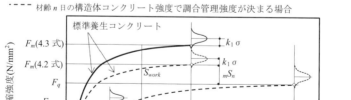

解説図4.6 コンクリートの強度発現と調合管理強度関係

関する情報がないため，通常は構造体コンクリートと同等の強度発現とみなされる供試体の圧縮強度で確認することになる．

　c．調合強度とは，コンクリートの調合を定める場合に目標とする平均の圧縮強度のことであり，標準養生した供試体の圧縮強度によって表される．調合強度は，JASS 5（2009）で規定された調合管理強度に強度のばらつきを考慮して割り増した強度である．コンクリートの圧縮強度が正規分布に従うとし，目標とする圧縮強度が，所定の条件のもとで，所定の確率で満足するように定めている．

　コンクリートの圧縮強度が解説図 4.7 に示すように，a.項で求めた品質基準強度を下回る確率（不良率）が設計図書で定められた値以下となるように，調合強度を定める．本来，構造体コンクリート強度が，設計基準強度および耐久設計基準強度を，所定の不良率以下となるように調合強度を決めればよいが，JASS 5（2009）では前述したように管理用円柱供試体の圧縮強度が調合管理強度を満足するようにすることで，構造体コンクリート強度が品質基準強度を満足することを担保している．

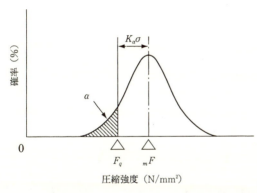

$_mF$：調合強度（N/mm²）
F_q：品質基準強度（N/mm²）
K_a：不良率 α（％）に応じた正規偏差
σ：標準偏差
α：不良率（％）

解説図 4.7　コンクリートの圧縮強度の分布と品質基準強度を下回る確率の関係

　本指針では，(4.4) 式の調合強度算定式を採用しているが，土木学会のコンクリート標準示方書では，ここでいう調合強度を配合強度と称し，一般の場合は，現場におけるコンクリートの圧縮強度の試験値が設計基準強度を下回る確率を 5％ 以下となるように，設計基準強度に解説図 4.8 に示される割増し係数をかけて求めている．一般の場合の割増し係数は，下記のように導かれる．

$$f_{cr} = f_{ck} + 1.645\,\sigma \tag{解 4.1}$$

$$V = (\sigma/f_{cr}) \cdot 100 \tag{解 4.2}$$

この両式により，割増し係数 α は以下のように計算される．

$$\alpha = (f_{cr}/f_{ck}) = 1/(1 - 1.645(V/100)) \tag{解 4.3}$$

　　ここで，f_{cr}：配合強度（N/mm²）
　　　　　f_{ck}：設計基準強度（N/mm²）
　　　　　σ：標準偏差値（N/mm²）

― 144 ― コンクリートの調合設計指針・解説

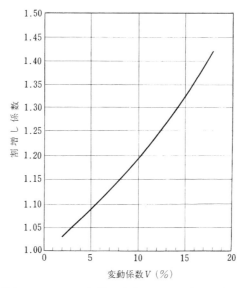

解説図 4.8 土木学会コンクリート標準示方書における変動係数と割増し係数の関係

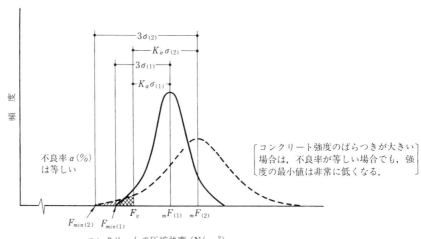

F_q：品質基準強度
$_mF_{(1)}$：ばらつきが小さい場合の調合強度
$F_{min(1)}$：ばらつきが小さい場合のコンクリート強度の最小限界値
$\sigma_{(1)}$：ばらつきが小さい場合の標準偏差

$_mF_{(2)}$：ばらつきが大きい場合の調合強度
$F_{min(2)}$：ばらつきが大きい場合のコンクリート強度の最小限界値
$\sigma_{(2)}$：ばらつきが大きい場合の標準偏差
α：不良率（％）
K_α：不良率 α（％）に応じた正規偏差

解説図 4.9 コンクリート強度のばらつきと強度分布における最小値の関係

V：変動係数（％）

（4.5）式は，調合設計時に，コンクリートの圧縮強度が，許容最小強度を下回ることがないように，調合強度を定める必要があることを示している．コンクリートの圧縮強度の品質基準強度

に対する不良率を，ある値以下にするために，コンクリートの圧縮強度のばらつきを考慮した割増しを加えただけでは，コンクリートのばらつきが大きい場合には解説図4.9に示すように品質基準強度に対して非常に低い強度のコンクリートが作られる危険性がある．この危険をなくすために，コンクリートの圧縮強度がある最小限界値以下となる確率がほとんど0になるように調合強度を定めることが必要となる．構造体コンクリート強度の許容最小の設定については種々の考え方があるが，一般的には短期許容応力度以上とすることが多い．

標準偏差は，標準養生供試体の圧縮強度の検査の対象となる試験値を単位として算出する．従来は，構造体コンクリートの変動をもとに定めていたが，1997年のJASS 5の改定から，使用するコンクリートの標準偏差を用いることなった．これは，構造体コンクリートの標準偏差を正確に把握することは不可能であること，実際に管理に用いている供試体の標準偏差は把握できることが理由としてあげられている．

使用するコンクリートの圧縮強度検査の場合は，レディーミクストコンクリートの受入検査と同じであり，通常，1運搬車から3本の供試体を採取し，その3本の平均値を1試験値として扱う．したがって，N個の試験値に対するこの場合の標準偏差値の値は，(解4.4)式により求める．

$$\sigma = \sqrt{\frac{\sum_{i=1}^{N}(F_i-\bar{F})^2}{N-1}} = \sqrt{\frac{(F_1-\bar{F})^2+\cdots+(F_N-\bar{F})^2}{N-1}} \quad (\text{N/mm}^2) \quad \text{(解 4.4)}$$

ただし，$\bar{F} = \dfrac{\sum_{i=1}^{N}F_i}{N}$ (N/mm²)

$F_i = \dfrac{\sum_{j=1}^{3}F_{ij}}{3}$ (N/mm²)

またJASS 5では，構造体コンクリートの圧縮強度の検査は，通常，1運搬車から1本の供試体を採取し，その3本の供試体の圧縮強度の平均値を1試験値として扱っている．N個の試験値に対するこの場合の標準偏差σの値は，(解4.5)式により求める．

$$\sigma = \sqrt{\frac{\sum_{i=1}^{N}\sum_{j=1}^{3}(F_{ij}-\bar{F})^2}{3N-1}} = \sqrt{\frac{(F_{11}-\bar{F})^2+\cdots+(F_{N3}-\bar{F})^2}{3N-1}} \quad (\text{N/mm}^2) \quad \text{(解 4.5)}$$

ただし

$$\bar{F} = \frac{\sum_{i=1}^{N}\sum_{j=1}^{3}F_{ij}}{3N}$$

ここに，F_{ij}：i回目の圧縮強度試験におけるj本目の圧縮強度試験値
N：圧縮強度試験の回数，標準として7以上とする

なお，JASS 5 (1997) 以降，高強度コンクリートでは，構造体コンクリートについても，3台のトラックアジテータから各3本採取した9個の供試体の試験結果で判定しており，この場合の標準偏差は(解4.4)式により求めることになる．

工事現場練りコンクリートや，レディーミクストコンクリート工場で製造実績がないコンクリ

解説表 4.6 製造実績のない場合の標準偏差の採用値（JASS 5 (2009)）

コンクリートの区分	採用値（N/mm^2）
一般コンクリート	2.5
高強度コンクリート	$0.1 F_m$（$=0.1 (F_q + {}_mS_n)$）

解説表 4.7　レディーミクストコンクリート工場における標準偏差の調査結果[2]

呼び強度	調査工場数	標準偏差別工場数百分率（%）								標準偏差値	
		0.69〜1.08	1.09〜1.47	1.48〜1.86	1.87〜2.25	2.26〜2.65	2.66〜3.04	3.05〜3.43	3.44〜3.82	3.83〜4.21	平均値（N/mm^2）	呼び強度比（%）
18.0	560	0.2	0.5	7.1	56.1	34.8	1.1	0.0	0.0	0.0	2.18	12.1
21.0	1 051	0.1	0.1	1.9	44.2	45.5	7.9	0.1	0.0	0.0	2.31	11.0
22.5	102	0.0	0.0	2.0	26.5	31.4	34.3	2.0	3.9	0.0	2.50	11.1
24.0	352	0.0	0.3	0.3	29.3	43.8	21.0	5.1	0.3	0.0	2.47	10.3
27.0	80	0.0	0.0	0.0	7.5	47.5	23.8	18.8	2.5	0.0	2.73	10.1
35.0	19	0.0	0.0	0.0	0.0	15.8	36.8	15.8	10.5	15.8	3.15	9.0

ートで，標準偏差が求められない場合は，当初，解説表 4.6 に示す値をとればよい．

レディーミクストコンクリート工場における標準偏差の調査結果を解説表 4.7 に示すので，参考にされたい．

正規偏差 k と不良率の関係は，解説表 4.8 に示すとおりである．JASS 5 における正規偏差 k と設計基準強度に対する許容最小強度の比 α は，解説表 4.9 に示すとおりである．近年，構造体コンクリート強度の設計基準強度に対する不良率あるいは管理用円柱供試体強度の品質基準強度に対する不良率は，小さくなる方向に進んでいることがわかる．高強度コンクリートに関しては，1975 年に規定された当初から，一般コンクリートに比べて不良率は低く，許容最小強度は高く設定していた．しかし，1990 年以降に高強度コンクリートの施工実験や実施工の結果が増え，これらの結果から高強度コンクリートの圧縮強度の変動係数は一般コンクリートと比較しても差異がないことが確認されたため，普通コンクリートの調合強度算定式としてもよいことになり，現在に至っている．本会「高強度コンクリート施工指針・同解説 (2013)」では，設計基準強度が 80 N/mm^2 以上のコンクリートについては，正規偏差を 2.0 以上とし，許容最小強度を

解説表 4.8　正規偏差と基準強度を下回る確率（不良率）の関係

正規偏差 K	1.0	1.28	1.64	1.73	2.0	2.5	3.0
下回る確率（%）	15.9	10.0	5.0	4.2	2.3	0.6	0.1

解説表4.9　JASS 5における不良率・正規偏差・許容最小強度の変遷

規　準	コンクリートの区分	不良率(%)	不良率に対する正規偏差	許容最小強度
JASS 5（1953）	普通コンクリート	50	0	規定なし
JASS 5（1957）	普通コンクリート	15.9	1.0	規定なし
JASS 5（1975）	常用コンクリート	15.9	1.0	設計基準強度の70%
	高級コンクリート	5.0	1.64	設計基準強度の80%
JASS 5（1986）	一般コンクリート	4.2	1.73	設計基準強度の80%
	高強度コンクリート	2.3	2.0	設計基準強度の90%
JASS 5（1997）	一般コンクリート	4.2	1.73	設計基準強度の85%
	高強度コンクリート	2.3	2.0	設計基準強度の90%
JASS 5（2003）	一般および高強度コンクリート	4.2	1.73	設計基準強度の85%
JASS 5（2009）	一般および高強度コンクリート	4.2	1.73	設計基準強度の85%

設計基準強度の90%以上とすることを標準としている．本指針も設計基準強度が$80\,\mathrm{N/mm^2}$以上のコンクリートについては，これと同じとした．

なお，施工上で必要な強度に関しては，仮設に必要な強度であり日数を延長することも容易に対応できることから，コンクリートの調合設計としては安全率を厳しくとる必要はなく，調合強度を求める際の割増し係数$k_1\sigma$や，調合管理強度に対する最小の許容される強度の比αを小さく設定することも可能である．

4.3　練上がり時のスランプまたはスランプフローおよび材料分離抵抗性

> a．コンクリートの練上がり時のスランプまたはスランプフローは，運搬および圧送中の変化を考慮して，荷卸し時または打込み時に所要の目標スランプまたは目標スランプフローが得られるように定める．
> b．コンクリートの練上がり時の材料分離抵抗性は，運搬および圧送中の変化を考慮し，荷卸し時および打込み時に要求される材料分離抵抗性が得られるように定める．

a．コンクリートのスランプおよびスランプフローの値は，練上がり時に製造工場で測定した値から，工事現場までの運搬，工事現場内での圧送といった作業や時間が進むにつれて少しずつ変化する．解説図4.10に示すように，特殊な混和剤などを用いなければ，コンクリートのスランプおよびスランプフローの値は，製造工場から打ち込む場所に近づくにつれて小さくなっていくのが一般的である．

フレッシュコンクリートの施工性は打ち込む時に最適となるべきであるため，調合されるコンクリートの目標スランプもしくは目標スランプフローの値は，練り上がった時ではなく，打ち込む時を基本として考えるべきである．一方，建築工事では，煩雑になりがちな打込み場所でのスランプ試験などを避け，荷卸し場所でスランプ試験などを行うことを基本としている．一般に，

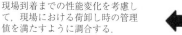

スランプ 21 cm （工場での出荷時）　→トラックアジテータでの運搬→　スランプ 18 cm （現場での荷卸し時）　→コンクリートポンプでの運搬→　スランプ 16.5 cm （打込み時：筒先）

現場到着までの性能変化を考慮して，現場における荷卸し時の管理値を満たすように調合する．　⇔　筒先での性能変化を考慮して荷卸し時の管理値としての値を設計図書に示す．　⇔　打込み締固めに適した性能とする．

解説図 4.10　各作業工程でのスランプの変化の例と要求事項

特記仕様などに書かれている目標スランプなどの値は，荷卸し時に受入検査として管理される値を示しており，打込み時の値を示していることは少ない．したがって，練上がり時のコンクリートのスランプまたはスランプフローは，各作業工程でのスランプの低下などを見込んだものとし，荷卸し時または打込み時に目標スランプまたは目標スランプフローが得られるように定めることとした．

　仮に，筒先でのスランプの値が 18 cm となるように前作業工程でのスランプの目標値を考えると，解説図 4.11 のようになる．コンクリートポンプで圧送する場合，荷卸し時の目標スランプは，筒先でのスランプの値である 18 cm に圧送に伴うスランプ低下分（β）を加えたものとなる．厳密には，同じコンクリートを打ち続けても，β の値は配管の長さが変われば変化するため，荷卸し時の目標スランプは打始めと打終わりで異なることもある．本会「コンクリートポンプ工法施工指針・同解説」では，一般的な AE コンクリートでは β の値を 2 cm 以下（高性能 AE 減水剤を用いた場合は 2.5 cm 以下）と規定しており，β の値を最大 2 cm は見込まなければならないこともある．前述したように，一般的な建築工事では荷卸し時のスランプの値を一定の目標値で管理すると，同じ打込み日の中でも，荷卸し時のスランプの値は少しずつ変わっていくことになる．筒先でのスランプの値をより目標値に近づけるためには，荷卸し時のスランプの値

スランプ $18+\alpha+\beta$ cm （工場での出荷時）　→トラックアジテータでの運搬→　スランプ $18+\beta$ cm （現場での荷卸し時）　→コンクリートポンプでの運搬→　スランプ 18.0 cm （打込み時：筒先）

ポンプ圧送によるスランプ低下の補正 β に加え，運搬時のスランプ低下の補正 α が必要となる．1日の中で，ある現場までの運搬距離は変わらないが，渋滞などにより運搬時間は異なる．
例えば，一般の β は 1 cm，渋滞時は 2 cm とするといった工夫が必要．

⇔　筒先スランプの目標値(18 cm)に，スランプの低下分 β を加えた値が荷卸し時スランプの目標となる．配管長さ，外気温の変化などで補正分 α の値を変えるとよい．
例えば，配管の長い打ち始めは β は 2 cm，短くなったら 1 cm とするといった工夫が必要．

⇔　ここを基準に考え，筒先でスランプ 18.0 cm となるようにする．

解説図 4.11　筒先でのスランプの値を基準とした場合の各作業工程でのスランプ

に幅をもたせる必要がある．

　また，工場出荷時の目標スランプは，荷卸しでのスランプの値（$18+\beta$）cm に運搬時間によるスランプ低下分（α）を加えたものとなる．運搬ルートを変更しなければレディーミクストコンクリート工場と施工現場の距離が変わることはないが，同じルートを走行しても渋滞などが起これば運搬時間は変わってくる．つまり，β と同様に，運搬時間によるスランプ低下分（α）の値も時々刻々と変わるのである．

　このような設定でコンクリートを調合する場合，練上がりでの目標スランプの値は $18+\alpha+\beta$ とする必要がある．筒先でのスランプの値をより目標値に近づけたければ，同じ水セメント比ではあるが，練上がり時と荷卸し時のスランプの値が異なる調合を数種類準備し，1日の中で使い分ければよいことになる．しかし，この方法を実務に適用すると，α と β に関するレディーミクストコンクリート工場と施工現場の情報伝達量は膨大になり，不具合のもととなりかねない．荷卸し時のスランプ管理値も変わっていくので，そのようなことに起因する管理ミスも懸念される．

　筒先でのスランプの値を目標としてコンクリートを製造・管理するのは理想的ではあるが，前述したように実施することは難しい．そこで，今回の改定では，解説図 4.12 に示す荷卸し時のスランプの値を基準とする方法についても規定することとした．解説図 4.12 のように考えた場合，コンクリートポンプで圧送すると，筒先でのコンクリートのスランプは，荷卸しでのスランプの値 18 cm から圧送によるスランプ低下分（β）を差し引いたものとなる．前述した本会「コンクリートポンプ工法施工指針・同解説」で許容している最大値（2 cm）で考えれば，筒先のコンクリートはスランプ 16 cm 程度となる．もちろん，荷卸し時のスランプには許容範囲があるので，指定スランプ 18 cm で許容される下限で考えれば施工現場はスランプ 15.5 cm のコンクリートまでは受け入れることになる．この場合の筒先でのスランプの値は 13.5 cm 程度となるので，設計者がこの値が小さいと感じた場合には，特記するスランプの値をもう少し大きく設定するとよい．

　また，工場出荷時の目標スランプは，荷卸しでのスランプの値 18 cm に運搬時間によるスランプ低下分（α）を加えたものとなる．本来，スランプ低下分（α）の設定は現場ごとに渋滞の

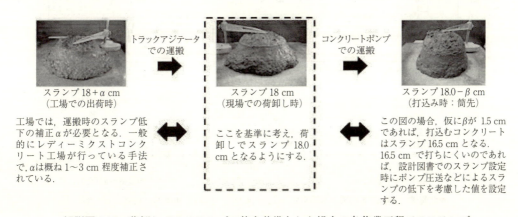

解説図 4.12 荷卸しでのスランプの値を基準とした場合の各作業工程でのスランプ

影響なども考慮しながら定めるべきであるが，実務的には出荷する全ての現場が目標スランプの許容値に収まるような値で割増しされていることが多い．今回の改定にあわせて行ったアンケートの結果では，スランプ18 cmの場合，解説表4.10に示すように，スランプの割増しの最多回答は1.0 cmであった．また，解説図4.13に示すように，運搬時間や季節により割増しの値を変化させている工場もあり，その場合には，スランプの割増しの値を，運搬時間が長いと大きくし，また，夏期は大きく，冬期は小さくしている．実務的には，最大で概ね3 cm程度のスランプ低下分（α）を見込んでおけば，荷卸し時に目標スランプ程度となるコンクリートを供給できているようである．

荷卸し時のコンクリートが目標の品質になるように，コンクリートの調合計算を考えていくイ

解説表4.10　各工場が設定しているスランプの割増し（アンケート調査による）

	標準期			夏期			冬期		
	AE減水剤	AE減水剤（高機能）	高性能AE減水剤	AE減水剤	AE減水剤（高機能）	高性能AE減水剤	AE減水剤	AE減水剤（高機能）	高性能AE減水剤
平均値	1.24	1.11	1.01	1.82	1.72	1.48	1.00	1.06	0.96
最頻値	1.0	1.0	1.0	1.0	1.0	1.0	1.0	1.0	1.0
N	34	35	52	32	35	51	29	35	48

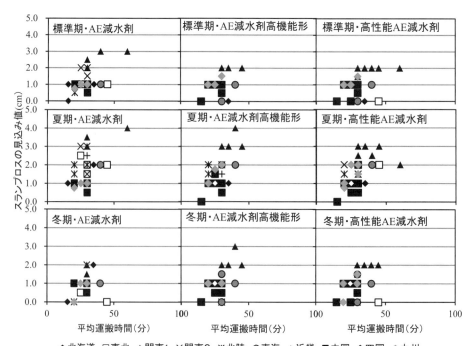

解説図4.13　各工場が設定しているスランプの割増し（アンケート調査による）

メージの一例を解説図 4.14 に示す．調合計算の手順としては，まず現場での荷卸し時のスランプを想定した最適調合を検討し，次に工場出荷時の修正調合を考える．修正調合の考え方は，1 つは，旧来から行われてきた，単位水量を増加させ，細骨材率などを調整した修正調合を作る方法である．この方法は，調合計算に関する深い知識が要求されるうえ，単位水量を増加させるといった修正前の調合と物性が変化するような調整も行うことになる．もう一つの方法は，近年普及してきた，運搬時のスランプや空気量の変化が少ないことを特徴とする高機能タイプの AE 減水剤を利用する方法である．この方法であれば，適切な化学混和剤を選定するだけでよく，コンクリートの単位水量などを再設定する必要もなく，修正前の調合とほぼ同じ物性のコンクリートを得ることができる．

スランプ 20 cm 程度
（工場での出荷時）

②a　化学混和剤の添加量を増加して運搬時のスランプ
　　　低下分などを補う

スランプ 18 cm
（現場での荷卸し時）

①　試験によってスランプの値などが管理される荷卸し時の
　　スランプのコンクリートを最適化するように調合計算する

スランプ 20 cm 程度
（工場での出荷時）

②b　水セメント比を固定したまま，単位水量の増，細骨材率
　　　の調合修正を行い運搬時のスランプ低下分などを補う

解説図 4.14　荷卸し時のスランプのコンクリートを最適化するように調合計算した時の工場出荷時コンクリートのスランプ調整方法の例

b．コンクリートの材料分離の度合いは，レディーミクストコンクリート工場から工事現場までの運搬および工事現場内における圧送によって変化する．コンクリートが一度分離すると均質な構造体コンクリートを施工することは難しくなるため，材料分離の度合いの変化を考慮したう

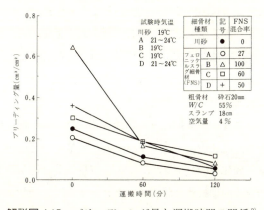

解説図 4.15　ブリーディング量と運搬時間の関係[3]

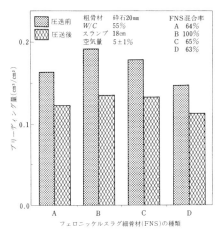

解説図 4.16 圧送前後のコンクリートのブリーディング量の変化[3]

えで荷卸し時および打込み時に要求される分離抵抗性が得られるように練上がり時の分離抵抗性を定めることが必要である．ただし，粗骨材の分離については，規準化された試験方法がないため，具体的に数値化して評価することが難しい現状にある．運搬時間がブリーディングに及ぼす影響およびポンプ圧送がブリーディングに及ぼす影響の一例を，解説図 4.15 および解説図 4.16 に示す．

4.4 練上がり時の空気量

> a．コンクリートの練上がり時の空気量は，運搬および圧送中の変化を考慮して，荷卸し時または打込み時に所要の目標空気量が得られるように定める．
> b．良好なワーカビリティーを得るための空気量は，普通コンクリートでは 4.0〜4.5%，軽量コンクリートでは 5.0%，高強度コンクリートでは 2.0〜3.0% を目標とする．
> c．耐凍害性を得るための所要の気泡間隔係数に応じる空気量は，試験または信頼できる資料による．通常の場合は，普通コンクリートでは 4.5%，軽量コンクリートでは 5.0% を標準とする．

a．スランプなどと同様に，コンクリートの空気量も，練上がり時に製造工場で測定した値から，工事現場までの運搬，工事現場内での圧送といった作業が進んだり，時間の経過につれて少しずつ変化する．コンクリートの空気量は，フレッシュコンクリートのワーカビリティーだけでなく，硬化コンクリートの圧縮強度や凍結融解作用に対する抵抗性などにも影響する重要な調合要因である．したがって，本来は，型枠内に打ち込まれた後に，コンクリート中に所要の空気量が確保されていることが望ましいことになる．

型枠内に打ち込んだコンクリートは打込み時に巻き込んだ空気が残らないように十分に締め固めることが基本であるため，硬化後のコンクリートの空気量は，打込み時よりも増加しないと考えることが一般的である．硬化後のコンクリートの空気量は，打込み時とほぼ同等になることを前提とした場合，重要となるのは打込み時のコンクリートの空気量となる．したがって，調合されるコンクリートの目標空気量の値は，練り上がった時ではなく，打ち込む時を基本として考え

ることになる．一方，スランプなどと同様に，建築工事では，煩雑になりがちな打込み場所での空気量試験を避け，荷卸し場所で空気量試験を行うことを基本としている．一般に，特記仕様などに書かれている目標空気量の値は，荷卸し時に受入検査として管理される値を示しており，打込み時の値を示していることは少ない．したがって，練上がり時のコンクリートの空気量は，各作業工程での空気量の低下などを見込んだものとし，荷卸し時または打込み時に目標空気量が得られるように定めることとした．

トラックアジテータでの運搬中の空気量の変化は使用材料や運搬条件などによってさまざまであるが，一般的には減少することが多いと考えられている．解説図 4.17 は運搬時のコンクリート中の空気量の変化を調査したものであるが，大まかには運搬によって空気量が減少する傾向にあることが読み取れる．また，解説図 4.18 に示すように，今回の改定にあわせて行ったアンケートの結果では，75％のレディーミクストコンクリート工場が，工事現場への運搬中に減少すると見込んで割り増している空気量を 0.5％ と回答している．このアンケートの結果を見る限り，スランプと同様に，運搬時間による空気量の減少を (α) として見込むとすれば，0.5％ 以内の範囲で設定すれば概ね問題ないと考えられる．

また，場内運搬でコンクリートポンプを用いて圧送する場合には，圧送前後で空気量の変化が

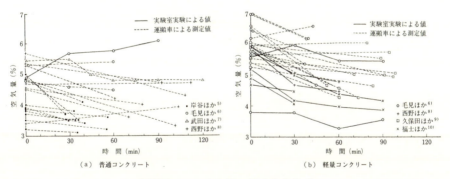

解説図 4.17 空気量の経時変化[4]〜[9]

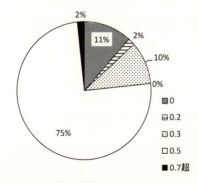

解説図 4.18 各工場が設定している空気量の割増し
（アンケート調査による）

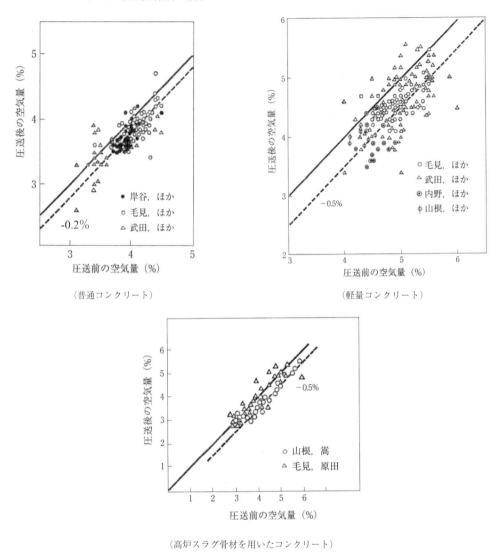

解説図 4.19　ポンプ圧送による空気量の変化[10]

生じる．解説図 4.19 は圧送前後のコンクリートの空気量の比較を行ったものであるが，大まかには圧送によって空気量が減少する傾向にあることがわかる．また，圧送による空気量の減少は，普通コンクリートではほとんどなく，軽量コンクリートおよび高炉スラグ砕石コンクリートでは 0.5% 程度である．調合計画時に，ポンプ圧送による空気量の減少を（β）として見込むとすれば，0.5% 以内の範囲で設定すれば概ね問題ないと考えられる．

なお，昨今の研究では解説図 4.20 に示すように，ブリーディング水に運ばれることによって打込み後のコンクリートの空気量が減少することなども報告[11]されている．セメントの種類などブリーディングの違いによって空気量の減少の程度は異なるが，普通ポルトランドセメントを使用した場合でも若干の空気量の減少が認められている．激しい凍結融解作用を受けるような部位

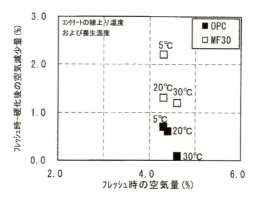

解説図 4.20 フレッシュコンクリートと硬化コンクリートの空気量の比較例[11]

に適用する場合には，硬化後の空気量が確保できるように荷卸し時の目標空気量を少し高く設定することなども考えられる．

b．空気量は，フレッシュコンクリートのワーカビリティーに大きな影響を及ぼす．AE剤を用いて微細な空気を混入すると，セメントペースト中に含まれる微細な連行空気泡が，外力に対して一種のクッション作用をして骨材間の接触抵抗を減らすため，フレッシュコンクリートの変動性が改善するといわれている．連行空気量を増すことで，ほぼそれに比例してコンクリートの単位水量を減じることができ，また，c項にあるように微細な空気を混入することにより，耐凍害性も向上する効果も期待できる．一方，空気を1%混入することにより，コンクリートの圧縮強度は約4%低下する．解説図4.21に示すように，空気量が6%程度以上になると，それ以上空気量を増してもフレッシュコンクリートの品質はそれほど改善されなくなり，逆に硬化後の圧縮強度の低下および乾燥収縮率の増加をもたらすなど，耐凍害性以外の耐久性を低下させるようになる．以上のように適度な空気量を設定することが重要であり，本指針では，ワーカビリティーを得るための空気量の目標を普通コンクリートでは4.0〜5.0%，軽量コンクリートでは5.0%としている．一般強度のコンクリートでは，適度な連行空気量とすることによるメリットが大きいことから，現在，我が国の一般のコンクリートのほとんどが，AE剤またはAE剤を含む化学混和

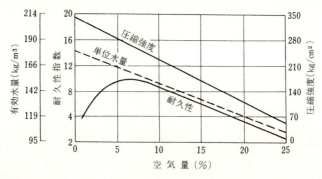

解説図 4.21 空気量に対する圧縮強度，耐久性および単位水量の関係[12]

剤が使用されたコンクリートとなっている．

　一方，高強度コンクリートでは，空気量が増えるほど圧縮強度が低下することから，強度発現の観点からは空気量は少ないほうがよい．ワーカビリティーに関しても，高強度コンクリートには分散性の高い高性能減水剤を用い，高い流動性を得ることができるため，一般強度のコンクリートのようにワーカビリティーの向上を目的として空気量を導入する必要がない．したがって，ワーカビリティーの観点から，高強度コンクリートの空気量は，一般強度の空気量よりも少ない2.0～3.0％を目標としている．

　　ｃ．適切な空気を連行したAEコンクリートとすることがコンクリートの凍害対策の基本である．良質な独立気泡を導入するためには，混和剤として良質なAE剤，AE減水剤あるいは高性能AE減水剤を用いなければならない．コンクリートの凍害は，空気量よりも気泡間の間隔の指標である気泡間隔係数との相関性が高い．しかし，良質なAE剤を用いた一般のコンクリートでは，同じ空気量の場合の気泡間隔係数の差は少なく，ここでは空気量のみを規定している．なお，骨材などが耐凍害性に劣る場合や気泡間隔係数が大きくなるコンクリートの場合は，空気量を多めに設定する必要があり，空気量の下限値も大きくなる．

　空気量と耐久性指数の関係を解説図4.22に示す．水セメント比によって多少の違いはあるが，水セメント比が42～65％の一般強度のコンクリートでは，空気量が3.5～4％以下となると耐凍害性に劣る傾向となることがわかる．耐凍害性は，使用材料や調合条件，環境条件等で異なるため，試験または信頼できる資料によるのがよいが，本指針では，通常の場合は，空気量の変動も考慮して，目標空気量は普通コンクリートでは4.5％，軽量コンクリートでは5％を標準としている．

　水セメント比が25～37％の高強度コンクリートでは，空気量が2％程度まで少なくても耐凍害性に優れる結果が示されており，空気量の下限値を低めに設定できるものと考えられる．室内試験では，一般に高強度コンクリートは水セメント比が小さくなるのに伴い耐凍害性は向上するが，しかし一方で，屋外暴露後に凍結融解試験を行うと，耐凍害性が大きく低下し，これは暴露中に生じた微細ひび割れが影響している可能性が指摘[14]されている．本会「高強度コンクリー

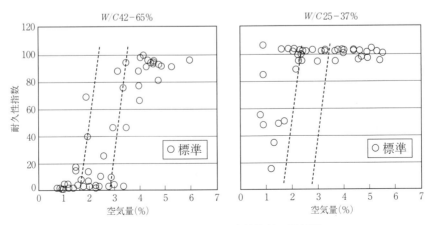

解説図4.22　空気量と耐久性指数の関係[13]

ト施工指針・同解説（2013）」においても，寒冷地において激しい凍結融解作用を受ける部分に使用するコンクリートの空気量の目標値は4.5%を標準としている．信頼できる資料等を参考に適切に空気量を設定するとよい．

なお，平成12年に施行された「住宅の品質確保の促進に関する法律」（以下，品確法）に係る，平成13年国交省告示1347号では，コンクリートの品質として，「沖縄県その他日最低気温の平滑平年値の年間極値が0℃を下回らない地域以外の地域にあっては，コンクリート中の空気量が4%から6%までであること．ただし，凍結融解作用によってコンクリートに有害な影響を生じさせないよう，コンクリート中の含水率を高くしない措置その他の有効な措置を講じた場合にあっては，この限りでない．」としている．

4.5 練上がり時の容積

> コンクリートの練上がり容積は，運搬および圧送中の空気量の変化を考慮して，荷卸し時または打込み時に所要の練上がり容積が得られるように定める．

練上がり時のコンクリートの容積が予定よりも少ないと，計画どおりに型枠内に充填することができないため，荷卸し時または打込み時にコンクリートが所定の容積であるかどうかは重要な問題である．建築工事に一般に使用されるレディーミクストコンクリートでは，JIS A 5308（レディーミクストコンクリート）において「荷卸し地点で納入書に記載した容積を下回ってはならない」と規定されており，レディーミクストコンクリート工場は，練上がり時の容積を数パーセント割増しすることで容積を保障していることが多い．

解説図4.23に，計画調合と実施調合のコンクリートの容積と空気量の関係を示す．コンクリートの練上がり時の容積が計算上より少なくなる原因としては，計量や材料の密度の誤差や，運搬車のドラム等への付着，コンクリート中の空気量の違いなどが考えられる．計量や密度の誤差は比較的影響が小さく，ドラム等への付着量は経験的に想定できるが，コンクリート中の空気量

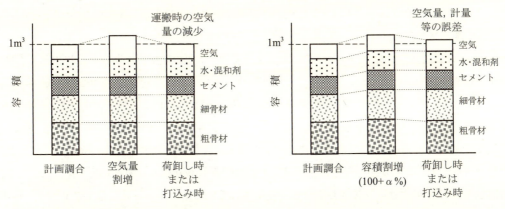

(a) 空気量保障のための練上がり空気量の割増し　　(b) 容積保障のための練り混ぜ量の割増し

解説図4.23　計画調合と実施調合におけるコンクリートの容積と空気量

が想定値を外れると直接的に容積の誤差となる．したがって，荷卸し時に目標どおりの空気量となるように，適切な空気量を導入し，かつ空気量の変化量を適切に想定することが重要である．少なくとも，運搬中に空気量が許容値の下限値まで変化したとしても，所定の容積を確保できるように練上がり時の容積を定める必要がある．空気量の連行のしやすさや，空気量の変化量は，骨材の状態や温度（季節），コンクリートの調合，運搬方法等によって異なるため，事前にこれらの影響が空気量の変化に及ぼす影響を把握しておくとよい．

4.6 水セメント比または水結合材比

> 水セメント比または水結合材比は，コンクリートに要求される品質や性能に応じて，次の（1）～（3）のうち必要な条件を満足する値以下とする．
> （1） 長期優良住宅の普及の促進に関する法律あるいは住宅の品質確保の促進等に関する法律に適合するための「日本住宅性能基準」に示された等級に応じた水セメント比または水結合材比の最大値．
> （2） 水密性を確保するための JASS 5 の水密コンクリートの仕様に規定する水セメント比の最大値．
> （3） 流動性の高いコンクリートにおいて材料分離抵抗性を確保するために，セメント量や結合材量の最小値を定めた場合の，セメント量や結合材量に応じる水セメント比または水結合材比の最大値．

　水セメント比または水結合材比は，コンクリートの品質や性能，例えば，強度，耐久性，水密性，材料分離抵抗性の指標となり，コンクリートの各種調合指標のなかでも，コンクリートの品質や性能を決定づける最も重要な指標の1つである．

　水セメント比または水結合材比は，所要の圧縮強度や耐久性（中性化速度係数，塩化物イオン拡散係数）等が得られるように決定すればよい．しかしこれとは別に，「長期優良住宅の普及の促進に関する法律」（以下，長期優良住宅法）や「住宅の品質確保の促進等に関する法律」（以下，品確法）に係る国土交通省の告示，JASS 5，本会の指針類および各種仕様書類によって，上限値が規定されている．これらの規定は，主として耐久性，水密性，材料分離抵抗性の観点からによるものであり，以下に水セメント比および水結合材比の最大値の規定について解説する．

　（1） 耐　久　性

　平成11年に住宅の品確法が施行され，新築住宅の10年間の瑕疵担保期間の義務化とともに，住宅性能表示制度（任意）がスタートした．鉄筋コンクリート造の新築住宅の劣化軽減に関しては，コンクリートの中性化による鉄筋の発錆および凍結融解作用によるコンクリートの劣化に対する対策等級について表示を行うことになっている．劣化対策の評価方法基準として，平成13年国土交通省告示第1347号「評価方法基準」が示され，中性化による鉄筋の発錆については，材料および部位ごとにかぶり厚さと水セメント比の組み合わせにより劣化対策が採られている．解説表4.11に，劣化対策等級3および2に規定されている水セメント比の最大値を示す．中庸熱ポルトランドセメントまたは低熱ポルトランドセメントを使用する場合を除き，かぶり厚さを1cm増すことで水セメント比の最大値を5%大きくすることができる．また，軽量コンクリー

解説表 4.11 劣化対策等級 3 および 2 に規定されている水セメント比の最大値

劣化対策等級	セメントの種類	最小かぶり厚さ[*1]	水セメント比[*2]の最大値
3	JIS R 5210 JIS R 5211 JIS R 5213	（イ）	50%（軽量コンクリートは 45%）
		（ロ）	55%（軽量コンクリートは 50%）
2	JIS R 5210 JIS R 5211 JIS R 5213	（イ）	55%（軽量コンクリートは 50%）
		（ロ）	60%（軽量コンクリートは 55%）

[注] ＊1：最小かぶり厚さは下表の（イ），（ロ）のとおり．ただし，中庸熱ポルトランドセメントまたは低熱ポルトランドセメントを使用する場合の最小かぶり厚さは（イ）の場合のみとする．

			最小かぶり厚さ	
			（イ）	（ロ）
直接土に接しない部分	耐力壁以外の壁又は床	屋内	2 cm	3 cm
		屋外	3 cm	4 cm
	耐力壁，柱，はり又は壁ばり	屋内	3 cm	4 cm
		屋外	4 cm	5 cm
直接土に接する部分	壁，柱，床，はり，基礎ばり又は基礎の立上り部分		4 cm	5 cm
	基礎（立上り部分及び捨てコンクリートの部分を除く）		6 cm	7 cm

[注] 外壁の屋外に面する部位にタイル張，モルタル塗，外断熱工法による仕上げその他これらと同等以上の性能を有する処理が施されている場合にあっては，屋外側の部分に限り，（ろ）項に掲げる最小かぶり厚さを 1 cm 減ずることができる．

＊2：フライアッシュセメントを使用する場合にあっては混合物を除いた部分を，高炉セメントを使用する場合にあっては混合物の 10 分の 3 を除いた部分をその質量として計算する．

トにあっては 5% 小さくした値となる．劣化対策等級 1 においては水セメント比の規定はなく，構造安全性確保のための強度の規定があるのみである．

なお，ここでの水セメント比の算出にあたっては，フライアッシュセメントを使用する場合にあっては混合物を除いた部分を，高炉セメントを使用する場合にあっては混合物の 10 分の 3 を除いた部分をその質量（すなわち，高炉スラグの分量に 0.7 を乗じてセメント量に換算する）として用いることが規定されている．すなわち，混合セメントあるいは混和材料を結合材として用いるコンクリートを使用する場合，品確法において等級 2 あるいは等級 3 を取得するためには，セメント量を確保する，あるいは水セメント比を小さくする必要がある．

また，長期優良住宅法に係る平成 21 年国交省告示第 209 号により，長期使用構造等とするための措置および維持保全の方法の基準が示された．コンクリート関連では，長期使用構造等とす

るための措置（構造躯体等の劣化対策）として，前述した平成12年国交省告示第1347号の劣化対策等級3において示されているコンクリートの水セメント比よりも5%引き下げる技術基準が示されている．

一方，本会のJASS 5では，建築物で主要な劣化である中性化について圧縮強度との関係を求め，計画供用期間に対する耐久設計基準強度を設定することで確保している．本指針においては，2章により，所要の中性化抵抗性および塩化物イオン浸透抵抗性を確保するための水セメント比を求め，これに対応する圧縮強度以上とするか普通ポルトランドセメントを使用する場合にはJASS 5における耐久設計基準強度を満足するようにすることで耐久性を確保している．

（2） 水　密　性

JASS 5の23節「水密コンクリート」には，特に高い水密性や漏水に対する抵抗性が要求されるコンクリートの仕様が示されている．

JASS 5においてコンクリートの透水性を低減して水密性を確保する場合，コンクリートは密実なものとし，乾燥収縮ひび割れ，ブリーディングによる水みちや骨材下面の空隙，および空気量が，有害な量とならないようにすることで水密性を確保する．

2章5節にも記述したが，水密性は透水係数によって表され，透水係数と水セメント比には相関関係がある．そのため，調合においては，水セメント比，単位水量，単位粗骨材量，乾燥収縮率に言及し，特に水セメント比については，50%以下にするよう定められている．

（3） 材料分離抵抗性

フレッシュコンクリートの流動性が高い高流動コンクリートは，所要の強度を満足することのほか，材料分離を起こさないような性質をもつことが要求される．

フレッシュ時の材料分離抵抗性を高めるために，調合において粉体量を多くしたり，分離低減剤を用いてモルタルの粘性を高める．そのため，材料分離抵抗性を確保するために，セメント量や結合材量の最小値が定まることが考えられる．

また，流動性だけ高めようとすると，その結果硬化後の品質が劣るコンクリートが出来る可能性があるため，必要な圧縮強度およびヤング係数が得られるようなセメント量や結合材量に応じるセメント量または水結合材比の最大値を定める必要がある．

本会の高流動コンクリート研究小委員会の実験結果によると，単位粗骨材かさ容積が小さいほど，水結合材比が小さいほど間隙通過性は良好となることが確認されており，逆に単位粗骨材かさ容積が大きく，水結合材比が大きいコンクリートで適量の分離低減材を用いていない場合には分離する傾向が認められている．そのため，JASS 5では，高流動コンクリートの高性能化という観点から，水結合材比の最大値を原則50%としている．ただし，水結合材比を50%以下に限定しない方が望ましい場合もあり，このような場合は，信頼できる資料または試験などにより目標とする品質において問題がないことを確かめ，水結合材比の最大値を55%としている．

4.7 単位水量の最大値

> 単位水量は，コンクリートに要求される性能に応じて，次の（1），（2）の条件を満足する値以下とする．
> （1） 乾燥収縮が過大にならないように抑制するために，原則として 185 kg/m³ 以下とする．
> （2） ブリーディングが過大にならないように抑制するために，標準として 185 kg/m³ 以下とする．

JASS 5 では，コンクリートの乾燥収縮ひずみの抑制を主目的として，1986 年版以降，単位水量を 185 kg/m³ 以下と定めてきた．これは，解説図 4.24 からわかるように，普通ポルトランドセメントおよび天然骨材を用いたコンクリートでは，単位水量を 185 kg/m³ 以下とすれば，コンクリートの乾燥収縮ひずみを 8×10^{-4} 以下に概ね抑制できる，との経験的な事実に基づくものである．ただし，この単位水量の上限値は，コンクリートの乾燥収縮ひずみが極端に過大とならないことを保証する程度のものであり，以下にその理由を示すように，どのような調合・使用材料であっても，この値を満たせば，コンクリートの乾燥収縮率が 8×10^{-4} 以下になることを担保するものではない．乾燥収縮が過大にならないように抑制する必要がある場合は，調合設計にあたっては，コンクリートの使用材料などに応じて，使用するコンクリートが所要のワーカビリティーが得られる範囲で，なるべく少ない単位水量とし，185 kg/m³ 以下であることを確認することが重要となる．

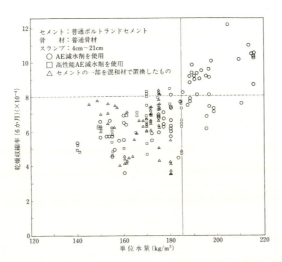

解説図 4.24 単位水量とコンクリートの乾燥収縮ひずみ（6 か月）の関係

コンクリートの乾燥収縮は，基本的にはセメントペーストの乾燥収縮に関わるところが大きく，そのメカニズムは，毛細管張力説，分離圧説，表面張力説，層間水移動説などの理論により説明されている[15]．また，いずれの説の場合も，セメントペーストの乾燥収縮に対しては水量が影響すると考えられており，セメントペーストの乾燥収縮ひずみを実測すると，その値は，解説図 4.25 に示すように，水量が多いほど（すなわち，セメントペーストの水セメント比が大きいほど）大きくなる．ただし，この事実をもってして，コンクリートレベルで「コンクリートの単位水量が多いほど乾燥に伴う水分逸散量が多くなるので，コンクリートの乾燥収縮ひずみが大き

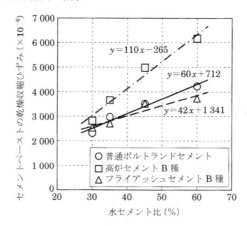

解説図 4.25 セメントペーストの乾燥収縮ひずみと水セメント比の関係[16]

くなる」という単純なものではなく，コンクリートレベルでの単位水量と乾燥収縮ひずみの関係を理解するためには，複合理論などの別の考え方が必要となる．

コンクリートに乾燥収縮が生じる際には，セメントペーストが大きく収縮するが，骨材もやはり収縮する．ただし，骨材の乾燥収縮ひずみは，通常，セメントペーストに比べてかなり小さいため，実質的には，骨材は，相対的に，セメントペーストの収縮を拘束する役割を担うことになる．このような観点からの巨視的な理論として複合理論があり，多くの研究者によって種々のモデルが提案されている[17]．この理論は，コンクリートをセメントペーストと骨材から成る2相材料と見なし，その乾燥収縮を各相の乾燥収縮の複合と考えるものである．また，以下に，乾燥収縮の代表的な複合理論モデルである馬場式[17]（(解4.6)式）を示す．同式からわかるように，複合理論では，通常，乾燥収縮ひずみに対する影響因子を，セメントペーストおよび骨材の乾燥収縮ひずみおよびヤング係数と，骨材体積比（コンクリートに占める骨材の体積比率）の5つとしている．

$$\frac{\varepsilon_{sc}}{\varepsilon_{sm}} = \frac{[1-(1-mn)V_a][n+1-(n-1)V_a]}{n+1+(n-1)V_a} \qquad (解4.6)$$

ここに，$n = E_a/E_m$

$m = \varepsilon_{sa}/\varepsilon_{sm}$

ε_s：乾燥収縮ひずみ

E：ヤング係数（kN/mm^2）

V_a：骨材体積比

また，添字 c, m, a は，それぞれコンクリート，セメントペースト，骨材を示す．

以上からわかるように，複合理論では単位水量を主因と位置づけていない．また，解説図4.26に（解4.6）式によるコンクリートの乾燥収縮ひずみの計算結果の一例[16]を示す．水セメント比が一定の場合，単位水量を低減すると，コンクリート中のセメントペースト量が減少し，その結果として骨材（細骨材＋粗骨材）量が増加することになる．そして，それに伴い，解説図4.26

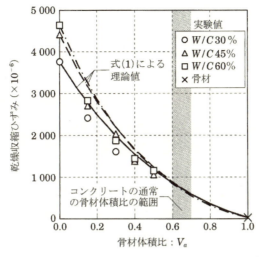

解説図 4.26 乾燥収縮ひずみと骨材体積比の関係[16]

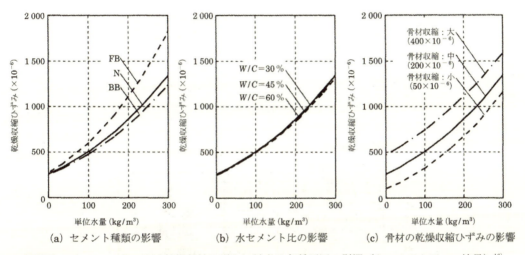

(a) セメント種類の影響　　(b) 水セメント比の影響　　(c) 骨材の乾燥収縮ひずみの影響

解説図 4.27 コンクリートの乾燥収縮ひずみに対する各種要因の影響（ケーススタディー結果）[16]

中のセメントペースト（$V_a=0$）と骨材（$V_a=1$）の乾燥収縮ひずみの間を結ぶ理論曲線に沿って乾燥収縮ひずみが低減することになる．すなわち，単位水量は，コンクリートの乾燥収縮ひずみを考えるうえで，本質的には，骨材量の変化に伴って変動する副次的な要因であると理解するとわかりやすい．

解説図 4.27 は，複合理論の（解 4.6）式を用いてコンクリートの乾燥収縮ひずみに対する各種要因の影響を検討したケーススタディーの結果[16]を示したものである（標準ケースは，N 使用，水セメント比 60％，骨材収縮：中）．同図からわかるように，単位水量が大きく変化すると，コンクリートの乾燥収縮ひずみは変動する．ただし，建築用コンクリートの一般的な単位水量の範囲を仮に 165〜185 kg/m³ 程度とすると，その範囲に対応する乾燥収縮ひずみの差は 80×10^{-6} 程度（標準ケースに対する計算値）であり，実用の範囲での単位水量の影響は大きいとはいえな

い.それよりも,セメント種類や骨材の乾燥収縮ひずみの影響の方がはるかに大きい.このことから,使用するコンクリートの乾燥収縮率を目標値以下とするためには,本節の解説の冒頭で述べたように,コンクリートの使用材料を適切に選定し,極端に大きな単位水量にならないようにすることが重要である.

なお,解説図4.27(b)によると,コンクリートの乾燥収縮ひずみは,単位水量が同一の場合,水セメント比にかかわらずほぼ一定となっている.セメントペーストの乾燥収縮ひずみが水セメント比が大きいほど増大するにもかかわらず〔解説図4.25参照〕,コンクリートレベルでこのような結果となるのは,水セメント比の増大に伴って単位セメント量が減少した分だけ骨材量が増加し,それに応じた収縮拘束効果が生じるためである〔解説図4.26参照〕.

コンクリートのブリーディングは,一般的には,単位水量が多いほど,水セメント比が大きいほど,また,骨材の細粒分を含むペースト相の粘性が小さいほど多くなる.したがって,単位水量を減少させる,水セメント比または水結合材比を小さくする,粉末度の高いセメント(結合材)や細粒分の多い細骨材を使用することなどにより,ブリーディングを抑制することができる.特に単位水量に関しては,解説図4.28に示す室内試験結果からわかるように,単位水量を185 kg/m³以下とすれば,ブリーディング量を,JASS 5における水密コンクリートや凍結融解作用を受けるコンクリート(水平面で凍害が想定される場合)に対する既定値である0.3 cm³/cm²以下に概ね抑制することができる.このことから,本指針では,ブリーディングが過大にならないように抑制するための単位水量の標準値を,乾燥収縮率を抑制する場合と同様に185 kg/m³以下とした.

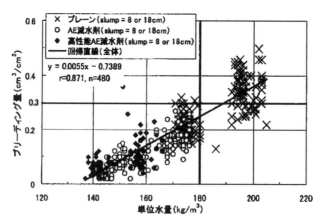

解説図4.28 ブリーディング量と単位水量の関係[17]

4.8 単位セメント量または単位結合材量の最小値と最大値

> 単位セメント量または単位結合材量は,コンクリートに要求される性能に応じて,次の(1),(2)の条件を満足する範囲とする.
> (1) 運搬および圧送時に必要な材料分離抵抗性を確保するための単位結合材量[注]は,一般のコンクリートの場合は270 kg/m³以上,水中コンクリートの場合は330 kg/m³以上とする.

（2）　水和熱によるひび割れの発生の危険性を少なくするための単位セメント量は，450 kg/m³ 以下とする．
[注]　この場合の単位結合材料は，単位粉体量でもよい．

　コンクリートの単位セメント量または単位結合材量は，圧縮強度や耐久性を確保するために必要な水セメント比または水結合材比と，目標とするスランプを得るために必要な単位水量とから，結果として計算により算出される．しかし，水セメント比や水結合材比では決まらない性能項目も存在することから，本節では単位セメント量または単位結合材量の下限値をおよび上限値を定めている．

　解説表 4.12 は，本会の各種の仕様書・指針における単位セメント量に関する規定をまとめたものである．これらの仕様書および指針類では単位セメント量の下限値を設定する理由として，単位セメント量が過小だとコンクリートのワーカビリティーが悪くなり，型枠内へのコンクリートの充填性の低下，豆板，す，打継ぎ部の欠陥の発生，水密性・耐久性の低下などを招きやすいことを挙げている．コンクリートの運搬時や圧送時にはコンクリートが材料分離を起こさないようにする必要があり，そのためにはコンクリートに適度な粘性が必要で，一定量の粉体量を確保する必要がある．一方でマスコンクリートのように水和熱が問題となる場合は，単位セメント量はできるだけ小さい値とする必要があり，JASS 5 の 21 節では，マスコンクリートに対しては単位セメント量の最小値の規定を適用しなくてよいとしている．本指針では，運搬時や圧送時にフレッシュコンクリートの性状が良好であれば，適切に施工することで品質が確保できるという前提のもと，運搬および圧送時に必要な単位セメント量について仕様書および指針類と同様の規定値を設けている．

　一般コンクリートで単位セメント量が必要以上に多いと，経済性が悪いうえ水和熱の増大や収縮の増大など品質も懸念される．このことから，本会「高耐久性鉄筋コンクリート造設計施工指針（案）」および「鉄筋コンクリート造建築物の収縮ひび割れ制御設計・施工指針（案）・同解説」では，単位セメント量の上限値を 450 kg/m³ と規定している．高強度コンクリートは，単位セメント量の上限値は特に定めていないが，必要な強度とワーカビリティーが得られる範囲でなるべく少なくすることにしている．マスコンクリートは，水和熱が小さく温度ひび割れの抑制の観点からは単位セメント量が少ないほどよい．本会「マスコンクリートの温度応力ひび割れ制御設計・施工指針（案）・同解説」(2008) では，個別に性能設計によって検討されることが多いこともあり，特に単位セメント量の上限値は定めていないが，なるべく小さい値とすることが規定されている．

　本指針では，使用するコンクリートの水和熱のひび割れ抑制に対する性能を，断熱温度上昇量で表し，これはセメントの種類に応じた発熱特性と単位セメント量または単位結合材量から決まる．単位セメント量または単位結合材量が多いと水和熱による温度上昇量が大きくなるため，ひび割れの発生を抑制するためには過大な単位セメント量または単位結合材量にならないように上限値を設けておくことが望ましい．設計基準強度 36 N/mm²，呼び強度 42 のコンクリートの一般的な水セメント比は 38～40% 程度であり，施工性を確保するために必要な単位水量が 170～

解説表 4.12 単位セメント量または単位結合材量に関する本会の各種仕様書・指針における規定

仕様書および指針名称	コンクリートの種類	単位セメント量または単位結合材量の規定	制定・改訂年
高耐久性鉄筋コンクリート造設計施工指針（案）	普通コンクリート	290 kg/m³ 以上 450 kg/m³ 以下	1991
	軽量コンクリート	320 kg/m³ 以上 450 kg/m³ 以下	
高性能 AE 減水剤コンクリートの調合・製造および施工指針・同解説	普通コンクリート	290 kg/m³ 以上	1992
	軽量コンクリート	320 kg/m³ 以上（解説に Fc27 超は 340 kg/m³ 以上）	
高流動コンクリートの材料・調合・製造・施工指針（案）・同解説	—	JASS 5 による	1997
銅スラグ細骨材を用いるコンクリートの設計施工指針（案）・同解説	—	JASS 5 による	1998
フェロニッケルスラグ細骨材を用いるコンクリートの設計施工指針・同解説	—	JASS 5 による	1998
コンクリートの調合設計指針・同解説	—	JASS 5 による	1999
暑中コンクリートの施工指針（案）・同解説	—	JASS 5 による	2000
高炉セメントを使用するコンクリートの調合設計・施工指針・同解説	—	270 kg/m³ 以上	2001
高炉スラグ微粉末を使用するコンクリートの調合設計・施工指針・同解説	—	300 kg/m³ 以上（単位ポルトランドセメント量 200 kg/m³ 以上）	2001
鉄筋コンクリート構造物の耐久設計施工指針（案）・同解説	標準仕様選択型設計法の場合	290 kg/m³ 以上，ただし設計耐用年数 100 年の場合は 320 kg/m³ 以上	2004
鉄筋コンクリート造建築物の収縮ひび割れ制御設計・施工指針（案）・同解説	—	270 kg/m³ 以上 450 kg/m³ 以下	2006
エコセメントを使用するコンクリートの調合設計・施工指針（案）・同解説	—	270 kg/m³ 以上	2007
フライアッシュを使用するコンクリートの調合設計・施工指針・同解説	セメント置換の場合	290 kg/m³ 以上	2007
	砂置換・添加の場合	270 kg/m³ 以上	
マスコンクリートの温度ひび割れ制御設計・施工指針（案）・同解説	—	できるだけ少なく	2008
鉄筋コンクリート造建築物の環境配慮施工指針（案）・同解説	—	できるだけ少なく	2008

建築工事標準仕様書・同解説 JASS 5 鉄筋コンクリート工事	一般仕様のコンクリート		270 kg/m³ 以上	2009
	軽量コンクリート	$F_c \leqq 27$ N/mm²	320 kg/m³ 以上	
		$F_c > 27$ N/mm²	340 kg/m³ 以上	
	水中コンクリート	場所打ちコンクリート杭	330 kg/m³ 以上	
		地中壁	360 kg/m³ 以上	
	マスコンクリート		できるだけ小さい値	
コンクリートポンプ工法施工指針・同解説	—		JASS 5 による	2009
寒中コンクリート施工指針・同解説	—		JASS 5 による	2010
建築工事標準仕様書・同解説 JASS 10 プレキャスト鉄筋コンクリート工事	—		300 kg/m³ 以上	2013
建築工事標準仕様書・同解説 JASS 5 N 原子力発電所施設における鉄筋コンクリート工事	—		原則として 270 kg/m³ 以上	2013
高強度コンクリート施工指針・同解説	—		できるだけ少なく	2013

180 kg/m³ とすれば，単位セメント量は 450 kg/m³ と計算されることから，この値を単位セメント量または単位結合材料の上限値として設定している．

4.9 塩化物イオン量

> 使用するコンクリート中の塩化物イオンは，0.30 kg/m³ 以下とする．ただし，鉄筋腐食を引き起こさないための有効な対策を講じた場合には，0.60 kg/m³ 以下としてよい．

　コンクリート中に塩化物イオンが存在すると，鉄筋の不動態皮膜が破壊されやすくなるとともに，不動態化が妨げられるため，鉄筋腐食が生じる可能性が高くなる．鉄筋腐食に及ぼす塩化物イオンの作用は間接的で，かつ触媒的なものと考えられているが，まだ十分に解明されていない点もある．

　コンクリート中のように，腐食環境が不均一な場合，その状況によってはマクロセルが形成される．これは，一般的な腐食の局部電池（ミクロセル）とは異なり，アノードおよびカソードの両電極の距離が大きいことが特徴である．とりわけ，塩化物イオンが存在する場合には，アノードとカソードの面積比が小さく，鉄筋腐食は孔食（ピッティング）の形態を取ることが多い．

　コンクリート中への塩化物イオンの侵入の経路は 2 つあり，1 つは海砂，練混ぜ水，セメントなどの材料から直接コンクリート中に入ってくるもの（初期塩化物イオン）であり，もう 1 つは構造物が構築されて以降に海水の飛来や海塩粒子がコンクリート表面に付着し，それが吸水や拡散の作用によってコンクリート内部に入ってくるものである．また，道路橋や立体駐車場などで，冬期に凍結防止用に塩化カルシウムなどの融氷剤が散布される場合があり，これがコンクリ

ート中に浸透し，海水の飛沫や海塩粒子による塩害と同様の劣化を引き起こす．

　上記を踏まえ，本規定は，調合設計に際して，コンクリートの初期における塩化物イオン量を規定したものである．コンクリートが置かれる条件によっては，この値に加えてさらに塩化物イオンが浸透してくる可能性があるため，計画調合においては本規定を厳守する．

　使用するコンクリート中の塩化物イオン量は，平成12年建設省告示第1446号「建築物の基礎，主要構造部等に使用する建築材料並びにこれらの建築材料が適合すべき日本工業規格又は日本農林規格及び品質に関する技術的規準を定める件」，およびJASS 5の3.9「耐久性を確保するための材量・調合に関する規定」に準拠する．この告示第1446号の第3に記述される塩化物イオン量にかかわる規定は，次のようになっている．

「塩化物含有量の基準値が，塩化物イオン量として1立方メートルにつき0.3キログラム以下に定められていること．ただし，防錆剤の使用その他鉄筋の防錆について有効な措置を行う場合においては，これと異なる値とすることができる．」

　この規制値は，昭和52年建設省住宅局建築指導課長通達の対砂NaCl 0.04%を基準とし，その他の材料からコンクリートにもたらされる可能性がある塩化物イオン量を加え，以下のように定めたものである．

　コンクリート中の砂（細骨材）量が800 kg/m^{3}として，砂に含まれる塩化物量をCl（kg/m^3）に換算すると，対砂NaCl 0.04%は塩化物イオン（Cl$^-$）量として0.194 kg/m^3（=800×0.04%×35.5/58.5）となる．化学混和剤については，無塩化物タイプを用いるとすると，化学混和剤からの塩化物イオン量は0 kg/m^{3}となる．セメントについては，（一社）セメント協会による試験結果から，普通ポルトランドセメントの塩化物イオン量の最大値0.015%を用い，単位セメント量を350 kg/m^{3}として，コンクリートへの導入量は0.053 kg/m^{3}となる．練混ぜ水については，JIS A 5308附属書3で規定される塩化物イオン濃度の制限値である200 ppmを用い，単位水量200 kg/m^{3}として，0.040 kg/m^{3}となる．以上を加えると，他の材料からの塩化物イオン量は，0.053+0.040=0.093 kg/m^{3}となる．したがって，対砂NaCl 0.04%のコンクリートにおける塩化物イオン量は最大で0.194+0.093=0.287 kg/m^{3}となる．この数値を丸めて，塩化物イオン量の規制値を0.30 kg/m^{3}としている．

　このように，コンクリートの計画調合に基づき，各材料（セメント，粗骨材，細骨材，練混ぜ水，化学混和剤，混和材）に含まれると推定される塩化物イオン量の最大値を合計し，その合計値が0.30 kg/m^{3}未満であることを確認する．

　ただし，JIS R 5210（普通ポルトランドセメント）において，普通ポルトランドセメントの塩化物イオン量は0.035%以下と規定されており，解説図4.29や解説図4.30に示すように，近年セメント中の塩化物イオン量は増える傾向にある[19]．コンクリートの計画調合における単位セメント量が増えると，本規定であるコンクリート中の塩化物イオン量0.30 kg/m^{3}にきわめて近い値になる．そのため，コンクリートの調合を計画するにあたり，粗骨材，細骨材，化学混和剤および混和材を選定する際には，それぞれの材料に含まれる塩化物イオン量には十分配慮する必要がある．

4章　計画調合を定めるための基本条件 　— 169 —

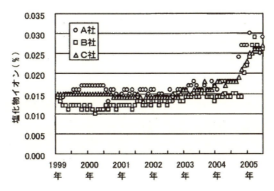

解説図 4.29　普通ポルトランドセメントにおける塩化物イオンの最大値[19]

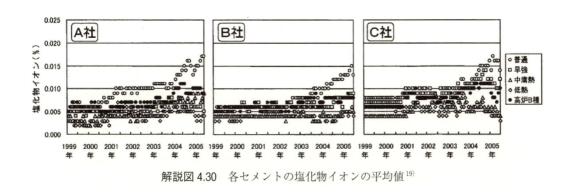

解説図 4.30　各セメントの塩化物イオンの平均値[19]

　なお，鉄筋腐食を引き起こさないための有効な対策（防錆対策）を講じる場合に限り，塩化物イオン量の合計値が 0.60 kg/m³ 未満であることが確認されればよいこととした．これは，以下のような仮定に基づくものである．

　すなわち，上記と同様に，（一社）セメント協会による試験結果に基づき，普通ポルトランドセメントの塩化物イオン量の最大値 0.015% を採用し，単位セメント量を 350 kg/m³ とすると，コンクリートに導入される塩化物イオン量は 0.053 kg/m³ になる．練混ぜ水からの塩化物イオン量は，水に含まれる塩化物イオン量の上限値が 200 ppm であることから，単位水量を 200 kg/m³ とした場合に 0.04 kg/m³ になる．これらに，細骨材中の塩化物（NaCl 換算）量の規制値（購入者の承認が得られる場合）である 0.1%（JIS A 5308 附属書1）に相当する 0.486 kg/m³（単位細骨材量 800 kg/m³ を仮定）を加えると，塩化物イオン量は合計で 0.579 kg/m³ になる．この数値を丸めて，0.60 kg/m³ 以下としている．

4.10　アルカリ総量

> アルカリ総量でアルカリシリカ反応性に対する対策を行う場合のコンクリート中のアルカリ総量は，酸化ナトリウム当量で 3.0 kg/m³ 以下とする．ただし，アルカリ骨材反応性に対して別の対策を講じた場合はこの限りではない．

　アルカリシリカ反応を抑制するには，2章に記したように，アルカリシリカ反応を引き起こす

可能性がある因子（材料，調合，環境）を除外することが求められる．本規定は，このうち，コンクリート材料中のアルカリ総量を定めたものであり，旧建設省から出された通達によるものである．

　旧建設省は，建築指導課長通達「コンクリートの耐久性確保に係る措置について」（建設省住指発第142号：昭和61年6月）において，アルカリ骨材反応対策暫定指針を示し，後にその一部を改正した「アルカリ骨材反応抑制対策に関する指針について」（建設省住指発第244号：平成元年7月）を通知した．この中で，アルカリ骨材反応に対して，以下の4つの対策が定められている．

　ア．アルカリ骨材反応に関して無害と判定された骨材を使用する．

　イ．JIS R 5210（ポルトランドセメント）に規定された低アルカリ形のポルトランドセメントを使用する．

　ウ．JIS R 5210（ポルトランドセメント）に規定された通常のポルトランドセメントを使用する場合においては，コンクリート1 m^3 中に含まれるアルカリ総量（Na_2O 換算）を3.0 kg以下とする．

　エ．JIS R 5211（高炉セメント）に規定された高炉セメントB種（ベースセメントのアルカリ量が0.8%以下の場合はスラグ混合比40%以上，その他の場合は50%以上）もしくはC種またはJIS R 5213（フライアッシュセメント）に規定されたフライアッシュセメントB種（ベースセメントのアルカリ量が0.8%以下の場合でフライアッシュ混合比15%以上，その他の場合は20%以上）もしくはC種を使用する．

　なお，JIS A 5308（レディーミクストコンクリート）附属書A「レディーミクストコンクリート用骨材」では，砕石，砕砂，フェロニッケルスラグ細骨材，銅スラグ細骨材，電気炉酸化スラグ骨材，砂利および砂について，JIS A 1145（骨材のアルカリシリカ反応性試験方法（化学法））による試験を行い，その結果"無害でない"と判定された場合は，JIS A 1146（骨材のアルカリシリカ反応性試験方法（モルタルバー法））による試験を行ってアルカリシリカ反応性による区分を判定することになっている．判定結果は，A（アルカリシリカ反応性試験の結果が"無害"と判定されたもの）およびB（アルカリシリカ反応性試験の結果が"無害でない"と判定されたもの，またはこの試験を行っていないもの）に分けられる．

　JIS A 5308附属書B（アルカリシリカ反応抑制対策の方法）では，同附属書Aに規定した骨材のアルカリシリカ反応抑制対策の区分が，次のように規定されている．

　a）コンクリート中のアルカリ総量を規制する抑制対策
　b）アルカリシリカ反応抑制効果のある混合セメントなどを使用する抑制対策
　c）安全と認められる骨材を使用する抑制対策

この中の「a）コンクリート中のアルカリ総量を規制する抑制対策」において，全アルカリ量が明らかなポルトランドセメントまたは普通エコセメントを使用し，以下の式によって計算されるコンクリート中のアルカリ総量（R_t）が3.0 kg/m^3以下になることを確認するようになっているので，この規定を本指針でも準用する．

$$R_t = R_c + R_a + R_s + R_m + R_p \qquad \text{(解 4.7)}$$

ここに，R_t：コンクリート中のアルカリ総量（kg/m^3）

R_c：コンクリート中のセメントに含まれる全アルカリ量[1]（kg/m^3）

= 単位セメント量（kg/m^3）× セメント中の全アルカリ量[1]（%）/100

R_a：コンクリート中の混和材に含まれる全アルカリ量（kg/m^3）

= 単位混和材量（kg/m^3）× 混和材中の全アルカリ量[1]（%）/100

R_s：コンクリート中の骨材に含まれる全アルカリ量（kg/m^3）

= 単位骨材量（kg/m^3）× 0.53 × 骨材中の NaCl の量（%）/100

R_m：コンクリート中の混和剤に含まれる全アルカリ量（kg/m^3）

= 単位混和剤量（kg/m^3）× 混和剤中の全アルカリ量[1]（%）/100

R_p：コンクリート中の流動化剤に含まれる全アルカリ量（kg/m^3）

= 単位流動化剤量（kg/m^3）× 流動化剤中の全アルカリ量[2]（%）/100

［注］（1）：Na$_2$O および K$_2$O の含有量の和を，これと等価な Na$_2$O の量（Na_2Oeq）に換算して表した値で，Na_2Oeq（%）= Na_2O（%）+ 0.658 × K_2O（%）とする．

（2）：購入者が荷卸し地点で流動化を行う場合に加える．流動化を行う購入者は，この値（R_p）をあらかじめ生産者に通知しておく必要がある．

参考文献

1) 日本建築学会：高強度コンクリート施工指針・同解説，pp. 90, 2013.11
2) 全国生コンクリート工業組合連合会：平成3年度 抜き取り検査による生コンクリートの品質，1992
3) 日本建築学会：フェロニッケルスラグ細骨材を用いるコンクリートの設計・施工指針案・同解説，1993
4) 岸谷孝一ほか：中央大学多摩校地域施設新築工事における一連の研究（その1〜その6），日本建築学会大会学術講演梗概集，1977.10
5) 毛見虎雄ほか：都営住宅50-H-3101（白髪東）工事における高級コンクリート工事の施工報告，戸田建設，1978.3
6) 武田一久ほか：大成建設社内資料，1979
7) 西野敬史，田中健次郎：新都心6番目の超高層新宿野村ビル施工，施工，1979.3
8) 久保田実ほか：高性能減水剤軽量コンクリートポンプ圧送実験第一回報告書，池袋副都心再開発事業A工区新築工事，1977
9) 福士 勲・横山昌寛：高流動化混和剤の利用による軽量コンクリートの施工改善に関する基礎実験，セメント技術年報，1977
10) 日本建築学会：コンクリートポンプ工法施工指針・同解説，2009
11) 坂田 昇・菅俣 匠・林 大介・橋本 学：中庸熱フライアッシュセメントを用いたコンクリートの耐凍害性に及ぼす凝結過程の空気量変化の影響，コンクリート工学論文集，Vol. 22, No. 3, pp. 47-57, 2011.9
12) 近藤泰夫訳：米国内務所開拓局編 コンクリートマニュアル 第8版，国民科学社，p. 28, 1978.11
13) 米田恭子・千歩 修・長谷川拓哉：既往の凍結融解試験データに基づくコンクリートの耐凍害性に及ぼす乾湿繰返し・暴露の影響，コンクリート工学年次論文集，Vol. 30, 2008
14) 浜 幸雄・千歩 修・友澤史紀・濱田英介：高強度・高流動コンクリートの耐凍害性におよぼす養生条件の影響と評価方法に関する研究，セメント・コンクリート，No. 697, pp. 425-430, 2005
15) 日本建築学会：鉄筋コンクリート造建築物の収縮ひび割れ—メカニズムと対策技術の現状，

2003.6
16) 寺西浩司：コンクリートの乾燥収縮に影響を及ぼす要因—骨材や単位水量の影響をどのように考えるか—，コンクリート工学，Vol. 46, No. 12, pp. 11-19, 2008.12
17) 岸谷孝一・馬場明生：建築材料の乾燥収縮機構，セメント・コンクリート，No. 346, pp. 30-40, 1975.12
18) 日本建築学会：鉄筋コンクリート造建築物の収縮ひび割れ制御設計・施工指針（案）・同解説，2006.2
19) 桝田佳寛・中田善久・陣内 浩・佐藤幸恵：最近のセメントの品質変動に関する調査，日本建築学会技術報告集，第23号，pp. 15-19, 2006.6

5章 調合計算の方法

5.1 一般事項

a. コンクリートの調合計算は，標準として次の（1）～（5）の手順で行う．
（1） 調合強度が得られる水セメント比または水結合材比を算出し，4章で設定した水セメント比または水結合材比の最大値以下となる値を定める．
（2） セメントまたは結合材の種類，粗骨材の最大寸法，粗骨材の種類，細骨材の種類および化学混和剤の種類に対して，スランプまたはスランプフローが得られる単位水量を設定する．
（3） 水セメント比または水結合材比と単位水量から単位セメント量または単位結合材量を算定する．
（4） 水セメント比または水結合材比とスランプまたはスランプフローの組合せに対して，適切な単位粗骨材かさ容積を設定し，単位粗骨材量を算定する．
（5） 所要の練上がり容積が得られるように単位細骨材量を算定する．
b. 調合計算によって求めた値は，4章で示した調合要因に関する条件の範囲内でなければならない．
c. 本章の手順によらない場合は，信頼できる資料に基づく手順によって調合計算を行う．

a. 調合計算の一般的な手順を解説図5.1に示す．

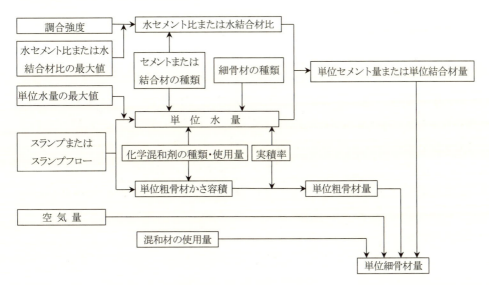

解説図5.1 調合計算の手順

（1） まず，4章で定めた調合強度に基づき，調合するコンクリートの水セメント比（または水結合材比）を算出する．そのため，あらかじめ水セメント比（または水結合材比）と圧縮強度の関係などの必要な調合設計項目（結合材の種類，使用骨材の種類，空気量など）は3章と4章で定めておく．また，ここで算出された水セメント比（または水結合材比）が4.6節で定めた水

セメント比（または水結合材比）の最大値よりも大きい場合は，4.6節で定めた最大値以下の値とする．

（2）定めた水セメント比から単位水量を算定する．このとき，単位水量は，骨材の最大寸法および実積率，結合材種類，標準的な化学混和剤の使用量，細骨材の粗粒率や粒径を考慮し，所定のワーカビリティーが得られる範囲で出来るだけ小さくする．単位水量は，骨材の実積率が良い場合は同一のスランプ（またはスランプフロー）を得るための単位水量を減じることが出来る．あるいは，実積率の小さい骨材では所要のスランプ（またはスランプフロー）を得るための単位水量が増加する．そのため，砕石を用いる場合は，次に求める単位粗骨材量と標準的な実積率の関係から単位水量を増減して単位水量を算定する．算定した単位水量が，4.7節で定めた単位水量の最大値を超える場合は高性能AE減水剤を用いて単位水量を減じる．

（3）単位水量と水セメント比（または水結合材比）から，単位結合材量を求める．算出された単位結合材量が，4.8節で定めた最小値および最大値の範囲に入らない場合は，単位水量および水セメント比（または水結合材比）の再検討を行う．

（4）水セメント比（または水結合材比）とスランプ（またはスランプフロー）の組み合わせから，単位粗骨材かさ容積を設定し，粗骨材の実積率から単位粗骨材量を算定する．

良好なワーカビリティーのコンクリートでは，細骨材の粗粒率が一定ならば，粗骨材の粒形や水セメント比によらず単位粗骨材かさ容積はほぼ一定になるといわれている．建築用コンクリートはスランプが大きく，モルタルの多い調合になりやすいため，スランプを大きくする場合に過度に骨材量を減らすことなく一定量の骨材量を確保することを考慮して，本指針ではかさ容積に基づいた調合設計方法を提示している．

（5）単位細骨材量は，他の各材料の単位量が決定した後，コンクリートの容積から差し引いて求められる．コンクリートの容積は，荷卸し時を基準とする場合は$1\,m^3$とし，空気量は4.4節で定めた値を用いる．練上がり時を基準とする場合は，荷卸し時の目標空気量と練上がり時の空気量の差を$1\,m^3$に加えた容積を練上がり容積とし，練上がり時の空気量の値を用いる．

一連の手順を経て得られた計画調合を基に試し練りを行い，フレッシュコンクリートの試験結果や目視によるワーカビリティーの判定結果から各単位量を調整して調合を決定する．

b．a.項で算出された値は，いずれも4章で定めた制限値の範囲内でなければならない．したがって，調合計算の結果が，制限値の範囲をはずれる場合には，設定条件を変更して再度計算しなければならない．

c．a.項によらず計画調合を定めてもよい．その場合は，調合実験を行うなどして手順を定め，調合計算を行う．

5.2 水セメント比・水結合材比

a．調合強度を得るための水セメント比または水結合材比は，コンクリートのセメント水比または結合材水比と圧縮強度との関係から，調合強度が得られるセメント水比または結合材水比を求め，この値の逆数として定めることを標準とする．

> b. a項で求めた水セメント比または水結合材比と，コンクリートに要求される品質や性能に対して4章で設定した水セメント比または水結合材比の最大値とを比較し，両方の値を満足する水セメント比または水結合材比を設定する．

a．コンクリートの圧縮強度に関する理論は数多くある[1]が，最も基本的なものはAbramsの水セメント比説[2]である．これは，「堅硬な骨材を使用した場合，そのコンクリートがプラスチックでワーカブルなら，その強度は水セメント比によって定まる」というものである．つまり，使用する材料が同じであれば，コンクリートの圧縮強度は，実用的には水セメント比の関数として表されることになるので，所定の圧縮強度をもつコンクリートの調合を得るのにきわめて便利である．Abramsは，この関数形を次のように提案している．

$$F = A/B^x \qquad (解5.1)$$

ここに，F：コンクリートの圧縮強度
　　　　A, B：セメントの性質やコンクリートの試験方法によって定まる定数
　　　　x：水セメント比

しかし，（解5.1）式は，コンクリートの圧縮強度が水セメント比の指数関数になっており，実用上やや不便である．そこで，水セメント比xのかわりに，その逆数であるセメント水比X（セメントの水に対する質量比）を用いると，コンクリートの圧縮強度は次のような1次関数で近似できる[3]．

$$F = aX + b \qquad (解5.2)$$

ここに，a, b：セメントの性質やコンクリートの試験方法によって定まる定数

この式は，Lyseの提案によるもので，通常用いられている水セメント比の範囲（40～65％程度）では十分に成立し，しかも1次関数であるため，取扱いがきわめて容易である．

一般的には，この関数を利用して，調合強度を満足するセメント水比（または結合材水比）を求め，その逆数として水セメント比（または水結合材比）を求めることになる．この関係は使用するセメントや骨材などによって異なる．そこで，レディーミクストコンクリート工場のように実績に基づいた関係式が求められている場合以外は，試し練りによって関係式を求める必要がある．

試し練りによって（解5.2）式の実験定数a，bを求める方法は，調合強度が得られるであろうと予想されるセメント水比が中央となるように両側に数点，少なくとも合計3点以上のセメント水比を取り，それぞれのセメント水比に対する圧縮強度を求め，セメント水比と圧縮強度の関係線から（解5.2）式における実験定数a，bを求める．得られた関係式より，調合強度に対応するセメント水比を求め，その逆数として水セメント比を求める．結合材としてセメント以外の混和材を使用する場合は，結合材水比と圧縮強度の関係を求めることになる．

JASS 5（2003）では，解説表5.1に示すような各種セメントを用いたコンクリートの水セメント比と圧縮強度の関係を示している[4]．また，(社)セメント協会では，解説表5.2のような水セメント比算定式を示している[3]．

なお，本小委員会では，2013年に全国のレディーミクストコンクリート工場の実態調査を行

解説表 5.1　水セメント比算定式[4]

セメントの種類		水セメント比の範囲 (%)	水セメント比算定式	備考
ポルトランドセメント	普通	40〜65	$x = \dfrac{51}{F/K + 0.31}$ (%)	本式で求めた水セメント比は平均的な値である.
	早強	40〜65	$x = \dfrac{41}{F/K + 0.17}$ (%)	
	中庸熱	40〜65	$x = \dfrac{66}{F/K + 0.64}$ (%)	
高炉セメント	A種	40〜65	$x = \dfrac{46}{F/K + 0.23}$ (%)	
	B種	40〜60	$x = \dfrac{51}{F/K + 0.29}$ (%)	
	C種	40〜60	$x = \dfrac{44}{F/K + 0.29}$ (%)	
シリカセメント	A種	40〜65	$x = \dfrac{51}{F/K + 0.45}$ (%)	
	B種	40〜60	$x = \dfrac{71}{F/K + 0.62}$ (%)	
フライアッシュセメント	A種	40〜65	$x = \dfrac{64}{F/K + 0.55}$ (%)	
	B種	40〜60	$x = \dfrac{66}{F/K + 0.59}$ (%)	

解説表 5.2　セメント種類別の水セメント比算定式[4]

コンクリートの種類	セメントの種類	水セメント比の範囲 (%)	材齢 (月)	水セメント比算定式 (N/mm²)	備考
砂・砂利コンクリート	普通ポルトランドセメント	40〜50	28	$\sigma_{28} = 12.8 + 13.3\,C/W$	本式で求めた強度は平均的な値である.
		50〜70		$\sigma_{28} = -19.1 + 29.4\,C/W$	
	早強ポルトランドセメント	40〜50		$\sigma_{28} = 21.8 + 11.1\,C/W$	
		50〜70		$\sigma_{28} = -10.6 + 27.4\,C/W$	
砂・砂利・AEコンクリート	普通ポルトランドセメント	40〜65		$\sigma_{28} = -2.4 + 17.5\,C/W$	空気量 3.5〜5.0% のコンクリートについてのもので本式で求めた強度は平均的な値である.
	早強ポルトランドセメント	40〜65		$\sigma_{28} = 9.8 + 13.4\,C/W$	
砂・砂利コンクリート	普通ポルト	40〜70	7	$\sigma_{28} = -18.2 + 21.3\,C/W$	スランプ 5±1, 12±1, 21±1 cm のコンクリートから本式を確立したもので，本式で求めた強度は平均的な値である.
	早強ポルト	40〜70		$\sigma_{28} = -11.5 + 22.1\,C/W$	
砂・砂利・AEコンクリート	普通ポルト	40〜65		$\sigma_{28} = -11.9 + 16.3\,C/W$	
	早強ポルト	40〜65		$\sigma_{28} = -1.2 + 14.6\,C/W$	

解説表 5.3 レディーミクストコンクリート工場の調査による水セメント比算定式[5]

骨材および混和剤の種類	水セメント比の範囲 (%)	水セメント比算定式 (N/mm^2)
砕石・AE減水剤コンクリート	40 未満	$\sigma_{28} = -9.71 + 22.79\,C/W$
	40〜65	$\sigma_{28} = -16.45 + 25.91\,C/W$
砕石・AE減水剤高機能形コンクリート	40 未満	$\sigma_{28} = -5.26 + 20.81\,C/W$
	40〜65	$\sigma_{28} = -10.47 + 22.87\,C/W$
砕石・高性能AE減水剤コンクリート	40 未満	$\sigma_{28} = 34.72 + 6.55\,C/W$
	40〜65	$\sigma_{28} = -12.51 + 25.08\,C/W$
砂利・AE減水剤コンクリート	40 未満	—
	40〜65	$\sigma_{28} = -14.56 + 24.06\,C/W$
砂利・AE減水剤高機能形コンクリート	40 未満	—
	40〜65	$\sigma_{28} = -7.62 + 20.89\,C/W$
砂利・高性能AE減水剤コンクリート	40 未満	$\sigma_{28} = 42.33 + 3.48\,C/W$
	40〜65	$\sigma_{28} = -11.56 + 24.45\,C/W$

［備考］ 本式で求めた強度は，全国のレディーミクストコンクリート工場の水セメント比算定式から求めた平均的な値である．

い，平均的なセメント水比と圧縮強度の関係式をまとめた[5]．その結果を解説表5.3に示す．解説表5.2と比較すると，2013年の調査結果は（解5.2）式における実験定数 a が大きくなる傾向がみられたが，解説図5.2に示す各工場のセメント水比と配合強度の関係から，工場による大きな違いは見られず，解説表5.3に示す平均線でセメント水比と強度の平均的な関係を求めることができると考えられる．

圧縮強度とセメント水比の関係は，水セメント比が小さくなる（セメント水比が大きくなる）と，水セメント比の増減に対する強度の変化がやや緩慢となる傾向を示す．そのため，（解5.2）式で近似される直線は，解説図5.2に示すように傾きの異なる2直線で表現されることになる．したがって，解説表5.2や解説表5.3に示すように，水セメント比の範囲によっては2つの直線を求めることになる．

また，呼び強度と配合強度の関係の調査結果を解説図5.3に示す．解説図5.3より，レディーミクストコンクリートの発注時に使用する呼び強度に対して，配合強度は呼び強度の概ね1.2倍の値が用いられていることがわかる．解説表5.3および解説図5.3から，普通ポルトランドセメントを使用した場合，呼び強度が21以上のコンクリートでは水セメント比は65％未満となる．したがって，強度から算定された水セメント比が最大値を超えることはほとんどないが，耐久性その他の要求性能から水セメント比の最大値が定められている場合は，算出した水セメント比がその値以下となるように設定する．

なお，解説図5.2で用いた圧縮強度は配合強度である．目標とする強度に対して安全側に水セメント比を決定する方法を例示すると，解説図5.4の（a）図のように回帰直線をそのまま使っ

— 178 — コンクリートの調合設計指針・解説

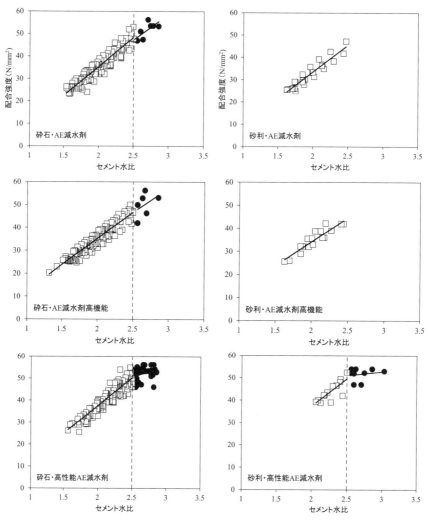

解説図 5.2 全国のレディーミクストコンクリート工場の調査結果によるセメント水比と配合強度の関係〔解説表 5.3 参照〕[5]

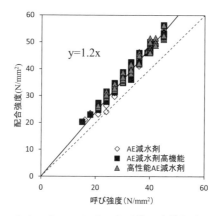

解説図 5.3 全国のレディーミクストコンクリート工場の実態調査による呼び強度と配合強度の関係（材齢 28 日）[5]

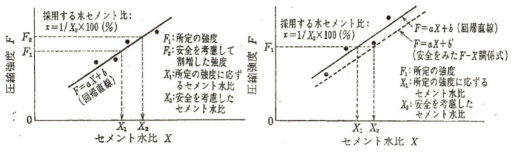

(a) 回帰直線をそのまま用いる場合　　(b) 回帰直線を安全側に推移させる場合

解説図 5.4　試験によって水セメント比（または水結合材比）を定める方法

て検討する場合は，計算で求められた水セメント比（または水結合材比）がやや危険側の値となるので，設定する水セメント比（または水結合材比）を計算で求めたものよりも少し低く設定すると良い．また，解説図 5.4 の（b）図のように回帰直線を安全側に推移させてから水セメント比を算出し，計算値に余裕を持たせる方法もある．いずれにしても，1 回の練混ぜ実験で水セメント比（または水結合材比）を求める場合には，少し余裕を持った水セメント比（または水結合材比）を設定する．

　b．4 章において，所要の中性化速度係数，塩化物イオンの拡散係数，表面劣化に対する抵抗性および透水係数などを確保するために水セメント比の最大値を定めた場合は，水セメント比がその値以下となるように設定する．

5.3　単 位 水 量

　a．単位水量は，化学混和剤の使用量が適切な範囲内で，かつ，コンクリートの所要のワーカビリティーおよびスランプまたはスランプフローが得られる範囲内で，できるだけ小さく定める．
　b．普通ポルトランドセメント，砕石，砂および AE 減水剤を使用する普通コンクリートの単位水量は，表 5.1 に示す値の範囲で定める．

表 5.1　普通ポルトランドセメント・砕石・砂および AE 減水剤を使用する普通コンクリートの単位水量の標準値（kg/m³）

水セメント比（％）	スランプ（cm）	粗骨材の種類（最大寸法）砕石（20 mm）	砂利（25 mm）
40	8	163	152
	12	173	161
	15	181	169
	18	(192)	181
	21	(203)	(192)

水セメント比	スランプ		
45	8	158	147
	12	168	157
	15	176	164
	18	(187)	176
	21	(198)	(187)
50	8	157	146
	12	165	154
	15	172	161
	18	183	172
	21	(194)	184
55	8	155	144
	12	162	151
	15	168	157
	18	179	168
	21	(190)	180
60～65	8	153	142
	12	160	149
	15	166	155
	18	176	165
	21	(186)	176

[注1]　表中にない水セメント比およびスランプに対する単位水量は補間によって求める．
　　（　）で示した単位水量が 185 kg/m^3 を超える場合は c 項による．
　　なお，本表に用いた骨材の物理的性質は，次表のとおりである．

項目	砂	砕石	砂利
最大寸法（mm）	—	20	25
粗粒率	2.70	6.69	6.97
実積率（%）	—	60.0	63.7

c．b 項において単位水量が 185 kg/m^3 を超える場合は，高性能 AE 減水剤を使用し，適切な使用量の範囲内で単位水量を定める．ただし，185 kg/m^3 を超えても過大なブリーディングや乾燥収縮が生じない場合にはこの限りではない．

d．高性能 AE 減水剤を使用する普通コンクリートおよび高強度コンクリートの単位水量は，表 5.2 に示す値の範囲で，良好なワーカビリティーおよびスランプ保持性が得られるように定める．

表 5.2　普通ポルトランドセメントおよび高性能 AE 減水剤を使用する普通コンクリートおよび高強度コンクリートの単位水量の標準値の範囲（kg/m^3）

水セメント比（%）	スランプ（cm）	単位水量
30～40	18	167～179
	21	173～184
40 超	18	168～177
	21	173～181

e．普通ポルトランドセメント以外の結合材，砕石，砂以外の骨材，AE減水剤，高性能AE減水剤以外の化学混和剤を使用するコンクリートの単位水量は，信頼できる資料によって定める．

f．化学混和剤の減水率は，化学混和剤を使用しないコンクリートの単位水量と，b項またはd項で定めた単位水量の差の，化学混和剤を使用しないコンクリートの単位水量に対する百分率で表し，必要に応じてその値が化学混和剤の種類に応じた減水率の標準的な範囲にあることを確認する．

a．一般に，単位水量が多くなるほどコンクリートのスランプは大きくなり流動性が良くなるため，運搬・打込み・締固めなどの作業がしやすくなる．一方，単位水量が過度に多くなると，解説表5.4に示すように構造体コンクリートの品質に様々な悪影響を及ぼすことになる．そのため，単位水量は良好な施工性が得られる範囲で出来るだけ小さい値に定めるのがよい．なお，高性能AE減水剤などの化学混和剤の使用により単位水量をかなり減少させることが可能であるが，その使用量が過大になると，ブリーディングの増大，凝結の遅延，乾燥収縮の増大などをまねくことがあるため，化学混和剤は適切な使用量の範囲で使用しなければならない．

解説表5.4　単位水量の増大が構造体コンクリートの品質に及ぼす影響

	分　類	現象・影響	障　害
1	粗骨材の分離	・施工性の低下 ・品質の不均一性	・打込み欠陥部の発生
2	乾燥収縮の増加	・体積変化の増大	・ひび割れの発生
3	ブリーディングの増加 （水の分離）	・鉄筋・骨材下面の空隙の増加 ・打込み後の沈降 ・異方性の増加 ・水分の移動	・付着力の低下 ・沈降ひび割れの発生 ・構造体強度の不均一性 ・表面性状の悪化
4	セメント量の増加	・水和熱の増大	・熱応力によるひび割れの発生
5	自由水絶対容積の増加	・塩分，水分，ガスの浸透抵抗の低下	・耐久性の低下

b．単位水量の標準値とは，標準的な材料を使用したときに所定のスランプのコンクリートを得るための単位水量の値である．所定のスランプのコンクリートを得るための単位水量の値は，セメント，骨材，混和剤，混和材などの使用材料の種類・品質，骨材の形状や表面性状，粗骨材の最大寸法，細骨材の粗粒率，水セメント比，細骨材率，コンクリートの温度などによって異なる．このうち支配的な要因は，混和材の種類と骨材の形状や表面性状であり，他の要因の影響はあまり大きくない．

昭和51年（1976年）刊行の旧調合指針（初版）では，普通ポルトランドセメントを用いる砂，砂利コンクリートの単位水量の標準値が，解説表5.5のように示されていた．しかしながら，その後の骨材事情の変化により，砂利に代わって砕石を使用する割合が増加し，化学混和剤が必ず使用されるようになったことから1994年版の改定では，計画調合の単位水量を定めるときの基準となる材料および調合の条件を，解説表5.6に示すよう定めている．

その後，本小委員会が2013年に実施した全国のレディーミクストコンクリート工場における

解説表 5.5 普通ポルトランドセメントおよび砂・砂利を用いるプレーンコンクリートの単位水量の標準値 (kg/m^3)[7]

水セメント比(%)	スランプ(cm)	砂利の最大寸法(mm) 25／砂の粗粒率 2.8	20／2.8
40	8	171	173
	12	182	187
	15	193	197
	18	205	209
	21	221	225
45	8	168	171
	12	179	183
	15	188	192
	18	199	203
	21	215	219
50	8	167	170
	12	176	178
	15	183	187
	18	194	197
	21	209	213
55	8	166	169
	12	174	177
	15	180	184
	18	191	195
	21	206	210
60～70	8	165	168
	12	173	175
	15	179	183
	18	189	193
	21	204	208

解説表 5.6 単位水量の標準値を定める基となる材料および調合の条件（1994年改定時）

セメントの種類	普通ポルトランドセメント
粗骨材の最大寸法および実積率	砂利（25 mm，65.4%），砕石（20 mm，59.4%）
混和剤	AE減水剤
細骨材の種類と粗粒率	砂（粗粒率2.8）
空気量 (%)	4.5
水セメント比の範囲 (%)	40～65
スランプの範囲 (cm)	8～21

解説表 5.7　粗骨材の実積率の推移

調査年	調査者	砕石		砂利		粗骨材全体	
		件数	実積率（%）	件数	実積率（%）	件数	実積率
2013	本小委員会	37	60.0	8	63.7	—	—
1992	本小委員会（当時）	58	59.4	47	62.7	—	—
1989	骨材小委員会	—	—	—	—	426	61.0
1987	都土木研究所	1 862	59.3	1 608	63.2	3 513	61.0
1981	骨材小委員会	—	—	—	—	不明	61.0
1978	道路公団	—	—	—	—	423	61.9
1976	セメント協会	46	59.4	46	59.4	206	61.9
1973	鹿島建設	不明	59.2	—	—	84	63.5

［注］　各種調査結果をもとに作成

解説表 5.8（1）　粗骨材の実積率（2013 年調査）[5]

地域	砂利				砕石			
	最大寸法 25 mm		最大寸法 20 mm		最大寸法 25 mm		最大寸法 20 mm	
	件数	実積率（%）	件数	実積率（%）	件数	実積率（%）	件数	実積率（%）
北海道	1	64.7	0	—	0	—	3	60.6
東　北	0	—	0	—	0	—	5	59.8
関　東	1	63.1	1	61.1	0	—	12	60.2
北　陸	3	63.8	0	—	0	—	0	—
東　海	2	63.0	0	—	1	61.7	1	60.5
近　畿	0	—	0	—	0	—	3	59.8
中　国	0	—	0	—	0	—	5	59.5
四　国	0	—	0	—	0	—	3	60.0
九　州	0	—	0	—	0	—	5	59.4
全　国	7	63.7	1	61.1	1	61.7	37	60.0

解説表 5.8（2）　粗骨材の実積率[8]

地域	砂利				砕石			
	最大寸法 25 mm		最大寸法 20 mm		最大寸法 25 mm		最大寸法 20 mm	
	件数	実積率（%）	件数	実積率（%）	件数	実積率（%）	件数	実積率（%）
北海道	7	65.7	0	—	3	59.0	0	—
東　北	18	64.5	0	—	3	59.7	3	58.2
関　東	25	63.7	0	—	0	—	10	60.3
中　部	31	63.5	3	60.9	2	59.4	3	59.4
近　畿	14	64.1	1	65.1	1	62.9	14	59.5
中　国	1	67.9	1	61.7	1	59.1	17	59.0
四　国	10	64.4	0	—	2	60.9	5	59.4
九州・沖縄	3	63.3	0	—	0	—	27	59.0
全　国	109	64.1	5	61.9	12	59.9	79	59.3

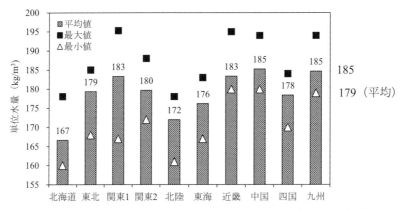

解説図 5.5　地方別単位水量（スランプ 18 cm，AE 減水剤使用）[5]

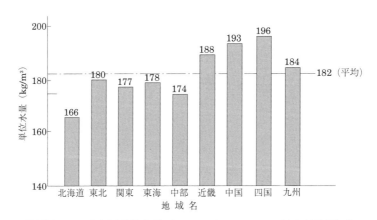

解説図 5.6　地方別単位水量（スランプ 18 cm，AE 減水剤使用）[9]

材料・調合の調査結果[5]から，粗骨材の実積率の推移は，解説表 5.7 に示すようになった．過去の調査結果との差は小さいが，これまで標準的な実積率として設定されていた 59.4% と比較すると，解説表 5.8（1）から，地方別の平均値が 59.4% を下回ることはなく，若干大きくなっている．そのため今回の改定では，標準的な砕石の実積率を 60.0% として標準値を設定することとした．

また，地方別単位水量の調査結果および平均値を解説図 5.5 に示す．JASS 5 に記載されている地域別単位水量および平均値〔解説図 5.6〕では，全体の平均値は 182 kg/m³ であったが，今回の調査結果では 179 kg/m³ となり 3 kg/m³ 小さくなっている．これは，JASS 5（1986）では，その地方の骨材事情などにより，スランプが 18 cm で単位水量を 185 kg/m³ 以下にすることが困難な場合には，コンクリートの品質上問題がないことが確かめられれば単位水量の上限を 200 kg/m³ まで増してよいとしていたが，1997 年の改定でこの緩和規定が削除され，単位水量の上限値が一律に 185 kg/m³ に規定されたことが大きく影響していると考えられる．旧版で示され

解説表 5.9 普通ポルトランドセメントおよび AE 減水剤を用いる軽量コンクリートの単位水量の標準値（kg/m³）

水セメント比(%)	スランプ(cm)	軽量コンクリートの種類 1 種	2 種
40	8	159	157
	12	165	162
	15	171	165
	18	179	171
	21	(189)	180
45	8	157	155
	12	163	159
	15	168	163
	18	176	168
	21	(186)	177
50	8	156	154
	12	161	157
	15	166	161
	18	174	166
	21	184	175
55～60	8	155	153
	12	160	156
	15	164	160
	18	173	165
	21	183	173

［注］ 1） 表中にない値は，補間によって求める．
　　　 2） 表中（ ）で示した単位水量が 185 kg/m³ を超える場合は，本文 c 項による．
　　　 3） 本表に用いた骨材の物理的性質は下表のとおりである．

項目	人口軽量粗骨材
最大寸法（mm）	15
実績率（%）	63.5

た単位水量の標準値は，単位水量の標準値の見直しに関する実験[6]とレディーミクストコンクリート工場の実態調査結果をあわせて提案したものであり，広範な実験に基づいた値となっている．そのため，スランプや水セメント比が変わった場合の単位水量の増減の傾向は大きくは変わらないと考えられる．よって，今回の改定に際しては，解説図 5.5 および本小委員会での単位水量調査結果を基に，従来の単位水量の標準値から一律 3 kg/m³ 小さくすることとし，本指針における単位水量の標準値として設定した．

また，軽量コンクリートについては，普通ポルトランドセメントおよび AE 減水剤を用いる場

合の単位水量の標準値を解説表 5.9 に示す．軽量コンクリートについては，実績が少ないため，今回の改定では，1999 年版と同じ値として解説で示すこととした．

なお，表 5.1，解説表 5.9 の［注］における補間の方法は直線補間でよい．なお，解説図 5.7 は本文表 5.1 を図示したものである．補間をする場合にこれを用いると概略の傾向をつかむのに便利である．

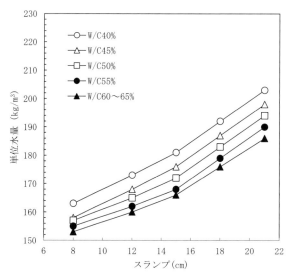

解説図 5.7 砕石コンクリートの単位水量
（AE 減水剤を用いる場合）

AE 減水剤を使用したものに対する AE 減水剤を用いない場合および AE 減水剤以外の化学混和剤を使用する場合の単位水量の補正は，概ね解説表 5.10 によればよい．

解説表 5.10 AE 減水剤を用いたコンクリートに対する単位水量の補正値

プレーン	AE 剤	高性能 AE 減水剤
15% 増	6% 増	6% 減

［注］この補正量は，化学混和剤を使用したコンクリートの空気量を 4.5% とした場合の標準的な値である．高性能 AE 減水剤の減水率は，製造者の推奨する標準添加量を使用した場合の一般的な値である．高性能 AE 減水剤は，使用量によって減水率を変えることができるので，減水率は試験によるか，または信頼できる資料によるものとする．

セメントの種類，粗骨材の最大寸法および実積率による単位水量の補正は以下による．早強ポルトランドセメント，高炉セメント，フライアッシュセメントを用いる場合の単位水量は，表 5.1 の値に対し標準として解説表 5.11 による補正を行うものとする．

高強度コンクリートに使用される低熱ポルトランドセメントは，鉱物組成，粉末度によって異

解説表 5.11 早強セメント・高炉セメント・フライアッシュセメントを用いる場合の単位水量の補正値

早強ポルトランドセ　メ　ン　ト	高炉セメントB種	フライアッシュセメントB種
2%増[10]	4%減	5%減

[注] 海外炭フライアッシュを用いたフライアッシュセメントの場合，B種3%減を目安とする[11]

なるが，一般に普通ポルトランドセメントに比べて単位水量および高性能AE減水剤の使用量が少なくなる．

普通ポルトランドセメントを用い，粗骨材の最大寸法が40 mmまたは30 mmの砂利を用いる場合の単位水量は，表5.1に示す砂利（最大寸法20 mm）の標準単位水量に対し，標準として解説表5.12に示す補正を行うものとする．

また，最大寸法が40 mmまたは30 mmの砕石を用いる場合の単位水量は，表5.1の砕石（最大寸法20 mm）の標準単位水量の値に対し，標準として解説表5.13に示す補正を行う．

解説表 5.12 最大寸法が40 mmまたは30 mmの砂利を用いる場合の単位水量の補正値

砂利の最大寸法40 mm	砂利の最大寸法30 mm
6%減	3%減

解説表 5.13 最大寸法が40 mmまたは30 mmの砕石を用いる場合の単位水量の補正値

砕石の最大寸法40 mm	砕石の最大寸法30 mm
8%減	5%減

[注] JIS A 5005には最大寸法30 mmの砕石は規定されていないが，砂利との比較のため昭和51年版の旧調合指針の値を示した．

一般に，粗骨材の粒径によって同一スランプを得るための単位水量は変化し，砕石のように粒形が角ばって実積率が低い骨材は，砂利のように粒形が丸く実積率が大きい粗骨材に比べて，単位水量を大きくする必要がある．この実積率の差による単位水量の増加率は，同一水セメント比，同一スランプのコンクリートにおいて（解5.3）式により求められる．

$$\text{単位水量の増加率 (\%)} = \frac{(1-\Delta g)V_g}{1\,000 - V_g} \times 100 \quad (\%) \tag{解 5.3}$$

Δg：標準調合表で用いた粗骨材の実積率に対する使用する砕石の実積率の比

V_g：標準調合表で用いた粗骨材の絶対容積 (l/m^3)

また，細骨材の粗粒率や粒形によっても，所定のスランプを得るための単位水量は異なる．一般に，砂の粗粒率が小さくなって細かくなると単位水量は多くなり，粗粒率が大きくなって粗くなると単位水量は少なくなる．また，粒形が悪くなると単位水量は大幅に増加する．参考のために，本小委員会による細骨材の使用種別と粗粒率を解説表5.14に示す．解説表より，海砂で粗粒率がやや小さいが，細骨材種類や混合の有無にかかわらず粗粒率2.7程度の細骨材が使用されている傾向がある．また，砕砂の使用率が増加し，混合使用と合わせると過半数が砕砂を使用している．これらの結果から，最近では，細骨材を混合して粗粒率2.7程度に調整して使用する方法が一般化しつつあると考えられるため，本指針では，表5.2に示す標準的な細骨材の粗粒率として，2.70を採用することとした．

解説表 5.14　細骨材の使用種別と粗粒率[5]

F.M.	全体	陸砂	川砂	山砂	海砂	砕砂	混合1※	混合2※	混合3※
平均	2.70	2.77	2.73	2.73	2.61	2.73	2.68	2.68	2.73
最大値	2.99	—	—	—	—	—	—	—	—
最小値	2.49	—	—	—	—	—	—	—	—
標準偏差	0.11	0.06	0.11	0.09	—	—	0.11	0.10	0.15
件数	61	4	3	6	1	2	7	30	8

［注］　※　混合1：同種混合（砕砂含まず），混合2：異種混合（砕砂1種類），混合3：異種混合（砕砂2種類以上）

c．近年，骨材事情は，砂利・砂にかわり，砕石・砕砂の使用が一般化してきており，粒形の悪い骨材を使用すると単位水量が増加するため，AE減水剤を使用し，単位水量の上限値である185 kg/m³としても所定のスランプを得られない場合がある．その場合は，高性能AE減水剤や最近開発され市販されるようになったAE減水剤高機能タイプ（JIS A 6204ではAE減水剤に分類される）等を使用して適正な使用量の範囲で単位水量を定める．

d．使用材料が同じ場合，同一スランプを得るためのコンクリートの単位水量は解説図5.7からもわかるように，水セメント比の減少に伴い増加する傾向を示す．高強度コンクリートでは，水セメント比の減少に伴う単位セメント量の増加がさらに顕著となることになり，単位セメント量が過大にならないように高性能AE減水剤を適切に用いることにより，単位水量の低減を図る必要がある．ただし，単位水量の過剰な低減は避けるよう事前の試し練りなどで品質を十分に確認することが望ましい．

解説表5.15は，高性能AE減水剤を使用するレディミクストコンクリートの単位水量の調査結果をまとめたものである．この結果を基に，表5.2の値を定めた．

e．減水率は，化学混和剤の減水性能を示すもので，JIS A 6204（コンクリート用化学混和剤）では，スランプが同じ場合，化学混和剤を用いないコンクリート（これを基準コンクリートという）の単位水量と同一単位セメント量の化学混和剤を用いたコンクリート（これを試験コン

解説表 5.15 高性能 AE 減水剤を使用するレディーミクストコンクリートの単位水量の調査結果[5]

スランプ	水セメント比の範囲	n	単位水量 （kg/m³）			
			平均値 m	標準偏差 σ	$m+1\sigma$	$m-1\sigma$
15	30〜40	45	166	6.2	173	160
	40 超	91	165	4.4	169	161
18	30〜40	47	173	5.8	179	167
	40 超	154	172	4.5	177	168
21	30〜40	44	178	5.6	184	173
	40 超	157	177	3.8	181	173

クリートという）の単位水量との差の基準コンクリートの単位水量に対する比で定義されている．しかし，ここでいう減水率は調合計算において化学混和材の使用量を定めるために用いるもので，同一単位セメント量の場合だけでなく，同一水セメント比の場合にも適用できるもので，一般に（解 5.4）式で与えられる．

$$減水率（\%）=\frac{W_P-W_A}{W_P}\times 100 \ (\%) \qquad (解 5.4)$$

ここに，W_P：化学混和剤を用いないコンクリートの単位水量（kg/m³）

W_A：化学混和剤を用いたコンクリートの単位水量（kg/m³）

解説表 5.16 は減水率について JIS A 6204 の規定値および実際に使用された一般的な値の範囲を示した物である．減水率はコンクリートの使用材料・調合・製造条件などによっても異なるため，化学混和剤を使用したコンクリートの減水率がこの値と大きく異なった場合には，所要のコンクリートが得られない場合がある．したがって，必要に応じて減水率の値が標準的な範囲にあることを確認するのがよい．

解説表 5.16 化学混和剤の減水率の規定および実際に使用された一般的な値の範囲

化学混和剤の種類		JIS A 6204 の規定値（%）	標準的な値・範囲（%）	
AE 剤		6 以上	$8^{12),16)}$, $5\sim10^{13)}$	
減水剤	標準形	4 以上	$4^{12)}$, $4\sim6^{15)}$	$10^{16)}$
	遅延形			$6\sim7^{16)}$
AE 減水剤	標準形・遅延形	10 以上	$13^{12)}$, $12\sim16^{15)}$	$13^{16)}$
	促進形	8 以上		$12^{16)}$
高性能 AE 減水剤（標準形・遅延形）		18 以上	$16\sim20^{14)}$, $18^{16)}$	

なお，高性能 AE 減水剤を使用した水セメント比の小さなコンクリートでは，化学混和剤を用いずに所定のワーカビリティーのコンクリートを製造できないため，（解 5.4）式の単位水量 W_P を求めることができない．このような場合には AE 減水剤を使用したコンクリートの単位水量か

ら化学混和剤を用いないコンクリートの仮想の単位水量 W_P を求め，これに基づいて減水率を計算すればよい．たとえば，AE減水剤，高性能AE減水剤を使用したコンクリートの単位水量がそれぞれ 188 kg/m³，175 kg/m³ とすれば，AE減水剤の減水率を13%と仮定すると W_P は 216 kg/m³ となり，高性能AE減水剤の減水率は19%と計算される．

5.4 単位セメント量・単位結合材量

> 単位セメント量または単位結合材量は，単位水量と水セメント比または水結合材比とから，計算によって求める．

単位セメント量または単位結合材量は5.2項で定めた水セメント比または水結合材比および5.3で定めた単位水量から次式により求める．

$$C = \frac{W}{x} \times 100 \qquad (解 5.5)$$

ここに，C：単位セメント量または単位結合材量（kg/m³）
　　　　W：単位水量（kg/m³）
　　　　x：水セメント比または水結合材比（%）

単位セメント量または単位結合材量の大小は，フレッシュコンクリートのワーカビリティーのみならず，硬化コンクリートの性質にも大きな影響を及ぼす．単位セメント量または単位結合材量は水和熱および乾燥収縮によるひび割れを防止する観点から，出来るだけ少なくすることが望ましいが，過小であるとコンクリートのワーカビリティーが悪くなり，型枠内へのコンクリートの充填性の低下，豆板・す，打継部における不具合の発生，さらにこれに起因する水密性，耐久性の低下を招きやすい．このため，JASS 5ではコンクリートの強度を確保する条件とは別に単位セメント量の最小値を定めており，基本仕様における普通コンクリートの単位セメント量の最小値を 270 kg/m³ としている．その他の種類のコンクリートの単位セメント量については，解説表4.12に示したとおりである．特に，高性能AE減水剤を用いるコンクリートでは，単位セメント量を小さくしすぎたり，スランプを大きくしすぎたりすると粗骨材の分離を生じたり，ブリーディングが増大しワーカビリティーが悪くなることがあるので，普通コンクリートの場合は 290 kg/m³ 以上，軽量コンクリートにあっては 320 kg/m³ 以上としている．

ワーカビリティー改善の目的で，フライアッシュをコンクリート用混和材として用いる場合，JASS 5では，フライアッシュセメントB種に相当する混和量まで，すなわち内割で20%までは単位セメント量の最小値に対する規定の範囲に含めて考えてよいこととしている．しかし，その場合，水セメント比の算定にはフライアッシュをセメントとみなしてはならない．フライアッシュを水セメント比の算定に用いる場合は，当初からフライアッシュセメントを用いることとして計画調合を作成し，工事計画を立てている場合に限られるので注意が必要である．

5.5 単位粗骨材量

> a．単位粗骨材量は，単位粗骨材かさ容積を基に定め，単位粗骨材かさ容積は，コンクリートの所要

の材料分離抵抗性が得られる範囲内で，できるだけ大きく定める．
b．普通ポルトランドセメント，砂利・砕石，砂・砕砂および AE 減水剤または高性能 AE 減水剤を使用する普通コンクリートの単位粗骨材かさ容積は，表 5.3 に示す値で定める．

表 5.3 普通ポルトランドセメント，砂利・砕石，砂・砕砂および AE 減水剤または高性能 AE 減水剤を使用する普通コンクリートの単位粗骨材かさ容積の標準値（m^3/m^3）

水セメント比（%）	スランプ（cm）	AE 減水剤		高性能 AE 減水剤	
		砕石（20 mm）	砂利（25 mm）	砕石（20 mm）	砂利（25 mm）
40〜60	8	0.66	0.67	0.67	0.68
	12	0.65	0.66	0.66	0.67
	15	0.64	0.65	0.65	0.66
	18	0.60	0.61	0.61	0.62
	21	0.56	0.57	0.57	0.58
65	8	0.65	0.66	—	—
	12	0.64	0.65	—	—
	15	0.63	0.64	—	—
	18	0.59	0.60	—	—
	21	0.55	0.56	—	—

［注］ 表中にない水セメント比およびスランプに対する単位粗骨材かさ容積は補間によって求める．

c．高性能 AE 減水剤を使用する高流動コンクリートおよび高強度コンクリートの単位粗骨材かさ容積は，表 5.4 に示す値の範囲で良好なワーカビリティーを得られる値を定める．

表 5.4 高性能 AE 減水剤を使用する高流動コンクリートおよび高強度コンクリートの単位粗骨材かさ容積の標準的な範囲（m^3/m^3）

水セメント比（%）	スランプ（cm）			スランプフロー（cm）			
	18	21	23	50	55	60	65
40	0.58〜0.66	0.57〜0.63	0.55〜0.62	0.53〜0.60	0.53〜0.57	0.52〜0.55	0.51〜0.54
35	0.59〜0.67	0.57〜0.63	0.55〜0.62	0.53〜0.60	0.53〜0.57	0.52〜0.55	0.51〜0.54
30	0.60〜0.67	0.57〜0.63	0.55〜0.62	0.53〜0.60	0.53〜0.57	0.53〜0.55	0.52〜0.54

d．普通ポルトランドセメント以外の結合材，砂利・砕石，砂・砕砂以外の骨材，AE 減水剤，高性能 AE 減水剤以外の化学混和剤を使用するコンクリートの単位粗骨材かさ容積は，信頼できる資料によって定める．
e．単位粗骨材量および粗骨材の絶対容積は，(5.1)(5.2)式により算出する．

$$\text{単位粗骨材量 (kg/m}^3\text{)} = \text{単位粗骨材かさ容積 (m}^3/\text{m}^3\text{)} \times \text{粗骨材の単位容積質量 (kg/m}^3\text{)} \tag{5.1}$$

$$\text{粗骨材の絶対容積 }(l/m^3) = \text{単位粗骨材かさ容積 (m}^3/\text{m}^3\text{)} \times \text{粗骨材の実積率 (\%)} \times \frac{1\,000}{100}$$

$$= \frac{\text{単位粗骨材量 (kg/m}^3\text{)}}{\text{粗骨材の密度 }(kg/l)} \tag{5.2}$$

a．本項は，5.3 a 項と対になる規定である．一般に，所要の性能が得られる範囲でコンクリートの単位水量を最小にし，単位粗骨材量を最大にするのが調合の原則とされている．単位粗骨材量を小さくしすぎる場合，すなわち細骨材率を大きくし過ぎる場合，骨材の表面積総和は増加し，流動性の悪いコンクリートとなるため，単位粗骨材量をむやみに小さくすることは避けるべきである．また，単位粗骨材量を大きくしすぎる場合，すなわち細骨材率を小さくし過ぎる場合，骨材の表面積総和は減少し，コンクリートのスランプは増大するが，コンクリートは次第に粗々しいものとなり今度は粗骨材の分離を生じやすいワーカビリティーの悪いコンクリートとなるため，必要以上に単位粗骨材量を大きくしてはならない．解説図 5.8 に細骨材率とスランプの関係を示す．

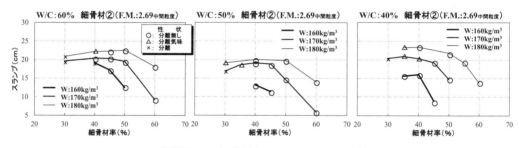

解説図 5.8 細骨材率とスランプの関係[17]

b．単位粗骨材かさ容積とは，打込み直後の 1 m³ のコンクリートに含まれる粗骨材の量を標準計量容積（m³/m³）で示したものである．標準計量容積は JIS A 1104（骨材の単位容積質量および実積率試験方法）による．

一般に，コンクリートの単位水量をできるだけ少なくし，強度や耐久性を最大にするには，コンクリートの所要のワーカビリティーが得られる範囲内で粗骨材量を最大にするのが良いといわれている．これは逆にいうと，所要のワーカビリティーが得られる範囲内で細骨材率を最小にすることである．

粗骨材量は，実際に使用するものを用いて試験によって定めるのが最も確実であるが，3 章「材料の選定」に示した品質に適合するような骨材を用いる場合は，経験的に適切な粗骨材量の標準値がわかっている．この適切な粗骨材量は，とくにその骨材の粒形によって異なってくるのであるが，これを標準計量容積によって表すと，粒形の異なる骨材に対してもほぼ同じ値でよいことが経験的に知られている．

これは，次のような例から考えるとわかりやすい．つまり，粗骨材をある枡に詰めた場合，粒形の角ばった粗骨材を用いると，砂利のような丸みのある粗骨材を用いた場合に比べて，内部に空隙が多くできる．すなわち，実積率が小さいのである．したがって，このような骨材では，同一のスランプのコンクリートを得るには，フレッシュコンクリートが流動している間，その空隙を埋めるためのモルタルが余分に必要になる．モルタルが余分に必要になる程度は，その空隙の大きさの程度，すなわち，実積率の程度によって決まってくる．つまり，標準計量容積による粗

骨材量を一定にしておけば，骨材の粒形が変わっても，自動的にモルタル量が調節され，同じ程度のワーカビリティーのコンクリートが得られる．解説図 5.9 に粗骨材の粒形と実積率およびかさ容積と絶対容積の関係を示す．

実積：骨材の体積の総和
実積率：標準計量容積に対する骨材の実積の比(%)

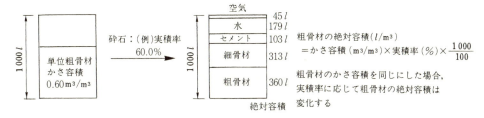

AE減水剤を用いる砕石コンクリート
(付表 2.23　W/C 55%，スランプ 18 cm の場合)

解説図 5.9　粗骨材の粒形と実積率およびかさ容積と絶対容積の関係

　建築用コンクリートは比較的軟練りコンクリートが多いため，モルタルの多いコンクリートとなりがちである．したがって，粗骨材量を確保しておく必要があり，単位粗骨材かさ容積を示すことによって粗骨材量がある程度確保できると考えられる．
　本文表 5.3 は，本文表 5.1 に示す単位水量に応じた単位粗骨材かさ容積の値を示したものである．
　普通ポルトランドセメントおよび AE 減水剤を用いる普通コンクリートの単位粗骨材かさ容積の標準値は，1999 年版の調合指針では，解説表 5.17 に示す値としていた．普通ポルトランドセメントおよび AE 減水剤または高性能 AE 減水剤を用い，粗骨材に砕石を使用した普通コンクリートの単位粗骨材かさ容積は，本小委員会が 2013 年に行った全国のレディーミクストコンクリート工場における材料・調合の調査結果[5]では，水セメント比 40〜60% および 65% において，解説表 5.18 に示す値となった．1999 年版調合指針と 2013 年調査結果の単位粗骨材かさ容積の比較を解説図 5.10 に示す．解説図 5.10 より，2013 年調査の単位粗骨材かさ容積と 1999 年版指針の単位粗骨材かさ容積の差の最小値は，概ね 0.02（m³/m³）となっている．そこで，今回の改定において，普通ポルトランドセメントおよび AE 減水剤または高性能 AE 減水剤を用いた普通コンクリートの単位粗骨材かさ容積は，1999 年版調合指針の値より 0.02（m³/m³）減じることとした．なお，コンクリートの運搬方法を，コンクリートポンプによる圧送とする場合は標準値とし，バケットとする場合は標準値よりやや高い値とすることが望ましい．

解説表 5.17　普通ポルトランドセメントおよび AE 減水剤を用いる普通コンクリートの単位粗骨材かさ容積の標準値（m^3/m^3）（1999年版調合指針）

水セメント比(%)	スランプ(cm)	粗骨材の種類（最大寸法）砂利（25 mm）	砕石（20 mm）
40～60	8	0.69	0.68
	12	0.68	0.67
	15	0.67	0.66
	18	0.63	0.62
	21	0.59	0.58
65	8	0.68	0.67
	12	0.67	0.66
	15	0.66	0.65
	18	0.62	0.61
	21	0.58	0.57

［注］　表中にない値は，補間によって求める．

解説表 5.18　普通ポルトランドセメントおよび AE 減水剤または高性能 AE 減水剤を用い，粗骨材に砕石（最大寸法 20 mm）を使用した普通コンクリートの単位粗骨材かさ容積（m^3/m^3）

水セメント比(%)	スランプ(cm)	AE 減水剤			高性能 AE 減水剤	
		1999年版指針	2013年調査結果平均		1999年版指針	2013年調査結果平均
			通常	高機能		
40～60	8	0.68	—	—	0.69	—
	12	0.67	—	—	0.68	—
	15	0.66	0.617	0.609	0.67	0.617
	18	0.62	0.591	0.585	0.63	0.593
	21	0.58	0.558	0.553	0.59	0.567
65	8	0.67	—	—	0.68	—
	12	0.66	—	—	0.67	—
	15	0.65	0.604	0.601	0.66	—
	18	0.61	0.580	0.578	0.62	—
	21	0.57	0.549	0.551	0.58	—

　また，1999年版の調合指針では，解説表 5.19 に示す，普通ポルトランドセメントおよび AE 減水剤を用いる軽量コンクリートの単位粗骨材かさ容積の標準値を本文中に示していたが，今回の改定では，解説中に示すこととした．

　なお，表 5.3 および解説表 5.19 の［注］における補間を行う場合は，すべて直線補間してよい．解説図 5.11～5.12 は表 5.3 および解説表 5.19 を図示したものであり，補間する場合，これを用いると便利である．

5章 調合計算の方法 —195—

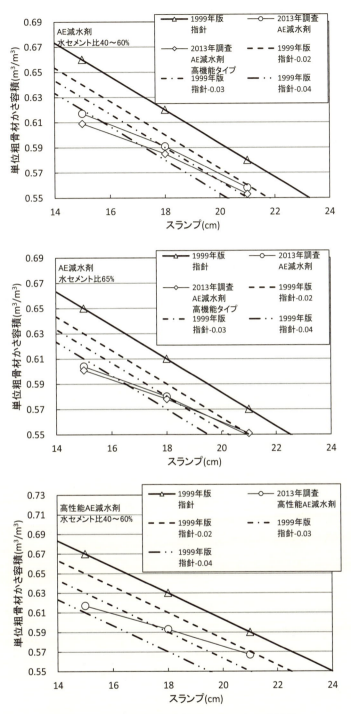

解説図5.10 1999年版調合指針と2013年調査結果の
単位粗骨材かさ容積の比較

解説表 5.19 普通ポルトランドセメントおよび AE 減水剤を用いる軽量コンクリートの単位粗骨材かさ容積の標準値（m³/m³）

水セメント比(%)	スランプ(cm)	軽量コンクリートの種類 1種および2種
40〜45	8	0.64
	12	0.62
	15	0.60
	18	0.57
	21	0.54
50〜55	8	0.63
	12	0.61
	15	0.59
	18	0.56
	21	0.53
60	8	0.62
	12	0.60
	15	0.58
	18	0.55
	21	0.52

［注］ 表中にない値は，補間によって求める．

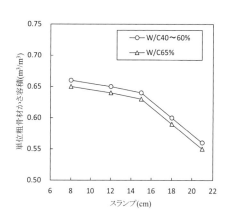

解説図 5.11 普通コンクリートのスランプと単位粗骨材かさ容積の関係

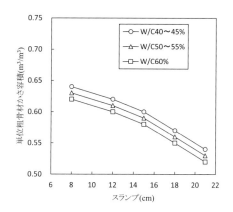

解説図 5.12 軽量コンクリート1種および2種のスランプと単位粗骨材かさ容積の関係

　単位粗骨材かさ容積の標準値とは，標準的な材料を使用し所定のスランプでワーカブルなコンクリートを得るためのかさ容積の値である．所定のスランプのコンクリートを得るための単位粗骨材かさ容積の値は細骨材の粗粒率，粗骨材の最大寸法，混和剤の種類，水セメント比などによって異なる．このうち，支配的な要因は細骨材の粗粒率であり，ほかの要因の影響はあまり大き

くない．本指針では単位粗骨材のかさ容積の標準値を定めた基となる材料および調合の条件は表5.1 および解説表 5.9 に示すとおりである．

　高性能 AE 減水剤コンクリートの場合，特に水セメント比が小さい場合に AE 減水剤とかさ容積を同じとすると細骨材率が大きくなり，コンクリートの粘性が増大することがあるので AE 減水剤よりかさ容積をやや大きくすると良い．その場合の目安は 0.01（m^3/m^3）であるが，コンクリートの状態を見てさらに調節するとよい．解説図 5.13 にコンクリートの構成材料の比率の一例を示す．

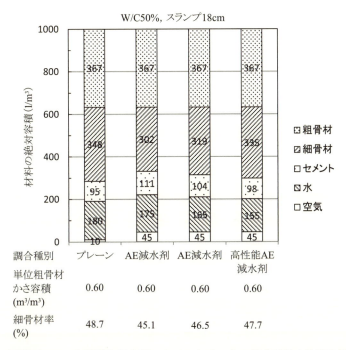

解説図 5.13　各種混和剤を用いたコンクリートの構成材料の比率の例

　単位粗骨材かさ容積は，最初に試し練り調合を定める場合の目安となるものであり，調合計算では，最初は単位粗骨材かさ容積を用いて行い，試し練り後の調合の調整は，細骨材率を適宜増減するのが便利である．

　同じワーカビリティーのコンクリートを得る場合，粗骨材の最大寸法が大きくなるほど単位水量を減らし，単位粗骨材かさ容積を増すことができる．単位水量の補正量は解説表 5.12，5.13 に示したとおりであるが，これに応じる粗骨材の最大寸法が 40 mm または 30 mm の場合の単位粗骨材かさ容積の補正量は，表 5.3 の最大寸法 25 mm の砂利の単位粗骨材かさ容積の値に対し，標準として解説表 5.20 に示す補正を行うのがよい．

　細骨材の粗粒率が異なる場合も，適切な単位粗骨材かさ容積は異なる．細骨材の粗粒率が小さくなり，粒度が細かくなると，コンクリートの粘性は大きくなり，その結果，コンクリートのワーカビリティーが悪くなるため，単位粗骨材かさ容積を大きくし，細骨材の割合を減らす必要が

解説表 5.20 最大寸法が 40 mm または 30 mm の砂利を用いる場合の補正量

砂利の最大寸法 40 mm	砂利の最大寸法 30 mm
10% 増	5% 増

ある．逆の場合は，コンクリートの粘性が小さくなり，その結果，コンクリートはがさついて，やはりワーカビリティーが悪くなるので，単位粗骨材かさ容積を小さくして細骨材量を増やす必要がある．その割合は，普通骨材（砂利および砕石）を使用する場合は，細骨材の粗粒率が 0.1 大きく（小さく）なるごとに単位粗骨材かさ容積を 0.01 小さく（大きく）する．また，軽量骨材の場合は，細骨材の粗粒率が 0.1 大きく（小さく）なるごとに単位粗骨材かさ容積を 1.6% 小さく（大きく）するとよい．

　c．高流動コンクリートおよび高強度コンクリートは水セメント（結合材）比が小さいため，通常の強度のコンクリートに比べて粗骨材の分離が生じにくくなる．このため，高強度コンクリートの単位粗骨材量は通常の強度のコンクリートに比べて大きくすることが可能である．一方，高強度コンクリートは，単位セメント（結合材）量が大きくなるため単位細骨材量が小さくなり，単位粗骨材量を過度に大きくすると骨材全体の粒度構成が粗めになるおそれがある．近年，高強度コンクリートの施工実績は蓄積され，単位粗骨材かさ容積の標準値の範囲[19]は，本会「高強度コンクリート施工指針・同解説」（2013）に示されている．本文表 5.4 はこれを一部引用したものである．

　d．普通ポルトランドセメント以外の結合材，砂利・砕石，砂・砕砂以外の骨材，AE 減水剤，高性能 AE 減水剤以外の化学混和材を用いる場合の単位粗骨材かさ容積は，信頼できる資料によるが，それがない場合は試し練りにより定めることとなる．その場合，最初の試し練り調合では，表 5.3 の値を目安とするとよい．

　e．単位粗骨材量および粗骨材の絶対容積を算出する式を示した．

なお，粗骨材の単位容積質量は JIS A 1104（骨材の単位容積質量及び実積率試験方法）で求めた値とする．また，粗骨材の密度は JIS A 1110（粗骨材の密度及び吸水率試験方法）で求めた表乾密度あるいはその値を吸水率で補正した絶乾密度とする．なお，粗骨材の実積率は粗骨材の単位容積質量をその絶乾密度で除し，百分率で表したものである．

5.6 単位細骨材量

> a．細骨材の絶対容積は，コンクリート 1 m³ から，セメントまたは結合材，水，粗骨材の絶対容積および目標空気量をコンクリートの絶対容積あたりの容積に換算した値を差し引いて求める．ただし，所要の材料分離抵抗性を得るために混和材を使用する場合は，その絶対容積も差し引く．
> b．単位細骨材量は，細骨材の絶対容積に細骨材の密度をかけて求める．
> c．細骨材率は，骨材の絶対容積に対する細骨材の絶対容積の比として求める．

a，b．単位細骨材量は，5.3～5.5 により算出した単位水量，単位セメント量，単位粗骨材量および次項 5.7 で求める混和材料の使用量ならびにあらかじめ定めてある空気量を用いて，(解 5.6)，(解 5.7) 式により求める．

$$V_s = 1\,000 - (V_c + V_w + V_g + V_{air} + V_{ad}) \tag{解 5.6}$$

$$単位細骨材量（kg/m^3）= V_s \times \rho_s \tag{解 5.7}$$

ここで，V_s：細骨材の絶対容積（l/m^3）

V_c：セメントまたは結合材の絶対容積（l/m^3）

V_w：水の絶対容積（単位水量）（l/m^3）

V_g：粗骨材の絶対容積（l/m^3）

V_{air}：空気の絶対容積（l/m^3）

V_{air} ＝目標空気量（%）×1 000/100

V_{ad}：混和材料の絶対容積（l/m^3）

ρ_s：細骨材の密度（g/cm^3）

コンクリート 1 m^3 中のセメント，水，粗骨材，空気および混和材の各々の絶対容積が定まると，細骨材の絶対容積は，コンクリート全体の容積（1 000 l）から上記材料全部の絶対容積を差し引けば求められる．この値に細骨材の密度を乗ずると単位細骨材量が求まる．

なお，骨材の密度は，JIS A 1109（細骨材の密度及び吸水率試験方法）および JIS A 1134（構造用軽量細骨材の密度及び吸水率試験方法）で求めた表乾密度か，その値を吸水量で補正した絶乾密度とする．

c．細骨材率は，骨材（細骨材および粗骨材）の絶対容積に対する細骨材の絶対容積の比であり，(解 5.8) 式により求める．

$$細骨材率（s/a）= \frac{V_s}{V_s + V_g} \times 100 \; (\%) \tag{解 5.8}$$

V_s：細骨材の絶対容積

V_g：粗骨材の絶対容積

一般に，細骨材率が小さすぎる場合は，コンクリートは荒々しい状態となり，スランプが大きいと，粗骨材とモルタルとが分離しやすくなる．一方，細骨材率が大きすぎる場合は，単位水量および単位セメント量を多く必要とし，粘性の大きい流動性の悪いコンクリートとなり，耐久性の観点からも好ましくない．したがって，細骨材率を適正な値にすることはコンクリートのワーカビリティーを良好にするだけでなく，硬化したコンクリートにも良好な結果をもたらす．

本指針では 5.5 節の解説に述べたような長所を考慮し，骨材量を定めるのに単位粗骨材かさ容積の標準値を与える方法をとっている．この方法では，細骨材率は自動的に定まってくるが，それを各種のコンクリートについて示すと解説図 5.14～5.16 のようになる．

コンクリートのワーカビリティーは，細骨材率を若干変えることで微妙に変化し，また，調合の調整には，細骨材率を変化させると簡便なので，計画調合を定める場合は，まず，単位粗骨材かさ容積を用いて一応試し練り調合を定め，試し練り後の調整などは細骨材率を適宜増減して行えばよい．

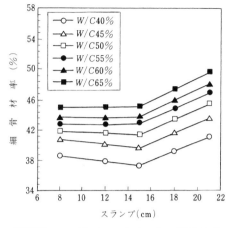
解説図 5.14 砕石コンクリートの細骨材率

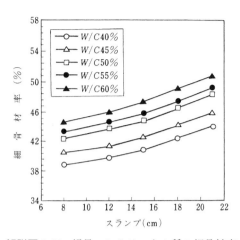
解説図 5.15 軽量コンクリート1種の細骨材率

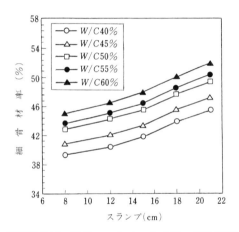
解説図 5.16 軽量コンクリート2種の細骨材率

5.7 混和材料およびその他の材料の使用量

> a．化学混和剤の使用量は，コンクリートの所要のワーカビリティー，空気量および凝結時間などが得られるように定める．
> b．化学混和剤以外の混和材料の使用量は，コンクリートの所定の性能が得られるように定める．
> c．その他の材料は，コンクリートの所要の容積に含めないものとし，その使用量は，コンクリートの所要の性能が得られるように定める．

 a．化学混和剤には，AE剤，減水剤，高性能減水剤，AE減水剤，高性能AE減水剤および流動化剤，硬化促進剤などの種類がある．化学混和剤の主な役割は，界面活性によるエントレインドエアの連行とセメントの分散による減水作用，硬化時間の調整である．所要の性能を得るための使用量は，化学混和剤の種類，セメントの種類，使用骨材の品質，コンクリートの調合，製

造条件，環境温度等，多岐の要因によって変化するので，試し練りや実製造によって使用量を定めるのが一般的である．使用実績が多く，その効果や信頼性が認められているものは，信頼できる資料によって定めてもよい．化学混和剤の品質基準は，JIS A 6204（コンクリート用化学混和剤）がある．この品質基準は主に，定められた単位セメント量で任意の骨材を使用して，減水性および凝結時間，強度特性等を評価する試験であり，あくまでも混和剤自体の性能を評価するものである．したがって，実際にコンクリートを製造する場合には，所要の性能が得られるように使用量を定める必要がある．

（1）減水率

所定のコンシステンシーを得るために必要な単位水量を減少させる目的で，減水剤・高性能減水剤・AE減水剤・高性能AE減水剤が使用される．

AE減水剤は一般的に，あらかじめ使用量が定められ，単位水量によりコンシステンシーを調整する．主成分であるリグニンスルホン酸塩やオキシカルボン酸塩等は，静電反発によりセメントを分散させるが，一方で，これらの成分は遅延作用も併せ持つため，使用量の増加に伴い凝結時間は遅延する．そのため，使用量が過剰な場合，著しい凝結遅延を招く可能性があるので留意が必要となる．また，高性能AE減水剤のように高い減水性がないので，単位セメント量が多い調合では，使用量を増加しても減水性が増加せず，凝結時間だけが遅延する．スランプの経時安定性は，使用量と単位水量に影響を受けるため，標準的な使用量の範囲の中で，所要の性能が得られるように単位水量とAE減水剤の使用量を調整することが望ましい．

高性能AE減水剤は高い減水性能を有しているため，使用量により減水率を調整することが可能である．したがって，あらかじめ決められた単位水量になるように使用量を増減して，コンシステンシーを確保することが可能である．ただし，単位水量の設定が適切ではない場合，使用量の不足によるスランプおよびスランプフローの経時安定性の著しい低下，使用量が過大な場合は，分離および経時的なスランプフローの増大，凝結遅延を招く可能性がある．高性能AE減水剤もAE減水剤と同様に使用量に応じて凝結時間は遅延する．単位セメント量が多い調合で使用されるため，使用量が多くなり，凝結遅延を招く可能性もあるので留意が必要となる．高性能AE減水剤は高い減水性のみではなく，高いスランプ保持性を有しているので，使用量の増加に伴い経時安定性が高まる．スランプ保持性が過剰な場合，荷卸しまでのスランプおよびスランプフローが，製造直後よりも増大する可能性がある．経時的なスランプおよびスランプフローの挙動は，製造条件，調合条件，セメント種類，使用骨材，環境温度に大きく影響を受けるため，使用量はこれらを考慮したうえで定める必要がある．

（2）空気量

コンクリート中にAE剤（空気連行成分）を用いて，エントレインドエアを連行することで，コンシステンシーおよび良好なワーカビリティー，凍結融解作用に対する劣化抵抗性を得ることができる．エントレインドエアは多くの因子によって影響を受ける．解説図5.17に空気連行作用に影響する諸因子[19]を示す．

コンクリートの空気量は，製造条件（練混ぜ性能・練混ぜ時間），調合条件（単位セメント量，

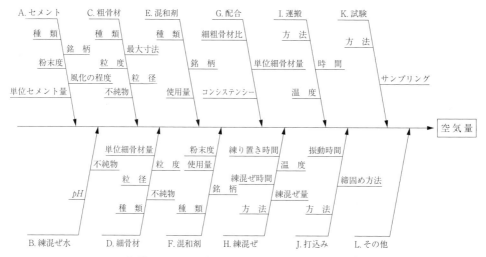

解説図 5.17 空気連行作用に影響する諸因子[19]

細骨材率，スランプ等），セメント種類（粉末度），使用骨材（粗粒率・微粒分量・凝集剤の影響等），環境温度に影響を受ける．また，使用する AE 剤の成分により目標空気量を得るための使用量や空気量の経時安定性は変化する．一般的には，AE 剤の使用量と空気量の関係は比例し，AE 剤の使用量の増減により目標空気量を得ることができる．あらかじめ実際に製造するコンクリートの調合条件で，AE 剤の使用量と空気量の関係を把握しておくことは，空気量を管理するうえで非常に重要である．空気量が目標値を下回った場合は，コンシステンシーとワーカビリティーが損なわれ，空気量が目標値を上回った場合は，強度低下が懸念される．そのため，環境温度ごとの AE 剤使用量と空気連行性の関係を把握することで，季節により使用量を変化させる，または，日中の温度により使用量を変化させるといった対応が可能となる．使用材料に未燃カーボンや有機物が存在した場合は，AE 剤が所要の性能を発揮しない場合があるので，その際は，成分の異なる AE 剤への変更やフライアッシュ用 AE 剤を使用することが望ましい．空気量の経時変化は，AE 剤の使用量のみで管理できる品質ではないため，消泡剤の使用量と AE 剤の使用量の両者を変化させ，所要の性能を得ることが望ましい．

（3） 凝 結 時 間

化学混和剤は，セメントに吸着して分散させるため，セメントと水分の接触を減少させる性質を持つ．そのため，一般的には使用量の増加に伴い凝結時間は遅延する．また，コンクリート温度が高温の場合は，水和が促進するため凝結時間が早くなり，低温の場合は，水和が抑制し凝結時間は遅延する．そのため，夏期には遅延形，冬期には促進形を使用することで，適切な凝結時間にすることができる．一般的に遅延形は使用量が標準期より微増する傾向がある．比較的，凝結時間は使用量に比例するため，他の物性への影響を考慮した上で，使用量を決定することが必要である．

混和剤の使用量は，減水性および凝結時間，強度特性それぞれに影響を及ぼすため，種々の性

能を考慮して使用量を決定する必要がある．ある性能を得るためだけに使用量を決定した場合，他の性能を満足できないことがあるので，事前に使用量を確認することが必要である．使用量を定める際，一般的には室内試験で小型ミキサを使用して試し練りをするが，実際に製造する場合と使用量が合わないケースもある．練混ぜ性能・練混ぜ量が異なると使用量は変化する．そのため，所要の性能を得るための使用量は，実際の製造現場でコンクリートを製造して確認することが望ましい．

　混和剤の使用量は，製造会社が定める範囲中で使用することが望ましいが，使用量への影響因子は多岐に渡るため，製造するコンクリートごとに使用量を定める必要がある．所要の性能を得た上で，コンクリートの他の性質に悪影響を及ぼさない使用量を設定することが重要である．そのため，事前に試験を行う，または，信頼できる資料によって使用量を定める必要がある．

　（4）　流 動 化 剤

　流動化剤の使用量は，目標とするスランプ増大量に応じて定める．ただし，流動化効果は，粒度化剤の銘柄・調合条件・セメント種類・使用骨材等によって変化する．また，流動化剤の添加時期，添加後の撹拌時間により流動化効果が変化する．したがって，流動化剤の使用量を定める際は，実際に使用する材料を用いて，実施工条件に近い条件の下でベースコンクリートを流動化し，使用量を定めることが重要である．

　b．化学混和剤以外の混和材料は，防せい剤，凝結遅延剤，起泡剤，耐寒促進剤，防水剤（材），水和熱抑制剤，分離低減剤等の混和剤とフライアッシュ，高炉スラグ微粉末，シリカフューム，膨張材等がある．混和剤の使用にあたっては，その使用目的，使用方法，取扱い方法などが異なり，また，JIS等の品質基準がない混和剤もある．そのため，これらの混和材料を使用する場合は，信頼できる資料，使用実績または試験などによってその使用量を定めなければならない．

　混和材として用いられるフライアッシュ，高炉スラグ微粉末，シリカフューム，膨張材などは，その品質や使用した際の効果を確認するだけではなく，使用方法・使用量（置換量）とコンクリートに及ぼす影響を事前に確認する必要がある．混和材の効果は，使用量（置換量），粉末度，調合条件，環境条件により変化するため，あらかじめ試験を行い，使用量を定めることが望ましい．また，混和材の種類および使用量（置換量）によって，化学混和剤の使用量も変化するため，信頼できる資料，使用実績または試験によって混和材および化学混和剤の使用量を定める必要がある．

　c．a項，b項以外の混和材料の使用量は，目標性能を得られる使用量を定めるとともに，フレッシュコンクリートおよび硬化コンクリートに及ぼす影響を把握する必要がある．使用量を定める際は，信頼できる資料，使用実績または試験によって定めることが重要である．

参 考 文 献

1)　白山和久：各国のコンクリート調合方法（I）〜（III），建築技術，No. 56〜No. 58, 1956.1〜3
2)　D.A. Abrams : Design of Concrete Mixture, Bulletin 1, Structural Materials Research Laboratory of

Lewise Institute, Chicago, 1918
3) セメント協会：コンクリート専門委員会報告書 F-16, p. 317, 1976.9
4) 日本建築学会　混合セメント用法研究委員会：混合セメントを使用したコンクリートの強度算定式に関する研究，セメント技術年報，XⅧ，pp. 347-354, 1964
5) 桝田佳寛・佐藤幸恵・西　祐宜・宮野和樹ほか：コンクリートの調合計算方法のための調査および実験その1〜その6，日本建築学会学術講演梗概集（近畿），A-1, pp. 513-524, 2014.9
6) 桝田佳寛・阿部道彦・清水昭之ほか：各種骨材・混和剤を用いたコンクリートの調合に関する実験（その1〜その5），日本建築学会学術講演梗概集（関東），pp. 779〜778, 1993.9
7) 日本建築学会：コンクリートの調合設計・調合管理・品質検査指針案・同解説，pp. 19〜20, 1976.2
8) セメント協会：コンクリート専門委員会報告 F-29 粗骨材の品質調査報告，1977.10
9) 日本建築学会：建築工事標準仕様書・同解説 JASS 5 鉄筋コンクリート工事，2009
10) セメント協会：コンクリート専門委員会報告 F-34, p. 7, 1982.5
11) 日本建築学会：フライアッシュセメントを使用するコンクリートの調合設計・施工指針・同解説 p. 38, 1991.6
12) 日本建築学会：コンクリートの調合設計・調合管理・品質検査指針案・同解説，pp. 157, 1976.2
13) 日本建築学会：コンクリート用表面活性剤使用指針案・同解説，p. 57, 1978.2
14) 土木学会：コンクリート・ライブラリー，第 74 号，高性能 AE 減水剤を用いたコンクリートの施工指針（案），p. 16, 1993.7
15) 日本コンクリート工学会：コンクリートの技術の要点，p. 27, 2013.9
16) 飛坂基夫・岸　賢蔵・柳　啓：コンクリート用化学混和剤の品質，第 5 回生コン技術大会研究発表論文集，p. 125, 1989
17) 桝田佳寛・鹿毛忠継・陣内　浩ほか：細骨材の粒度と細骨材率がコンクリートの物性に与える影響その1〜その6，日本建築学会大会学術講演梗概集（北海道），pp. 267-278, 2013.8
18) 日本建築学会：高強度コンクリート施工指針・同解説，p. 99, 2013.11
19) 日本建築学会：コンクリート用表面活性剤使用指針案・同解説，p. 47, 1978.2

6章　算出された計画調合の検討

6.1 一般事項

> 算出された計画調合の案の検討は，調合計算によって得られた調合のコンクリートが，主として耐久設計および環境配慮にかかわる性能の目標を満足することを試し練りの前にあらかじめ確認するために行う．

前章の調合計算の方法では，主として圧縮強度およびワーカビリティーを満足する調合の定め方を示したが，本章では，そこで算出された調合のコンクリートが主として耐久設計および環境配慮にかかわる性能を満足するかどうかを試し練りを行う前にあらかじめチェックする方法を示す．耐久設計にかかわる性能については，最終的には出来上がったコンクリートによって確認されるが，長時間を要する．そのため，得られた調合についてあらかじめチェックし，目標性能が満足されないことが高い確率で予測される場合は，コンクリートの材料および調合を変更するか，あるいは目標性能を変更して別途対策を講じる必要がある．

6.2 ヤング係数

> コンクリートのヤング係数の推定値は，骨材の種類，密度，吸水率およびヤング係数，単位セメント量または単位結合材量および単位水量などを考慮して信頼できる計算方法によって求め，その値が2章で定めた目標値と大きく異なる場合は，コンクリートの材料，計画調合，その他必要な事項を変更する．

多数の実験の結果によれば，コンクリートの圧縮強度が高いほど，単位容積質量が大きいほど，コンクリートのヤング係数は大きい値を示す．そこで，圧縮強度あるいは圧縮強度と密度の関係式によって，コンクリートのヤング係数を便宜的に求めることができる．具体的には，圧縮強度が $36\,\text{N/mm}^2$ 以下の場合は（解6.1）式に示す本会編「鉄筋コンクリート構造計算規準・同解説」(1991) の推定式により，また $36\,\text{N/mm}^2$ を超えるコンクリートでは（解6.2）式に示すNew RC 式をもとにコンクリートのヤング係数を推定することができる．

$$E = 2.10 \times 10^4 \times (\gamma/2.3)^{1.5} \times (F_c/20)^{1/2} \qquad (解6.1)$$

ここに，E：コンクリートのヤング係数（N/mm^2）
　　　　γ：コンクリートの単位容積質量（t/m^3）
　　　　F_c：コンクリートの設計基準強度（N/mm^2）

$$E = 3.35 \times 10^4 \times k_1 \times k_2 \times (\gamma/2.4)^2 \times (F_c/60)^{1/3} \qquad (解6.2)$$

ここに，k_1：粗骨材の種類により定まる修正係数
　　　　　　1.2　石灰岩砕石，か焼ボーキサイト
　　　　　　0.95　石英片岩砕石，安山岩砕石，玄武岩砕石，粘板岩砕石，玉石砕石

1.0　　その他の粗骨材
　k_2：混和材の種類により定まる修正係数
　　　1.1　　フライアッシュ
　　　0.95　　シリカフューム，高炉スラグ微粉末
　　　1.0　　混和材を使用しない

　New RC 式は，建設省総合技術開発プロジェクト「鉄筋コンクリート造建築物の超軽量・超高層化技術の開発」の研究成果として提案されたものであり，コンクリートのヤング係数に大きな影響を与える粗骨材の種類に関する修正係数 k_1 と，高強度化するために必要となる混和材に対応した修正係数 k_2 を導入している点が特徴的である．解説図 6.1 は，実験データより得られたコンクリートの圧縮強度とヤング係数の関係に提案式をプロットしたもの[1]である．実験はさまざまな種類の粗骨材について行われたものであるが，提案式は広範囲なコンクリートの圧縮強度に対してほぼ平均値を与えており，30 N/mm² 程度のコンクリートから高強度・超高強度コンクリートまで比較的適合性がよいことが確かめられている．これらを考慮し，本会「鉄筋コンクリート構造計算規準・同解説」でも，1999 年改定版から New RC 式（$k_1=k_2=1.0$）が採用されている．また，軽量コンクリート1種に対しても，γ を適切に設定し $k_1=1.0$ として New RC 式を適用すれば，ほぼ安全側の評価を与えるとされている．

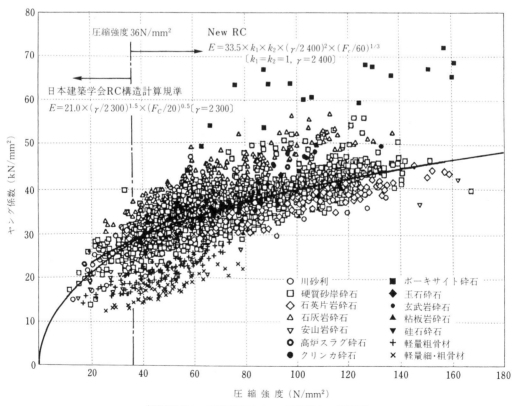

解説図 6.1　圧縮強度とヤング係数との関係[1]

圧縮強度が同じコンクリートでも材料や調合によってヤング係数は異なる．コンクリートを粗骨材とモルタルマトリックスからなる複合材料とみなして，材料や調合からコンクリートのヤング係数が理論的に求められる．そこで，粗骨材やマトリックスのヤング係数（さらにはポアソン比）および粗骨材とマトリックスとの構成比から複合法則を用いて，コンクリートのヤング係数を表した式が提案されている．そのいくつかを挙げてみると解説表6.1のようである[2]．

解説表 6.1 複合体モデルによるヤング係数の表示式[2]

研究者	理論式	記号
Dantu-Hansen	$E_c = V_a E_a + (1-V_a) E_m$	E_c：コンクリートのヤング係数
Dantu-Hansen	$E_c = 1/\{(1-V_a)/E_m + V_a/E_a\}$	E_a：骨材のヤング係数
Hirsch	$E_c = 1/\{K_1 V_a/E_a + K_2(1-V_a)/E_m\}$ $K_1 = 1 - 2Z/\pi \cdot [1 - 1/\{(1-V_a)E_m/E_a + V_a\}]$ $K_2 = 1 - 2Z/\pi \cdot [1 - 1/\{(1-V_a) + V_a E_a/E_m\}]$	E_m：母材のモルタルのヤング係数 V_a：骨材の容積比
Dougill-Hirsch	$E_c = 1/[0.5/\{V_a E_a + (1-V_a) E_m\} + 0.5/\{V_a/E_a + (1-V_a)/E_m\}]$	Z：Hirschの実験定数（=0.785）
Counto	$E_c = 1/[(1-\sqrt{V_a})/E_m + \sqrt{V_a}/\{\sqrt{V_a} E_a + (1-\sqrt{V_a}) E_m\}]$	ν_c：コンクリートのポアソン比
Illston	$E_c = 1/[(1-\sqrt[3]{V_a})/E_m + \sqrt[3]{V_a}/\{\sqrt[3]{V_a^2} E_a + (1-\sqrt[3]{V_a^2}) E_m\}]$	ν_a：骨材のポアソン比
Mehmel-Kern	$E_c = 1/\{1/\sqrt[3]{V_a} E_a + (1-\sqrt[3]{V_a})/\sqrt[3]{V_a} E_m^2\} + (1-\sqrt[3]{V_a^2}) E_m$	ν_m：母材モルタルのポアソン比
Hashin	$E_c = E_m(1-2\nu_c)/(1-2\nu_m) \cdot [[E_m(1-V_a)/(1-2\nu_m) + \{(1+\nu_m)/2(1-2\nu_m) + V_a\} E_a/(1-2\nu_a)]/[\{1+(1+\nu_m) V_a/2(1-2\nu_m)\} E_m/(1-2\nu_m) + (1-V_a)(1+\nu_m) E_a/2(1-2\nu_m)(1-2\nu_a)]]$	
Hashin-Hansen	$E_c = E_m\{(1-V_a) E_m + (1+V_a) E_a\}/\{(1+V_a) E_m + (1-V_a) E_a\}$	
Maxwell	$E_c = E_m\{2E_m + E_a - 2V_a(E_m - E_a)\}/\{2E_m + E_a + V_a(E_m - E_a)\}$	

解説表が示すように，コンクリートのヤング係数は粗骨材の影響を大きく受ける．粗骨材やマトリックスのヤング係数がわかれば，これらの式を用いて計画調合からコンクリートのヤング係数が推定できる．また，解説図6.2は粗骨材の種類・品質によるコンクリートの圧縮強度およびヤング係数への影響を調べた実験結果[3]である．この図から，粗骨材の種類によってコンクリートのヤング係数に差があり，骨材の密度（比重）が高く，吸水率が低いほどコンクリートのヤング係数（静弾性係数）が高くなる傾向にあることがわかる．したがって，コンクリートのヤング係数が2章で定めた目標値と大きく異なることが予測されたならば，コンクリートの材料，特に粗骨材の変更や調合の変更を検討することが必要である．

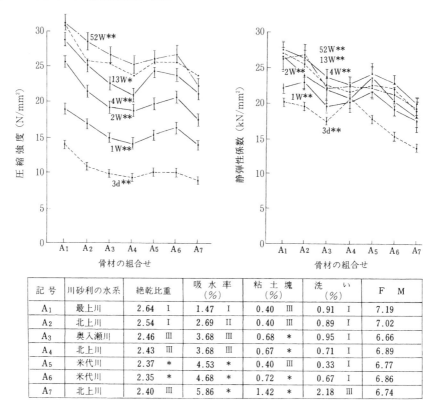

解説図 6.2 粗骨材の品質と圧縮強度, ヤング係数の関係[3]

6.3 単位容積質量

> a. 軽量コンクリートの気乾単位容積質量の推定値は, (6.1) 式により計算し, その値が 2 章で定めた気乾単位容積質量の上限値を超える場合は, 計画調合, その他必要な事項を変更する.
>
> $$W_d = G_0 + G_0' + S_0 + S_0' + 1.25 C_0 + W_f \text{ (kg/m}^3\text{)} \tag{6.1}$$
>
> ここに, W_d: 気乾単位容積質量の推定値 (kg/m³)
> G_0: 計画調合の案における軽量粗骨材量 (絶乾) (kg/m³)
> G_0': 計画調合の案における普通粗骨材量 (絶乾) (kg/m³)
> S_0: 計画調合の案における軽量細骨材量 (絶乾) (kg/m³)
> S_0': 計画調合の案における普通細骨材量 (絶乾) (kg/m³)
> C_0: 計画調合の案におけるセメント量 (kg/m³)
> W_f: コンクリート中の含水量 (kg/m³)
>
> b. 普通コンクリートの気乾単位容積質量または乾燥単位容積質量の推定値は, 単位セメント量, 単位粗・細骨材量 (絶乾) およびコンクリート中の含水量などをもとに信頼できる計算方法によって求め, その値が 2 章で定めた気乾単位容積質量または乾燥単位容積質量の範囲に入らない場合は, コンクリートの材料, 計画調合, その他必要な事項を変更する.

a. 計画調合の案の検討においては, 軽量コンクリートの気乾単位容積質量をコンクリート 1 m³ あたりのセメント量, 骨材量 (絶乾) から (6.1) 式によって推定し, その値が 2 章で定めた

上限値を超える場合は使用する材料や調合の変更を行う．なお，コンクリートの含水量 W_f は JASS 5 では，120 kg/m³ となっている．

軽量コンクリートの気乾単位容積質量は，一般に調合強度が高くなると大きくなる傾向にある．水セメント比と気乾単位容積質量の関係を示すと解説図 6.3 のようになる．

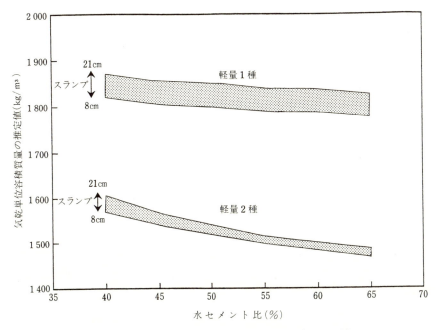

解説図 6.3　水セメント比と気乾単位容積質量の関係

b．普通コンクリートの気乾単位容積質量または乾燥単位容積質量は，例えば，JASS 5N (2013 年)（解 3.6）式などを参考に，以下の（解 6.3）式から求めることができる．

$$W = G_0 + S_0 + 1.2 C_0 + W_f \quad (\mathrm{kg/m^3}) \tag{解 6.3}$$

ここに，W：コンクリートの気乾単位容積質量または乾燥単位容積質量の推定値（kg/m³）

G_0：計画調合の案における粗骨材量（絶乾）（kg/m³）

S_0：計画調合の案における細骨材量（絶乾）（kg/m³）

C_0：計画調合の案におけるセメント量（kg/m³）

W_f：コンクリート中の含水量（kg/m³）

この推定式は以下の考え方による．

コンクリートの気乾単位容積質量または乾燥単位容積質量はそのコンクリート 1 m³ に使用されたセメント量，骨材量（絶乾），セメントと水和反応した結合水量およびコンクリートの含水量の和である．セメントの水和反応による結合水量は，養生条件や骨材種類などにより異なり，理論的に示される完全水和状態における結合水量よりかなり小さい値となる．普通コンクリートでは，この結合水量はセメント質量の約 20% 程度と考えられているため，（解 6.3）式中のセメ

ントの水和反応による結合水量を考慮した係数は通常 1.2 程度となる．なお，軽量コンクリートでは結合水量が普通コンクリートと比較して若干大きく，セメント質量の 25% 程度となると考えられることから，(6.1) 式における同様の係数は 1.25 としている．遮蔽用コンクリートでは乾燥単位容積質量が目標値以上であることが求められるため，コンクリート中の含水量 W_f を 0 と小さく設定することで安全側の評価となるが，設計荷重や断熱性に関しては気乾単位容積質量が大きいほど性能が低下する傾向にあるため，W_f を小さく設定することは逆に危険側の評価となる．したがって，気乾単位容積質量に対する W_f については状況に応じて適切な値を設定する必要があり，普通コンクリートおよび重量コンクリートで 60〜80 kg/m³ 程度と考えられている[4]．

6.4 塩化物イオン量

> 使用するコンクリート中の塩化物イオン量は，セメント，粗骨材，細骨材，水および混和材料に含まれる塩化物イオン量の合計として求め，その値が 4 章で定めた使用するコンクリート中の塩化物イオン量の上限値を超える場合は，コンクリートの材料，計画調合，その他必要な事項を変更する．

建設省告示第 1446 号および JASS 5 では，コンクリート中の塩化物量の上限値を塩化物イオン量について規定している．また，コンクリート中の塩化物イオン量は，打込み前のフレッシュコンクリートについて測定することとしている．そのため，試し練りに先立ち，計画調合の案に基づいて（解 6.4）式によって使用するコンクリート中の塩化物イオン量を計算し，計算結果が 4 章で定めたコンクリート中の塩化物イオン量の上限値を超えた場合は，コンクリートの材料や調合を変更するか，塩化物イオン量の最大値を変更してしかるべき対策を施さなければならない．

$$Cl^- = \frac{1}{100}\left(C_c \times C + C_w \times \frac{1}{10\,000} \times W + C_g \times \frac{35.5}{58.5} \times G + C_s \times \frac{35.5}{58.5} \times S\right) + C_a \quad \text{(解 6.4)}$$

ここで，Cl^-：コンクリート中の塩化物イオン量（kg/m³）

C_c：セメントの塩化物イオン量（%）

C_w：水の塩化物イオン量（ppm）

C_g：粗骨材の塩分量 NaCl（%）

C_s：細骨材の塩分量 NaCl（%）

C_a：混和材料から導入される塩化物イオン量（kg/m³）

C：単位セメント量（kg/m³）

W：単位水量（kg/m³）

G：単位粗骨材量（kg/m³）

S：単位細骨材量（kg/m³）

計算に用いる数値は，解説表 6.2 による．細骨材のうち，銅スラグ細骨材は，製造時に溶融スラグの冷却水に海水を用いる場合があるので砂と同じ扱いにしている．

なお，混和材料から導入される塩化物イオン量については（解 6.5）式によって計算する．

解説表 6.2　使用するコンクリート中の塩化物イオン量の計算に用いる値

材　料	計算に用いる値
水	公的試験機関の試験成績表の値
セメント	セメント会社の試験成績表の最大値
細骨材	砂および銅スラグ細骨材は公的試験機関の試験成績表の値，砕砂，高炉スラグ細骨材，フェロニッケルスラグ細骨材は0とする
粗骨材	通常0とする
混和材料	製造業者の試験成績表の値，フライアッシュは0とする

$$C_a = A \times \frac{Cl^-}{100} \tag{解 6.5}$$

ここに，A：1 m³ あたりの混和材料の使用量
　　　　Cl^-：混和材料中の塩化物イオン量（%）

6.5　乾燥収縮率

> コンクリートの乾燥収縮率の推定値は，セメントまたは結合材の種類，骨材の種類，密度，吸水率およびヤング係数，混和材料の種類，単位水量，単位セメント量または単位結合材量，単位粗骨材量などを考慮して信頼できる計算方法によって求め，その値が2章で定めた乾燥収縮率の上限値よりも高くなる場合は，コンクリートの材料，計画調合，その他必要な事項を変更する．

コンクリートの乾燥収縮に影響を及ぼす要因は数多くあり，主な要因には次のようなものがある．

① 材　料：セメント（種類，成分，粉末度），骨材（種類，密度，吸水率，ヤング係数），化学混和剤，混和材，水．
② 調　合：単位水量，単位セメント量，単位骨材量，水セメント比．
③ 乾燥条件：湿度，乾燥前の養生方法・期間．
④ その他：部材の形状・寸法，打込み条件．

これらのうち，使用するコンクリートの乾燥収縮率（材齢7日までの標準養生後に温度20±3℃，相対湿度60±5%で6か月間乾燥を受けた100×100×400 mmの供試体における値）に影響を及ぼす①材料および②調合について，以下に解説する．

（1）材　料

解説図6.4に，普通ポルトランドセメントを使用したコンクリートに対する各種セメントを用いた場合のコンクリートの乾燥収縮率の比[5]を示す．セメントの種類により乾燥収縮率が異なり，低熱ポルトランドセメントの乾燥収縮率が最も小さく，次いで，早強ポルトランドセメント，中庸熱ポルトランドセメント，フライアッシュセメントが比較的同じような乾燥収縮率を示している．乾燥期間26週における低減率は，低熱ポルトランドセメントで10%程度，早強ポル

トランドセメント，中庸熱ポルトランドセメントおよびフライアッシュセメントでは3%程度である．セメントの種類別によって乾燥収縮率に差が生じるのは主にそれぞれのセメントを構成している化合物の割合が異なるからで，特にC_3Aが多いものほど収縮が大きいといわれている．また，セメントに含まれるせっこうの量も収縮に大きく関与し，せっこうが多くなれば収縮が減少する．その他，セメントの粒子の大きさも収縮に影響し，細かいほうが収縮は大きくなる．しかし，実際のコンクリートでは，使用するセメントの種類が違えば調合も異なることになるので，乾燥収縮率の差は，セメントの種類の影響よりもむしろコンクリートの調合の影響によるところが大きいと考えることができる．

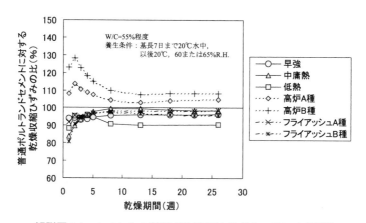

解説図 6.4 セメントの種類が乾燥収縮ひずみに及ぼす影響[5]

解説図6.5および解説表6.3は，岩種の異なる骨材を用いた場合のコンクリートの乾燥収縮率を比較した実験の結果[6],[7]である．コンクリートの乾燥収縮は潜在的にセメントペーストの収縮であり，それが骨材によって拘束されたものと考えることができる．したがって，骨材の種類や

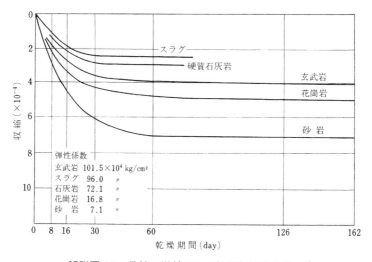

解説図 6.5 骨材の岩種による乾燥収縮率の違い[6]

性質がコンクリートの乾燥収縮率に影響を及ぼし，特に骨材自体の変形特性や乾燥収縮特性の影響は大きいと考えられている．すなわち，骨材のヤング係数の高低や吸水率の高低によってコンクリートの乾燥収縮率が異なる．例えば，ヤング係数が高く，吸水率の低い石灰岩，玄武岩，花崗岩などを用いるとコンクリートの収縮率が低くなり，ヤング係数が低く，吸水率の高い砂岩を用いると収縮率が高くなる．また，骨材の粒径が小さすぎることや，骨材の粒度分布が悪いことに起因して，ワーカビリティーの確保のために単位ペースト量を増すと，結果的にコンクリートの乾燥収縮率が高くなる．

解説表 6.3　コンクリートの収縮に及ぼす骨材種類の影響[7]

骨　　材	密度 (g/cm^3)	吸水率 (%)	材齢1年後の収縮率 (%)
砂　　岩	2.47	5.0	0.115
粘 板 岩	2.75	1.3	0.068
花 崗 岩	2.67	0.8	0.047
石 灰 岩	2.74	0.2	0.041
石　　英	2.66	0.3	0.032

コンクリートに用いられる化学混和剤で主なものはAE減水剤および高性能AE減水剤であり，それらを使用することにより単位水量が低減されるので，その結果，乾燥収縮率はある程度小さくなる．この際のAE剤により連行される3〜5%程度の微細な空隙は，コンクリートの乾燥収縮率にほとんど影響しないと考えてよい．なお，高性能AE減水剤は使用量を変えることによって減水率を増減できるので，その成分や使用量の影響を十分把握しておくことが必要である．

また，現在のところJIS規格は制定されていないが，収縮低減剤も使用されている．解説図6.6は，乾燥期間4週および26週における乾燥収縮率の比（収縮低減剤無添加に対する添加コンクリートの乾燥収縮率の比）と収縮低減剤添加量の関係を示したもの[8]である．これより，収縮低減剤は，添加量にもよるが少なくとも15%程度以上の収縮低減効果を有することが確認できる．

コンクリートに用いられる混和材で主なものはフライアッシュ，高炉スラグ微粉末，シリカフューム，膨張材などである．フライアッシュを用いた場合，フライアッシュセメントと同様な乾燥収縮率の低減効果が期待できることが確認されている．高炉スラグ微粉末を用いた場合，高炉スラグ微粉末の品質・粉末度，養生方法により異なるが，高炉セメントと同様，乾燥収縮率の最終値は無混入コンクリートと同程度であるものの，乾燥初期における収縮は大きくなる傾向にある．シリカフュームについては，自己収縮ひずみの増大の可能性があるため，乾燥収縮に及ぼす影響を事前に把握する必要がある．膨張材は，コンクリートの初期硬化過程で膨張し，その反力としてコンクリートに圧縮応力を生じさせ，乾燥収縮によって生じる引張応力を低減する．膨張材供給メーカーによる試験データの実績などから，膨張ひずみ 150×10^{-6} 以上（材齢7日，20℃水中）を安定的に達成できることが知られており，膨張材の使用効果として少なくとも $150 \times$

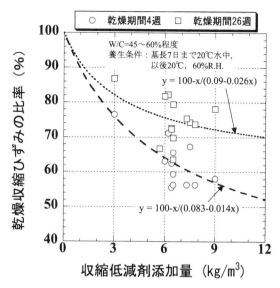

解説図 6.6 収縮低減剤による乾燥収縮ひずみの低減効果[8]

10^{-6} の収縮低減効果を見込むことができる．なお，膨張材と収縮低減剤を併用したコンクリートでは，解説図 6.7 に示すように，互いの効果が損なわれることなく，収縮低減効果はほぼ重ね合わせたものとなる[9]．

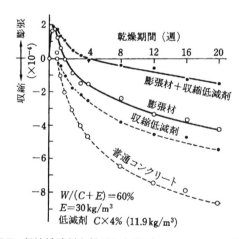

解説図 6.7 収縮低減剤を併用した膨張コンクリートの乾燥収縮[9]

（2）調　合

　調合の中で乾燥収縮への影響が最も大きい因子の一つとして，単位水量が挙げられる．単位水量が過大になると，乾燥によって逸散するコンクリート中の自由水が多くなり，乾燥収縮は大きくなると考えられる．解説図 6.8 は単位水量とコンクリートの乾燥収縮率の関係[10]の一例であるが，収縮が主として単位水量によって支配されることを示している．

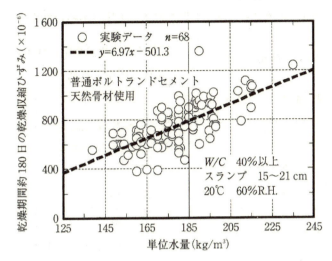

解説図 6.8 単位水量と乾燥収縮率（6 か月）の関係[10]

　解説図 6.9 は，コンクリートの乾燥収縮に関する室内実験の結果について，水セメント比とセメント単位量あたりの乾燥収縮率との関係を求めたもの[11]である．水セメント比が低くなると単位セメント量は大きくなるが，セメント単位量あたりの乾燥収縮率は減少しているので，単位セメント量が増大してもコンクリートの乾燥収縮率の増加量はそれほど大きくならないと考えられる．

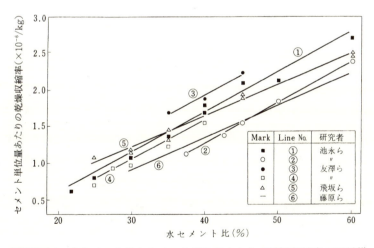

解説図 6.9 水セメント比とセメント単位量あたりの乾燥収縮率の関係[11]

　コンクリートの乾燥収縮はセメントペーストの収縮が骨材によって拘束されたものと考えることができるため，単位骨材量がコンクリートの乾燥収縮の大小に大きく影響する．単位骨材量とコンクリートの乾燥収縮率の関係については，解説図 6.10 に示すように，コンクリートをセメントペースト中に骨材粒子を分散させた 2 相の複合材料と仮定した実験の結果が多数報告されている[12]．いずれの結果も骨材の容積率の増大に伴うコンクリートの乾燥収縮率の減少を示してい

る．単位水量の増大やそれに伴う単位セメント量の増大により，骨材の容積が減少することで，コンクリートの乾燥収縮は増大する．すなわち，コンクリートの乾燥収縮は単位水量を小さくするとともに，単位骨材量，とりわけ単位粗骨材量を大きくすることによっても小さくすることができる．

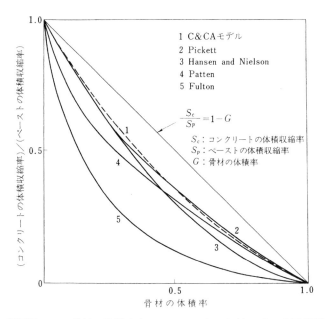

解説図 6.10 骨材の体積率がコンクリートの収縮に及ぼす影響[12]

水セメント比，スランプ，細骨材率などについては，これらの値を変えることによって単位水量，単位セメント量，単位骨材量が変わるので，その結果としてコンクリートの乾燥収縮率が増減する．

(3) 乾燥収縮率の予測式

以上のような各種影響を考慮した乾燥収縮率を予測するための実験式は多数提案されているが，本会でも「鉄筋コンクリート造建築物の収縮ひび割れ制御設計・施工指針（案）・同解説（2006）」(3.1) 式として，構造物の周囲の相対湿度，部材断面の形状・寸法，コンクリートの材料・調合や材齢などの影響を考慮した予測式（以下，本会予測式）を提案している．

本指針では，使用するコンクリートの乾燥収縮率は，材齢 7 日までの標準養生後に温度 20±3℃，相対湿度 60±5% で 6 か月間乾燥を受けた 100×100×400 mm の供試体における値について規定されている．前述した本会予測式は，本会大会学術講演梗概集から収集した 862 件（調合，供試体寸法別）の中から抽出された 3 335 個のデータをもとに確立されたものである．これらのデータの 9 割以上は，実験条件が乾燥開始材齢 7 日，温度 20℃，相対湿度 60%，供試体の体積表面積比 (V/S) 22〜25 mm と，前述した使用するコンクリートの乾燥収縮率測定条件に近い状況で得られたデータである．また，温度 20℃，相対湿度 60%，供試体寸法 100×100×400 mm の実験結果に対して，乾燥収縮率の実験値と予測値を比較した結果，解説図 6.11 のよう

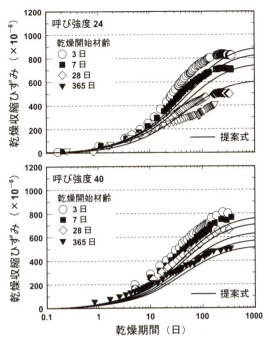

解説図 6.11 乾燥収縮ひずみの実験値と予測値の比較[13]

に若干のばらつきはあるが，乾燥初期の段階から予測値は実験値の傾向をよく表現できていた[13]．

この結果から，前述した本会予測式において，乾燥開始材齢（t_0）7 日，収縮ひずみ評価材齢（t）189 日，相対湿度（h）60%，体積表面積比（V/S）22.2 mm とした（解 6.6）式によって，乾燥収縮率を予測することが可能である．予測式を用いて計算した値が乾燥収縮率の上限値よりも大きくなる場合には，単位水量，単位セメント量などの調合にかかわる数値の見直しを行うと同時に，コンクリートの材料，特に骨材のヤング係数や吸水率について調査して，必要に応じて骨材の変更を検討することが大切である．

$$\varepsilon_{sh}=0.567\times(11\times W-1.0\times C-0.82\times G+404)\times\gamma_1\times\gamma_2\times\gamma_3 \quad (解6.6)$$

ここに，ε_{sh}：乾燥収縮率（$\times 10^{-6}$）

W：単位水量（kg/m^3）

C：単位セメント量（kg/m^3）

G：単位粗骨材量（kg/m^3）

$\gamma_1, \gamma_2, \gamma_3$：それぞれ，骨材の種類の影響，セメントの種類の影響，混和材の種類の影響を表す修正係数で，解説表 6.4 による

解説表 6.4 (解 6.6) 式における影響因子の修正係数 γ_1, γ_2, γ_3[14]

γ_1	0.7	石灰石砕石	γ_3	0.7	収縮低減剤
	1.0	天然骨材		0.8	シリカフューム
	1.2	軽量骨材		0.9	フライアッシュ
	1.4	再生骨材		1.0	無混入
γ_2	0.9	フライアッシュセメント			高炉スラグ微粉末
		早強セメント			
	1.0	普通セメント			
		高炉セメント			

6.6 断熱温度上昇量

> コンクリートの断熱温度上昇量の推定値は，セメントまたは結合材の種類，単位セメント量または単位結合材量などを考慮して信頼できる計算方法によって求め，その値が2章で定めた断熱温度上昇量の上限値よりも大きくなる場合は，コンクリートの材料，計画調合，その他必要な事項を変更する．

コンクリートの水和反応による温度上昇は，セメントの種類，調合，部材の寸法，環境条件などによって決まるが，その基となるのは，セメントの成分組成および粉末度，単位セメント量などの条件である．コンクリート自身の発熱性の評価は，一般的に断熱温度上昇試験によって行われる．コンクリートの断熱温度上昇量は，例えば，セメント種類，単位セメント量の影響を考慮し，本会「マスコンクリートの温度ひび割れ制御設計・施工指針（案）・同解説（2008）」で提案されている（解 6.7）式による，打込み温度20℃における最終断熱温度上昇量で評価できる．

$$K = 1.0 \times (aC + b) \qquad (解 6.7)$$

ここに，K：最終断熱温度上昇量（℃）

C：単位セメント量（kg/m³）

a, b：K を求めるための係数で解説表 6.5 による

解説表 6.5 打込み温度 20℃における係数 a, b[15]

セメント種類	a	b
普通ポルトランドセメント	0.121	13.6
フライアッシュセメントB種	0.122	9.0
高炉セメントB種	0.110	16.8
中庸熱ポルトランドセメント	0.099	14.5
低熱ポルトランドセメント	0.089	13.8
早強ポルトランドセメント	0.121	14.9

断熱温度上昇量の推定値が過大となる場合には，コンクリートの材料，調合，その他必要事項を変更しなければならない．断熱温度上昇量を低減するための材料，調合における対策として以下のものが挙げられる．

（1） 発熱量の小さいセメントを選択する

　セメントの水和熱の大きさは，セメント化合物の中でも C_3S，C_3A 量の大小に影響され，セメント組成中でのそれぞれの量は，セメントの種類によって異なる．したがって，内部温度を低減させるためには，できるだけ発熱量の小さいセメントを選定する必要がある．セメント種類別の水和熱の測定結果の例[16]を解説図 6.12 に示す．図からわかるように，水和熱による温度上昇を低減するには低熱ポルトランドセメント，中庸熱ポルトランドセメント，フライアッシュセメントＢ種，高炉セメントＢ種などを用いるのがよい．また，混合セメントのＡ種は，普通ポルトランドセメントとの差が小さく，早強ポルトランドセメントは，水和熱が大きい．なお，混合セメントＣ種は，Ｂ種に比べて混和材の割合が多く，ポルトランドセメントの量が少なくなることから水和熱が小さくなって好ましいが，強度発現の面では注意を要する．なお，混合セメントの混和材の割合は，同一種別であっても銘柄によって同じではないので，実際に使用するセメントの発熱量・強度発現性を考慮して評価するのがよい．また，高炉セメントはスラグの粉末度を大きくして強度発現性を改良する傾向にあり，必然的に発熱速度も速くなる傾向となっているので，注意を要する．

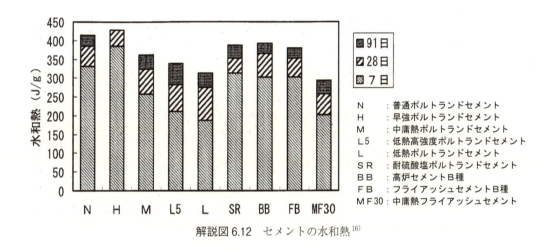

解説図 6.12　セメントの水和熱[16]

（2） AE減水剤・高性能AE減水剤の遅延形を用いる

　AE減水剤や高性能AE減水剤の使用は単位水量を減少させ，その結果，単位セメント量も小さくなり，温度上昇も小さくなる．特に，これらの遅延形はセメントの水和反応を抑制し，温度上昇を緩やかにする．ただし，AE減水剤促進形は初期の水和発熱を増大させるので注意が必要である．

（3） 単位セメント量をできるだけ小さくする

　単位セメント量は，（解6.7）式からもわかるように，コンクリートの温度上昇量に大きな影響

を与える.そのため,単位セメント量は,コンクリートが所要の品質を確保できる範囲内で,できるだけ小さくしなければならない.単位セメント量を低減することによるコンクリートの温度上昇の低減は,単位セメント量 10 kg/m³ につき約 1℃ を目安と考えてよい.

(4) スランプをできるだけ小さくする

コンクリートの水和熱の発生をできるだけ小さくするには,コンクリートの調合においてスランプをできるだけ小さく設定し,単位セメント量ができるだけ小さくなるようにすることが重要である.水和熱が問題になる場合,スランプは 15 cm 以下とするのがよい.

(5) 単位水量,細骨材率をできるだけ小さくする

単位水量が大きいと単位セメント量が増大し,温度上昇量を大きくする原因となる.また,必要以上に細骨材率を大きくすると,単位水量および単位セメント量が増大するため,コンクリートの温度上昇量が大きくなる.そのため,単位水量,細骨材率はできるだけ小さくしなければならない.

(6) 必要以上に水セメント比を低くしない

水セメント比は,コンクリートの調合強度が得られ,かつ,所定の耐久性や水密性などが得られるように定める.しかし,必要以上に水セメント比を低くすると単位セメント量が増大することになる.単位セメント量が増大すると,温度ひび割れが生じやすくなり,耐久性や水密性が損なわれ,所定の品質のコンクリートが得られなくなることもある.そのため,水セメント比は所定の耐久性が確保できる範囲で,必要以上に小さくならないように定めることが重要である.

(7) 調合管理強度を定める材齢を長くする

コンクリートの温度上昇を小さくするために水和熱の小さいセメントやフライアッシュなどの混和材を用いると,一般に長期強度の伸びは期待できるが,初期の強度発現は遅くなる.JASS 5 (2003) では構造体コンクリートが品質基準強度を満足しなければならない材齢 n 日は一般的に 28 日としており,これを 28 日を超え 91 日以内で長くして計画調合を定めることができた.しかし,JASS 5 (2009) では n 日を 91 日と設定したため,このような対策は採用できない.一方,構造体強度補正値 $_{28}S_{91}$ が計算上マイナスになるような場合には,調合管理強度を定める材齢 m 日を n 日以内の範囲で長くして,$_mS_n$ が 0 程度となるように設定することで,水セメント比を高く,単位セメント量を小さくでき,その結果,コンクリートの水和熱が小さくできる.また,気温による構造体強度補正値を採用するのではなく,コンクリート温度を養生温度とみなすことにより,構造体強度補正値を低減することも検討する.

6.7 アルカリ総量

> 使用するコンクリート中のアルカリ総量は,セメント,粗骨材,細骨材および混和材料に含まれるアルカリ量の合計として求め,その値が 4 章で定めたコンクリート中のアルカリ総量の上限値を超える場合は,コンクリートの材料,計画調合,その他必要な事項を変更する.

使用するコンクリート中のアルカリ総量は,(解 6.8) 式あるいは (解 6.9) 式によって計算する.

$$R_t = \frac{Na_2Oeq}{100} \times C + 0.9 \times Cl^- + R_m \tag{解 6.8}$$

$$R_t = \frac{Na_2Oeq}{100} \times C \tag{解 6.9}$$

ここに，R_t：アルカリ総量（kg/m³）

Na_2Oeq：セメント中の全アルカリ（%）

$Na_2Oeq = Na_2O$（%）$+ 0.658 K_2O$（%）とする．

C：単位セメント量（kg/m³）

Cl^-：コンクリート中の塩化物測定によって得られる塩化物イオン量（kg/m³）

R_m：コンクリート中の混和剤に含まれるアルカリ量（kg/m³）

なお，混和剤に含まれるアルカリ量 R_m は（解 6.10）式によって計算する．

$$R_m = A \times \frac{R_a}{100} \tag{解 6.10}$$

ここに，A：混和剤の使用量（kg/m³）

R_a：混和剤中の全アルカリ量（%）

6.8 クリープ係数

> コンクリートのクリープ係数の推定値は，セメントまたは結合材の種類，骨材の種類，密度，吸水率およびヤング係数，混和材料の種類，単位水量，単位セメント量または単位結合材量，単位粗骨材量などを考慮して信頼できる計算方法によって求め，その値が2章で定めたクリープ係数の上限値よりも大きくなる場合は，コンクリートの材料，計画調合，その他必要な事項を変更する．

コンクリートのクリープは，クリープ係数で評価されることが多いが，これは載荷時のひずみに対するクリープひずみの比であり，長期にわたる変形挙動を評価するのに都合がいいからである．コンクリートのクリープのメカニズムについては十分明らかにされていないが，6.5の解説で述べた乾燥収縮に影響する因子がほぼクリープにも影響する．それぞれの因子が影響する度合いは異なるが，影響のしかたは乾燥収縮の場合と近似している．一般には，

① 使用するセメント，骨材，混和材料の種類によりコンクリートのクリープひずみの大きさは異なるが，特に骨材の品質がクリープに大きく影響して，ヤング係数の大きい骨材を使用すればコンクリートのクリープひずみは小さくなる．

② 単位セメント量が大きいほど，モルタル分が多いほど，水セメント比が高いほどコンクリートのクリープひずみは大きくなるが，特にコンクリートの水セメント比を低くするとクリープ係数は小さくなる．

③ 大気の湿度が高いほど，部材寸法が大きいほど，コンクリートのクリープ係数は小さくなる．

また，コンクリートに力が加わる材齢が早いほどクリープひずみは大きくなるので，遅い時期に型枠を脱型したほうがコンクリートのクリープ係数は小さくなるが，加わる力の種類や大きさ

解説表 6.6　構造設計用クリープ係数最終値[17]

ポストテンションの場合	プレテンションの場合
普通コンクリート　$\phi_n=2$ 軽量コンクリート　$\phi_n=2$	普通コンクリート　$\phi_n=2.5$

はクリープ係数の大きさに影響しない．本会「プレストレストコンクリート設計施工規準・同解説」では，コンクリートのクリープ係数の最終値として解説表 6.6 の値を規定している．

以上のようにコンクリートのクリープに影響する因子は数多いが，材料や調合からコンクリートのクリープ係数を推定するための式が CEB-FIP Model Code 1990 や ACI Committee 209 から提案されている．また，室内におけるコンクリートのクリープに関する実験結果は過去に多数報告されているので，試し練りの段階でクリープ係数を予測する際の参考にするとよい．

6.9　再生材料の使用量

> コンクリート 1 m³ あたりの再生材料の使用量は，再生材料を含む材料の種類や単位量などを考慮して信頼できる計算方法によって求め，その値が 2 章で定めた再生材料の使用量の下限値に達しない場合は，コンクリートの材料，計画調合，その他必要な事項を変更する．

ここでは，コンクリート 1 m³ あたりの再生材料の使用量を評価する．ただし，同水準の性能を有する基準とするコンクリートに再生材料が用いられていた場合は，その量を減じて評価する．以下の（1）～（4）などに関して，2 章で定めた要求内容に応じた方法で再生材料の使用量を評価する．

（1）　使用する再生材料の指定

再生材料の使用に関する要求は，対象を特定の材料（例えば高炉セメントなど）に限定する場合，再生材料を使用する材料分類（例えばセメントなど）を限定する場合，分類を限定せずに複数の再生材料の使用に対してその総量もしくは分類ごとに重み付けした数量の総量で指定する場合などの様々な場合がある．

（2）　再生材料の質量もしくは容積による指定

再生材料の使用に関する要求は，質量もしくは容積で指定する場合がある．

（3）　再生材料を混合した材料の評価方法の指定

例えば，高炉スラグ微粉末を混合した高炉セメントなどのように，再生材料と再生材料以外の材料を混合した材料については，混合物の全量に再生材料の混合比率に応じた係数を乗じて再生材料の使用量を評価する場合があり，その場合の係数には要求内容に応じた数値を用いる．

（4）　原材料の一部として再生材料が使用された材料の評価方法の指定

例えば，ポルトランドセメントの原材料における再生材料の割合は 3 割程度と言われており，ポルトランドセメントの 3 割を再生材料の使用量として評価する考え方もある．

以下に，再生材料の使用量の計算例を示す．

解説表6.7 コンクリートの調合条件

種類	調合管理強度 (N/mm²)	スランプ (cm)	空気量 (%)	水セメント比 (%)	単位量（kg/m³）					AE減水剤 (C×%)
					セメント		水	細骨材 (砂)	粗骨材 (砕石)	
					普通ポルトランド	高炉B種				
基準	30	18	4.5	51.2	362	—	185	815	914	0.8
環境配慮				49.8	—	368	183	786	933	

解説表6.8 再生材料の使用量の計算条件

	評価方法の指定
(1)	セメントまたは結合材における再生材料の使用量を評価.
(2)	質量による評価.
(3)	高炉セメントB種を使用した場合は，セメントの45%を再生材料として評価.
(4)	ポルトランドセメントの原材料における再生材料の使用は考慮せずに評価.

　ここでは，解説表6.7に示す基準とするコンクリートと圧縮強度（調合管理強度30 N/mm²）およびワーカビリティー（スランプ18 cm）に関する性能が同水準の環境配慮型コンクリートについて，解説表6.8の計算条件をもとに再生材料の使用量を計算する．解説表6.8の（4）の指定から普通ポルトランドセメントの原材料における再生材料の使用は考慮しないため，基準とするコンクリートにおける再生材料の使用量は0.0 kg/m³である．また，解説表6.8の（1）〜（4）の指定から環境配慮型コンクリートにおける再生材料の使用量は以下のように与えられる．

$$368 \times 45/100 = 165.6 \text{ kg/m}^3$$

　したがって，環境配慮型コンクリートにおける再生材料の使用量165.6 kg/m³から基準とするコンクリートにおける再生材料の使用量0.0 kg/m³を減じた165.6 kg/m³を再生材料の使用量とし，この値が2章で定めた再生材料の使用量の下限値以上であることを確認する．

6.10 エネルギーの削減量

　コンクリート1 m³あたりのエネルギーの削減量は，コンクリートの材料の種類や単位量などを考慮して信頼できる計算方法によって求め，その値が2章で定めたエネルギーの削減量の下限値に達しない場合は，コンクリートの材料，計画調合，その他必要な事項を変更する．

　ここでは，指定された項目に関して，同水準の性能を有する基準とするコンクリートに対する，材料の製造および運搬も含めたコンクリートの製造にかかるエネルギーの削減量をもとに評価する．

解説表6.9　各種セメントの製造時の投入エネルギー量（2005年度）[18]

セメント種類	投入エネルギー量（GJ/t）
普通ポルトランドセメント	3.40
高炉セメントB種	2.28
フライアッシュセメントB種	3.02

セメントについては，解説表6.9に示すようにポルトランドセメントよりもセメント製造時の投入エネルギー量が小さい高炉セメントやフライアッシュセメントの使用により，エネルギー量の削減が期待できる．その場合のエネルギーの削減量は，ポルトランドセメントを使用した基準とするコンクリートおよびそれと同水準の性能を有する環境配慮型コンクリートの単位セメント量とセメント製造時の投入エネルギー量をもとに，（解6.11）式のように計算できる．

$$\Delta E = \frac{C_p \times k_{Ep} - C_e \times k_{Ee}}{1\,000} \tag{解6.11}$$

ここに，ΔE：コンクリート1 m³あたりのエネルギーの削減量（GJ/m³）
　　　　C_p：基準とするコンクリートの単位セメント量（kg/m³）
　　　　C_e：基準とするコンクリートと同水準の性能を有する環境配慮型コンクリートの単位セメント量（kg/m³）
　　　　k_{Ep}：基準とするコンクリートに用いるセメントの製造時の投入エネルギー量（GJ/t）
　　　　k_{Ee}：環境配慮型コンクリート用セメントの製造時の投入エネルギー量（GJ/t）

セメントの製造時以外の因子（例えば，材料運搬にかかるエネルギーなど）についても，エネルギーの削減が期待できる場合には，同様な検討を行ってエネルギーの削減が認められれば，それらのエネルギーの削減量の足し合わせにより評価することができる．

以下に，エネルギーの削減量の計算例を示す．

ここでは，6.9における検討と同様に，解説表6.7に示す基準とするコンクリートと圧縮強度（調合管理強度30 N/mm²）およびワーカビリティー（スランプ18 cm）に関する性能が同水準の環境配慮型コンクリートについて，（解6.11）式をもとにセメント製造時の投入エネルギーの削減量を計算する．エネルギーの削減量ΔEは以下のように与えられる．

$$\Delta E = (362 \times 3.40 - 368 \times 2.28)/1\,000 = 0.39\ \mathrm{GJ/m^3}$$

したがって，この値が2章で定めたエネルギーの削減量の下限値以上であることを確認する．

6.11　CO_2排出量の削減量

　コンクリート1 m³あたりのCO_2排出量の削減量は，コンクリートの材料の種類や単位量などを考慮して信頼できる計算方法によって求め，その値が2章で定めたCO_2排出量の削減量の下限値に達しない場合は，コンクリートの材料，計画調合，その他必要な事項を変更する．

ここでは，指定された項目に関して，同水準の性能を有する基準とするコンクリートに対す

る，材料の製造および運搬も含めたコンクリートの製造にかかる CO_2 排出量の削減量をもとに評価する．

セメントについては，解説表 6.10 に示すようにポルトランドセメントよりも CO_2 排出量原単位が小さい高炉セメントやフライアッシュセメントの使用により，CO_2 排出量の削減が期待できる．その場合の CO_2 排出量の削減量は，ポルトランドセメントを使用した基準とするコンクリートおよびそれと同水準の性能を有する環境配慮型コンクリートの単位セメント量とセメントの CO_2 排出量原単位をもとに，（解 6.12）式のように計算できる．

解説表 6.10　各種セメントの CO_2 排出量原単位（2011 年度）[19]

セメント種類	CO_2 排出量原単位（kg-CO_2/t）
普通ポルトランドセメント	764.3
高炉セメント B 種	444.1
フライアッシュセメント B 種	643.4

$$\Delta CO_2 = \frac{C_p \times k_{Cp} - C_e \times k_{Ce}}{1\,000} \tag{解 6.12}$$

ここに，ΔCO_2：コンクリート 1 m^3 あたりの CO_2 排出量の削減量（kg-CO_2/m^3）

　　　　C_p：基準とするコンクリートの単位セメント量（kg/m^3）

　　　　C_e：基準とするコンクリートと同水準の性能を有する環境配慮型コンクリートの単位セメント量（kg/m^3）

　　　　k_{Cp}：基準とするコンクリートに用いるセメントの CO_2 排出量原単位（kg-CO_2/t）

　　　　k_{Ce}：環境配慮型コンクリート用セメントの CO_2 排出量原単位（kg-CO_2/t）

セメントの製造時以外の因子（例えば，材料運搬にかかる CO_2 排出量など）についても，CO_2 排出量の削減が期待できる場合には，同様な検討を行って CO_2 排出量の削減が認められれば，それらの CO_2 排出量の削減量の足し合わせにより評価することができる．

以下に，CO_2 排出量の削減量の計算例を示す．

ここでは，6.9 節における検討と同様に，解説表 6.7 に示す基準とするコンクリートと圧縮強度（調合管理強度 30 N/mm^2）およびワーカビリティー（スランプ 18 cm）に関する性能が同水準の環境配慮型コンクリートについて，（解 6.12）式をもとにセメント製造時の CO_2 排出量の削減量を計算する．CO_2 排出量の削減量 ΔCO_2 は以下のように与えられる．

$$\Delta CO_2 = (362 \times 764.3 - 368 \times 444.1)/1\,000 = 113 \text{ kg-}CO_2/m^3$$

したがって，この値が 2 章で定めた CO_2 排出量の削減量の下限値以上であることを確認する．

参考文献

1) 日本建築学会：コンクリートの調合設計指針・同解説，p. 36, 1999
2) 岡田　清ほか：コンクリート工学ハンドブック，朝倉書店，p. 467, 1981

3) 和泉意登志ほか：東北地方の低品質骨材を用いたコンクリートの諸性質について，日本建築学会大会学術講演梗概集（近畿），pp. 1～2, 1980
4) 友沢史紀：やさしいコンクリートの知識（その6）骨材について（2），コンクリート工学，Vol. 16, No. 9, pp. 115～123, 1978
5) 日本建築学会：鉄筋コンクリート造建築物の収縮ひび割れ制御設計・施工指針（案）・同解説，p. 111, 2006
6) 近藤泰夫ほか：コンクリート工学ハンドブック，朝倉書店，p. 364, 1965
7) 森田司郎ほか：コンクリート構造物におけるひび割れの制御（ACI224委員会報告），コンクリートジャーナル，Vol. 12, No. 4, pp. 34～43, 1974
8) 日本建築学会：鉄筋コンクリート造建築物の収縮ひび割れ制御設計・施工指針（案）・同解説，p. 115, 2006
9) 土木学会："コンクリート標準示方書（昭和61年制定）改定資料"，コンクリートライブラリー第61号，p. 29, 1986
10) 日本建築学会：建築工事標準仕様書・同解説 JASS5 鉄筋コンクリート工事，p. 234, 2009
11) 池永博威ほか：高強度コンクリートの乾燥収縮に関する研究，セメントコンクリート論文集，No. 46, pp. 690～695, 1992
12) 馬場明生訳：コンクリートの収縮に対する骨材の拘束の影響，コンクリート工学，Vol. 13, No. 3, pp. 65～68, 1975.3
13) 日本建築学会：鉄筋コンクリート造建築物の収縮ひび割れ制御設計・施工指針（案）・同解説，p. 183, 2006
14) 日本建築学会：鉄筋コンクリート造建築物の収縮ひび割れ制御設計・施工指針（案）・同解説，p. 5, 2006
15) 日本建築学会：マスコンクリートの温度ひび割れ制御設計・施工指針（案）・同解説，p. 7, 2008
16) 宇部三菱セメント：技術資料 第6版，p. 9, 2013
17) 日本建築学会：プレストレストコンクリート設計施工規準・同解説，p. 14, 2006
18) 土木学会・コンクリート委員会：コンクリートの環境負荷評価（その2），コンクリート技術シリーズ No. 62, p. 39, 2004.9
19) セメント協会：セメントのLCIデータの概要，p. 7, 2013.7

7章　試し練りと調合の調整および計画調合の決定

7.1　試し練り

> 試し練りは，原則として JIS A 1138 によって行うものとし，通常は，次の（1）～（5）および（7）の項目について試験し，必要に応じて（6）および（8）～（12）について試験する．なお，各材料の計量値は 4.5 で定めた練上がり時の容積をもとに考える．
> （1）　ワーカビリティー
> （2）　練上がり時のスランプ・スランプフロー
> （3）　練上がり時の空気量
> （4）　フレッシュコンクリートの単位容積質量
> （5）　練上がり温度
> （6）　塩化物イオン量
> （7）　圧縮強度
> （8）　硬化コンクリートの気乾単位容積質量および乾燥単位容積質量
> （9）　ヤング係数
> （10）　乾燥収縮率
> （11）　クリープ係数
> （12）　その他

　計画調合を定めるために試し練り調合の計算が終了したら，試し練りを行って調合が適正であることを確認する．試し練りは，試験室における試験用ミキサによる試し練りおよびレディーミクストコンクリート工場におけるコンクリートの製造に用いているミキサ（実機）による試し練りがある．目的にもよるが，試し練りはできるだけ厳密に行う必要があり，試験室による試し練りは，JIS A 1138（試験室におけるコンクリートの作り方）によって行うことが原則である．

　（1）　ワーカビリティーの良否は，練り上がったコンクリートをコンクリートポンプで試験圧送したり，実際の打込み箇所と同じように作った型枠内に打ち込んで，コンクリートの流動性や分離の状況を観察したり，さらにコンクリート硬化後型枠を除去して，コンクリートの充填状況や表面性状を検討すれば最もよく評価できる．しかし，このような実際の施工に近い比較的大規模な試験をしなくても，JIS A 1138 に従って試験室でコンクリートを練り混ぜ，練り上がったコンクリートをショベルで動かしたり，やや高いところから落下させてみても，コンクリートのワーカビリティーを判断できる．また，スランプ試験やスランプフロー試験の際にスランプしたコンクリートの形状や，これをタッピングしたときのくずれかたなどによって判断することもできる．近年，試験室でのコンクリートの練混ぜ時に，コンクリートの性状を簡易評価する各種の試験が検討されているため，これらの試験を参考に性状評価を実施することも望ましい．

　（2）～（5）　スランプは，JIS A 1101（コンクリートのスランプ試験方法）によって，スランプフローは JIS A 1150（コンクリートのスランプフロー試験）によってそれぞれ試験をする．
　空気量は，JIS A 1128（フレッシュコンクリートの空気量の圧力による試験方法─空気室圧力

方法），JIS A 1118（フレッシュコンクリートの空気量の容積による試験方法—容積方法）またはJIS A 1116（フレッシュコンクリートの単位容積質量試験方法および空気量の質量による試験方法—質量方法）によって試験する．

　また，フレッシュコンクリートの単位容積質量はJIS A 1116によって試験する．さらに，フレッシュコンクリートのワーカビリティーは温度の影響を受けるので，試し練りに際しては練上がり温度のチェックも忘れてはならない．

　試し練りの結果の判断基準については，目的に応じて定める必要がある．試験室における試し練りではできるだけ厳密に行うのがよく，スランプについては，JASS 5 (2009) の11節「品質管理・検査および措置」の荷卸し地点におけるレディーミクストコンクリートの受入検査で規定している許容差よりも小さい値とするのがよく，±1.0 cmを目安とすればよい．また，フレッシュコンクリートの単位容積質量についても±2.0%を目安とする．

　空気量は4.4節で定めた練上がり時の空気量で考えるため，目標空気量に運搬および圧送中の空気量の変化を考慮した値となる．例えば，目標空気量が4.5%，運搬および圧送中の空気量の変化を0.5%減少と設定した場合，練上がり時の空気量は5.0%となる．6節までで設定した1 m^{3}あたりの調合表は目標空気量（ここでは4.5%）で考えているため，試し練りを行うコンクリートの練上がり時の容積は，空気量0.5%の増分を加えた1.005 m^{3}となる．実際の試し練りでは，6章までで設定した1 m^{3}あたりの調合に対してAE剤の増減で空気量を調整すると，比較的容易に練上がり時の空気量となったコンクリートを得ることができる．

　(6) コンクリート中の塩化物イオン量は，コンクリート中の水の塩化物イオン濃度を測定し，この値に単位水量の値をかけることで求めることができる．塩化物イオン量の測定は，JIS A 1144（フレッシュコンクリート中の水の塩化物イオン濃度試験方法）によって試験する．また，簡易な塩化物量の測定方法として，JASS 5T-502（フレッシュコンクリート中の塩化物量の簡易試験方法）を用いてもよい．フレッシュコンクリート中の塩化物は主に海砂の使用に起因することはいうまでもないが，さらにセメント，水あるいは混和材料などによってコンクリート中の塩化物イオン量が増えるおそれも十分にある．

　(7) 試し練りにおける重要な項目に，硬化コンクリートの圧縮強度試験がある．コンクリートの圧縮強度試験は，JIS A 1108（コンクリートの圧縮強度試験方法）によるものとし，圧縮強度試験用供試体は，JIS A 1132（コンクリートの強度試験用供試体の作り方）によるものとする．ここでの圧縮強度試験は，所定の調合強度が得られるか否かを目的としているため，供試体の養生は原則として標準養生とする．圧縮強度試験の結果の判断基準については，圧縮強度のばらつきを考慮して所定の材齢において調合強度の0.95倍以上が得られることを目安とすればよい．

　(8)～(12) 硬化コンクリートの気乾単位容積質量または乾燥単位容積質量，ヤング係数，乾燥収縮率，クリープ係数については，6章「算出された計画調合の検討」で，あらかじめ予測した値に近い値が得られるか否かを確認する．試験の方法は，ヤング係数についてはJIS A 1149（コンクリートの静弾性係数試験方法）が，乾燥収縮率についてはJIS A 1129（モルタル及びコ

ンクリートの長さ変化試験方法）が，クリープ係数については JIS A 1157（コンクリートの圧縮クリープ試験方法）がある．また硬化コンクリートの単位容積質量は公的に認められた試験方法がないので，過去に実施されている試験方法を参考にして試験する．

　硬化コンクリートの単位容積質量，ヤング係数，乾燥収縮率，クリープ係数の大きさはコンクリートの調合によって異なるが，材料の種類や品質によってもかなり左右され，なかでも粗骨材の品質が大きく影響する．また，乾燥収縮やクリープの試験では試験に長時間を要し，かつ試験結果がある程度の範囲でばらつくことを考慮することが必要になる．さらに，これらの値は圧縮強度がわかればある程度推測が可能である．したがって，使用材料，特に骨材についての詳しい資料がある場合には，これらの試験は試し練りでは省略してもよい．

　その他の項目としては，水和発熱がある．コンクリートの水和熱については，断熱温度上昇試験を行うか，実際に近い断面寸法の部材に打ち込んでコンクリート温度を実測するとよい．

7.2　調合の調整および計画調合の決定

> 前項に示した項目について必要な条件が満たされない場合は，その原因を確かめ，必要な条件を満足するように調合を調整する．また，必要に応じて再度試し練りを行い，計画調合を決定する．

　試し練りを行った結果，フレッシュコンクリートの性状が必要な条件を満足しない場合には，下記の手順により試し練り調合を確認する．

（1）　計画調合の確認

　試し練り調合のもととなる計画調合の算出時に設定したセメント・骨材などの密度に誤りはないか，また，各材料の単位量（絶対容積，質量）の計算に誤りはないか．

（2）　試し練り調合の確認

　計画調合をもとに練混ぜ量および骨材の含水状態に応じて算出した，試し練り調合（現場調合）に計算違いはないか．

（3）　計量値の確認

　試し練り調合に定められている各材料の計量値に誤りはないか．

（4）　骨材の含水状態の確認

　試し練り調合の実施に際して用いられた骨材，特に細骨材の含水状態（表乾，湿潤）が正しく把握されており，その補正（表面水量）に誤りはないか．

（5）　骨材粒度の確認

　骨材，特に粗骨材を計量する場合に粒度に偏りを生じることなく，代表的な試料を採取しているか．

　これを確認したうえで，計画時に定めた条件を満足しなかった場合には，計画時の条件を満足するコンクリートを得るために調合を調整する．

（1）　計画時に定めた空気量が得られなかった場合

　コンクリート用化学混和剤として AE 減水剤および高性能 AE 減水剤を用いている場合は，そ

れ自体の使用量を変えずに，その混和剤固有の空気量調整剤の使用量を増減して，所要の空気量を確保する．

なお，スランプが18 cm 程度のコンクリートでは空気量を1%増加すると，スランプは約1.5 cm 大きくなる．

（2） 計画時に定めたスランプが得られなかった場合

コンクリート用化学混和剤として従来の AE 減水剤を用いている場合は，それ自体の使用量を変えずに，単位水量を増減して所定のスランプとする．

なお，スランプが18 cm 程度のコンクリートではスランプを1 cm 大きくするには，単位水量を約3～4 kg/m^3 増加する．

なお，近年需要が増加している減水率が比較的高い AE 減水剤，および高性能 AE 減水剤を用いている場合には，単位水量を変えずにその混和剤の標準的な範囲内で使用量を増減して所定のスランプとする．

（3） 計画時に定めた空気量およびスランプがともに得られなかった場合

前述のようにコンクリートのスランプは単位水量のみならず，空気量によっても変化する．上記の空気量とスランプおよび単位水量とスランプの関係を総合すると，空気量の1%は単位水量の3%に相当することになる．したがって，空気量が所定量となるような措置を講じたうえで，その過不足分を単位水量や，AE 減水剤または高性能 AE 減水剤の使用量で調整する．

（4） 計画時に定めた練上がり温度が得られなかった場合

コンクリートの練上がり温度を1℃下げるためには，およその目安としてセメント温度で8℃，水温で4℃，骨材温度で2℃のいずれかの材料の温度を下げるとよい．

（5） ワーカビリティーが適当でない場合

計画時の空気量，スランプが得られたコンクリートの状態を観察し，粘性が小さく材料分離を生じやすいコンクリートであったり，粘性が大きくもったりとしたコンクリートの場合には細骨材率（単位粗骨材かさ容積）を増減（減増）する．

一般に細骨材率を1%大きくした場合には，単位水量を1.5 kg 増加する．

調合調整方法の詳細については付録1調合計算例を参照されたい．

調合の調整にあたって，前項7.1に示した項目はコンクリートの調合として互いに関連があり一つの項目を満足させるように調合を調整すると他の条件が満足しなくなるようなことが起こることがあるから注意しなければならない．調合の調整は全項目を総合的に考慮して行う必要がありこのような調整を行うためには計算によって求めた調合を中心に単位水量を変化させた数種類の調合のコンクリートを練ってみるのがよい．これは，スランプやワーカビリティーの試験結果をもとに調合の調整をする場合などに役に立つ．

調合の調整や変更では，要求条件を満足できず，使用材料を変える必要が生じることがある．6章に示した項目は，調合の調整のみでは要求条件が満足しにくい項目をあげており，このような場合は，セメントや骨材あるいは混和材料を変える以外には方法がないことが多い．

8章 計画調合の表し方および現場調合の定め方

8.1 計画調合の表し方

コンクリートの調合は，表8.1によって表す．

表8.1 計画調合の表し方

品質基準強度 (N/mm²)	調合管理強度 (N/mm²)	調合強度 (N/mm²)	スランプ (cm)	空気量 (%)	水セメント比* (%)	細骨材率 (%)	単位水量 (kg/m³)	絶対容積 (l/m³)				質量 (kg/m³)				化学混和剤の使用量 (ml/m³)または (C×%)	計画調合上の最大塩化物イオン量 (kg/m³)
								セメント	細骨材	粗骨材	混和材**	セメント	細骨材	粗骨材	混和材**		

[注] ＊：混和材を結合材の一部として用いる場合は，水結合材比とする．
＊＊：セメントと置換し，結合材として用いる場合は，結合材とする．

本指針では，スランプと空気量は荷卸し時または打込み時を標準とし，通常は荷卸し地点における値を表すこととする．練上がり時からの経時変化を考慮して練上がり時の品質を調合設計項目に含める場合は，両方を記載しそれぞれの目標値が練上がり時，あるいは荷卸し時または打込み時であるかを明記する．

普通骨材の場合，骨材の質量はその含水状態が絶乾状態であるか，表面乾燥飽水状態であるかを明示する．軽量骨材の場合も合わせて考えると絶乾状態の質量で表す方が一貫性はあるが，使用時の骨材の含水状態が，表面乾燥飽水状態以上の含水状態であることが多いことから，表面乾燥飽水状態で表示することが一般的である．

軽量骨材の場合，一般に表面乾燥状態で使用されるが，計画調合から気乾単位容積質量の推定値を計算するときに，絶乾状態の骨材質量が必要となるため，絶乾状態で表すことを原則とする．

また，骨材の粒度調整や海砂の塩分の低減を目的として混合骨材を用いる場合には，混合前のおのおのの骨材の種類および混合割合を明記しなければならない．

化学混和剤の使用量は，コンクリート1m³あたりの使用量（ml/m³）またはセメント質量に対する百分率（％）で表す．

なお，調合の表示では，表8.1に示す事項のほかに，セメントの種類および銘柄，骨材の種類・産地または銘柄および粗粒率，混和材料の種類および銘柄について明記することが望ましい．

8.2 現場調合の定め方

> 現場調合は，計画調合に基づき，骨材の含水状態に応じて1バッチ分のコンクリートを練り混ぜるのに必要な材料の質量を算出して求める．

計画調合では，骨材は絶乾状態の質量または表面乾燥飽水状態（人工軽量骨材の場合は除く）の質量で定めているので，実際に各材料を計量する場合は，$1\,m^3$ あたりの調合について骨材の含水率，表面水率，吸水率により計画調合の水量および骨材質量を補正し，次に，1バッチ分のコンクリートを練り混ぜるのに必要な水量，セメント量，骨材量，化学混和剤の溶液量および混和材料を算出する．

付　　　録

付録 1　調合計算例

1. 調合強度

〔例題 1〕下記の条件による普通コンクリートの調合強度を求める．

①コンクリートの仕様は，JASS 5 による普通コンクリートとする．
②セメントは普通ポルトランドセメントを使用する．
③設計基準強度は 21 N/mm² とする．
④計画供用期間の級は標準とする．
⑤調合強度は，標準養生した供試体の材齢 28 日における圧縮強度で表し，材齢 91 日における構造体コンクリート強度との差 $_{28}S_{91}$ を用いる．
⑥施工上，材齢 7 日において必要な構造体コンクリート強度 (F_{work}) を 15 N/mm² とする．また，事前の調査により求められた材齢 28 日における標準養生した供試体との強度差 (S_{work}) を 12 N/mm² とする．
⑦工事場所は静岡市内で，コンクリートの打込み日は 11 月 1 日とする．
⑧コンクリートは，JIS A 5308（レディーミクストコンクリート）の規定に適合するレディーミクストコンクリートとし，コンクリートの標準偏差は，実績がない場合の 2.5 N/mm² とする．

〔解〕計画供用期間の級は標準であるから，耐久設計基準強度 F_d は 24 N/mm² となる．
　コンクリートの品質基準強度は，設計基準強度または耐久設計基準強度の大きい方であるので，

$$F_c = 21 \ (\text{N/mm}^2)$$
$$F_d = 24 \ (\text{N/mm}^2)$$

となり，本文 (4.1) 式 $F_q = \max(F_c, F_d)$ より，品質基準強度は 24 N/mm² となる．設計基準強度よりも耐久設計基準強度の方が大きい例である．

　次に，本文の調合強度式 (4.2) および (4.3) より，調合管理強度を求める．静岡市内における 11 月 1 日から 28 日間の平均気温は理科年表などにより 14.0℃ である．よって，構造体強度補正値 $_{28}S_{91}$ は解説表 4.4 より 3 N/mm² となる．k_1 および σ は，1.73 および 2.5 N/mm² を用いる．

$$F_m = F_q + {_m}S_n = 24 + 3 = 27 \ \text{N/mm}^2$$
$$F_m \geq F_{work} + S_{work} = 15 + 12 = 27 \ \text{N/mm}^2$$

よって，調合管理強度は 27 N/mm² となる．調合強度 F は，本文式 (4.4) および (4.5) より，

$$F \geq F_m + k_1 \sigma$$
$$= 27 + 1.73 \times 2.5 = 31.3 \ \text{N/mm}^2$$

$$F \geqq \alpha F_m + k_2 \sigma$$
$$= 0.85 \times 27 + 3 \times 2.5 = 30.5 \text{ N/mm}^2$$

この結果，31.3 N/mm^2 が調合強度となる．

〔例題2〕下記の条件による高強度コンクリートの調合強度を求める．

①コンクリートの仕様は，JASS 5による高強度コンクリートとする．
②セメントは普通ポルトランドセメントを使用する．
③設計基準強度は 42 N/mm^2 とする．
④計画供用期間の級は長期とする．
⑤構造体コンクリートの強度管理は材齢28日における標準養生圧縮強度で行うものとし，材齢91日における構造体コンクリート強度を保証する．なお，構造体コンクリート強度と標準養生した供試体の圧縮強度との差（$_{28}S_{91}$）は 9 N/mm^2 とする．
⑥施工上，材齢7日で設計基準強度 42 N/mm^2 を要求されている．また，材齢28日における標準養生供試体との強度差を 12 N/mm^2 とする．
⑦工事場所は東京都区内で，コンクリートの打込み日は9月15日とする．
⑧コンクリートの標準偏差は，実績のない場合の $0.1F_m$ とする．

〔解〕計画供用期間の級は長期で，普通ポルトランドセメントを用いるから，耐久設計基準強度は 30 N/mm^2 である．

コンクリートの品質基準強度は，設計基準強度または耐久設計基準強度の大きい方であるので，

$$F_c = 42 \text{ (N/mm}^2\text{)}$$
$$F_d = 30 \text{ (N/mm}^2\text{)}$$

となり，本文（4.1）式 $F_q = \max(F_c, F_d)$ より，品質基準強度は 42 N/mm^2 となる．

次に，本文の調合強度式（4.2）および（4.3）より，調合管理強度を求める．設計基準強度が36を超え48 N/mm^2 以下であるので，構造体強度補正値 $_{28}S_{91}$ は 9 N/mm^2 となる．k_1 は1.73とする．

$$F_m = F_q + {}_mS_n = 42 + 9 = 51 \text{ N/mm}^2$$
$$F_m = F_{work} + S_{work} = 42 + 12 = 54 \text{ N/mm}^2$$

よって，調合管理強度は 54 N/mm^2 となる．調合強度 F は，本文式（4.4）および（4.5）より，

$$F \geqq F_m + k_1 \sigma$$
$$= 54 + 1.73 \times 5.4 = 63.3 \text{ N/mm}^2$$
$$F \geqq \alpha F_m + k_2 \sigma$$
$$= 0.85 \times 54 + 3 \times 5.4 = 62.1 \text{ N/mm}^2$$

この結果，63.3 N/mm^2 が調合強度となる．

2. 計画調合

〔例題3〕下記に示す条件のコンクリートの調合を求める．

調合強度（材齢28日）：31.3 N/mm²

所要スランプ：18 cm（ただし，運搬中のスランプの低下1.0 cmを考慮して，練上がりスランプは19 cmとする）

所要空気量：4.5%（ただし，運搬中の空気量の低下0.5%を考慮して，練上がり空気量は5.0%とする）

水：工業用水，塩化物イオン量100 ppm

セメント：普通ポルトランドセメント，密度3.16 g/cm³，塩化物イオン量0.020%

細骨材：砂，表乾密度2.60（g/cm³），吸水率2.00%，粗粒率2.80，塩化物量（NaCl）0.001%

粗骨材：砕石，表乾密度2.64（g/cm³），吸水率1.50%，最大寸法20 mm，単位容積質量（絶乾）1638 kg/m³，実積率63.0%，塩化物含有無し

化学混和剤：AE減水剤（液状，標準使用量はセメント質量の1.00%），塩化物イオン量0.01%

圧縮強度とセメント水比の関係は次式のように求められている．

$$f_c = 25.9 C/W - 16.4 \ (\text{N/mm}^2)$$

〔解〕

①水セメント比

セメント水比と圧縮強度との関係式を用いて水セメント比を求める．

$$31.3 = 25.9 C/W - 16.4$$
$$C/W = (31.3 + 16.4)/25.9$$
$$= 1.842$$
$$W/C = 54.2\%$$

JASS 5の水セメント比の最大値（65%）よりも小さい値であるのでOK

よって水セメント比は54.2%とする．

②単位水量（1）

本文表5.1（細骨材の粗粒率2.7の場合）から水セメント比50%，スランプ18 cmおよび21 cmの単位水量を求めると183 kg/m³と194 kg/m³である．この値を用いて直線補間によりスランプ19 cmのときの単位水量を求めると，

$$W_{50-19} = 183 + (194 - 183) \times \frac{19 - 18}{21 - 18}$$
$$= 186.6 \ \text{kg/m}^3$$

となる．また，水セメント比55%，スランプ18 cmおよび21 cmの単位水量を求めると，179 kg/m³と190 kg/m³である．この値を用いて，直線補間によりスランプ19 cmのときの単位水量を求めると，

$$W_{55-19} = 179 + (190 - 179) \times \frac{19-18}{21-18}$$
$$= 182.6 \text{ kg/m}^3$$

この水セメント比 50% および 55% の時の単位水量から直線補間により水セメント比 54.2% のときの単位水量を求めると,

$$W_{54.2-19} = 182.6 + (186.6 - 182.6) \times \frac{55 - 54.2}{55 - 50}$$
$$= 183.2 \text{ kg/m}^3$$

となる.

次に使用する細骨材の粗粒率が 2.80 であるので,これに対する補正が必要となる.付録 2 の付表 2.19 に示す参考調合表(細骨材の粗粒率が 3.3 の場合)の単位水量を用いて同様にしてスランプ 19 cm の時の単位水量を求めると

$$W_{50-19} = 180 + (191 - 180) \times \frac{19-18}{21-18}$$
$$= 183.6 \text{ kg/m}^3$$

$$W_{55-19} = 176 + (187 - 176) \times \frac{19-18}{21-18}$$
$$= 179.6 \text{ kg/m}^3$$

$$W_{54.3-19} = 179.6 + (183.6 - 179.6) \times \frac{55 - 54.2}{55 - 50}$$
$$= 180.2 \text{ kg/m}^3$$

となる.

細骨材の粗粒率が 2.8 の場合の単位水量を直線補間によって求めると

$$W = 180.2 + (183.6 - 180.2) \times \frac{3.3 - 2.8}{3.3 - 2.7}$$
$$= 183.0 \text{ kg/m}^3$$

となる.

③単位粗骨材量

水セメント比 54.2% でスランプ 18 cm および 21 cm の単位粗骨材かさ容積の値を表 5.3 から求めると 0.60 m³/m³ および 0.56 m³/m³ となる.

この値を用いて直線補間によりスランプ 18 cm のときの単位粗骨材かさ容積を求めると

$$0.60 - (0.60 - 0.56) \times \frac{19 - 18}{21 - 18} = 0.587 \text{ m}^3/\text{m}^3$$

となる.

この単位粗骨材かさ容積に砕石の実積率を乗じて粗骨材の絶対容積を求める.

$$0.587 \times 63(\%) \times \frac{1\,000}{100} = 370 \text{ } l/\text{m}^3 \text{(表乾)}$$

よって,単位粗骨材量は,$370 \times 2.64 = 977 \text{ kg/m}^3$ である.

④単位水量の補正

次に，粗骨材の実積率による単位水量の補正を行う．

$$\Delta W = \frac{(1-\Delta_g)v_g}{1\,000-v_g} \times 100$$

ここで $\Delta_g = \frac{63.0}{60.0}$

また，$v_g = 370\ (l/\mathrm{m}^3)$ より，

$$\Delta W = \frac{\left(1-\frac{63.0}{60.0}\right) \times 370}{1\,000-370} \times 100 = -2.94(\%)$$

$$W = 183.0 \times (1-0.0294) = 177.6$$
$$= 177\ \mathrm{kg/m}^3$$

⑤単位セメント量

単位セメント量は，水セメント比と単位水量から求める．

$$C = 177/0.542 = 327\ \mathrm{kg/m}^3$$

⑥単位細骨材量

細骨材の絶対容積を〔コンクリートの容積−セメント，水，粗骨材および空気量の容積〕により求める．

コンクリートの容積は，荷卸し時を基準として $1\,000\ l$ となるように考える．なお，練上がり時を基準とする場合は，空気量の低下分を考慮して空気量を5.0%としているため $1\,005\ l$ を練上がり容積として用い，練上がり時の空気量（5.0%）を差し引く容積に用いる．

よって

$$1\,000 - (327/3.16) - 177 - 370 - 45 = 305\ l/\mathrm{m}^3$$

単位細骨材量は，細骨材の絶対容積に表乾密度を乗じて求める．

$$305 \times 2.60 = 793\ \mathrm{kg/m}^3$$

⑦細骨材率

細骨材率は，細骨材および粗骨材の絶対容積の値を用いて求める．よって

$$細骨材率 = \frac{305}{305+370} \times 100 = 45.2\%$$

となる．

⑧ AE 減水剤の使用量

AE 減水剤の使用量は，単位セメント量の 1.00% であるから，

$$327 \times 0.01 = 3.27\ \mathrm{kg/m}^3$$
$$= 3\,270\ \mathrm{m}l/\mathrm{m}^3$$

となる．

⑨計画調合上の塩化物イオン量（$\mathrm{kg/m}^3$）

水の塩化物イオン量は，$177 \times 100/100\,000 = 0.0177\ \mathrm{kg/m}^3$

セメントの塩化物イオン量は，$327 \times 0.020/100 = 0.0654 \text{ kg/m}^3$

細骨材の塩化物イオン量は，NaCl 量で与えられることが多いため，NaCl に対する Cl の分子量の比を乗じて塩化物イオン量に換算する．

$$793 \times 0.001/100 \times 35.45/58.44 = 0.0048 \text{ kg/m}^3$$

化学混和剤の塩化物イオン量は，$3.270 \times 0.01/100 = 0.000327 \text{ kg/m}^3$

よって，各使用材料に含有する塩化物イオン量の合計は

$$0.0177 + 0.0654 + 0.0048 + 0.000327 = 0.0882 \text{ kg/m}^3$$

塩化物イオン量の制限値 0.3 kg/m^3 以下であるので OK

以上の計算によって求められた計画調合を下表に示す．

付表 1.1　計画調合表

品質基準強度 (N/mm²)	調合管理強度 (N/mm²)	調合強度 (N/mm²)	スランプ (cm)	空気量 (%)	水セメント比 (%)	細骨材率 (%)	単位水量 (kg/m³)	絶対容積 (l/m³)				質量 (kg/m³)				化学混和剤の使用量 (ml/m³)	計画調合上の最大塩化物イオン量 (kg/m³)
								セメント	粗骨材	細骨材	混和材	セメント	粗骨材	細骨材	混和材		
24.0	27.0	31.3	18.0	4.5	54.2	45.0	177	103	370	305	―	327	977	793	―	3 270	0.088

〔注〕　骨材は表乾状態である．

3. 現 場 調 合

〔例題 4〕2 の計算例で求めた計画調合に対し，1.5 m^3 のコンクリートを練り混ぜるための現場調合を求める．条件は次のようである．

細骨材の表乾密度は 2.60 g/cm^3，吸水率は 2.00%，含水率は 4.00%

粗骨材の表乾密度は 2.64 g/cm^3，吸水率は 1.50%，含水率は 1.00%，有効吸水率は 0.50%

〔解〕

①細骨材量の計算

細骨材の表面水率は

$$(4.00 - 2.00)/1.020 = 1.96\%$$

細骨材に付着している表面水量は

$$793 \times 0.0196 \times 1.5 = 23.3 \text{ kg}$$

したがって，現場調合における細骨材量は

$$793 \times 1.5 + 23.3 = 1\,213 \text{ kg}$$

となる．

②粗骨材量の計算

粗骨材の有効吸水量は

$$977/1.015 \times 0.0050 \times 1.5 = 7.2 \text{ kg}$$

また，現場調合における粗骨材量は

$$977/1.015 \times 1.010 \times 1.5 = 1\,458 \text{ kg}$$

となる．

③ AE 減水剤量

AE 減水剤の使用量は

$$セメント量 \times 0.01 \times 1.5 = 327 \times 0.01 \times 1.5 = 4.9 \text{ kg}$$

④水量

水量は

$$177 \times 1.5 - 23.3 - 7.2 - 4.9 = 230 \text{ kg}$$

⑤セメント量

セメント量は

$$327 \times 1.5 = 491 \text{ kg}$$

以上の計算によって求めた 1.5 m³ あたりの現場調合を下表に示す．

付表1.2 現場調合表

1.5 m³ あたりの質量（kg）				AE 減水剤量（kg）
水量	セメント	細骨材	粗骨材	
230	491	1 213	1 458	4.9

4. 練上がり調合の求め方

　計画調合に基づいて製造したコンクリートは，計画どおりに空気量が入らない場合がある．その場合には，製造されたコンクリートの容積が計画時と異なり，1 m³ 当たりの単位量も変化する．この練上がり調合の求め方の例を以下に示す．

〔例題5〕調合条件およびフレッシュコンクリートの測定結果

　2および3で求めた計画調合および現場調合に従って製造したコンクリートについて試験を行い，次に示す結果が得られた．

　　・スランプ　　　17.0 cm
　　・空気量　　　　3.0%
　　・単位容積質量　2 305 kg/m³

このコンクリートの練上がり調合を求める．

〔解〕練上がり調合の計算

①計画調合から求めた単位容積質量

　計画どおりの空気量が得られた場合の単位容積質量は，計画調合で使用した使用材料の質量を合計することによって求められる．

単位水量＋単位セメント量＋単位細骨材量＋単位粗骨材量
$$=177+327+793+977=2\,274\text{ kg/m}^3$$

②練上がり容積

練上がり容積は，使用材料の合計質量をフレッシュコンクリートの単位容積質量で除して求められる．

（使用材料の合計質量）/（フレッシュコンクリートの単位容積質量）
$$=2\,274/2\,305=0.987\text{ m}^3$$

③練上がりコンクリートの質量調合

練上がりコンクリートの質量調合は，使用材料を練上がり容積で除して求められる．

単位水量
$$177/0.987=179\text{ kg/m}^3$$

単位セメント量
$$327/0.987=331\text{ kg/m}^3$$

単位細骨材量
$$793/0.987=803\text{ kg/m}^3$$

単位粗骨材量
$$977/0.987=990\text{ kg/m}^3$$

④練上がりコンクリートの絶対容積調合

練上がりコンクリートの絶対容積調合は，質量調合を各材料の比重で除して求められる．

水の絶対容積
$$179/1.0=179\ l/\text{m}^3$$

セメントの絶対容積
$$331/3.16=105\ l/\text{m}^3$$

細骨材の絶対容積
$$803/2.60=309\ l/\text{m}^3$$

粗骨材の絶対容積
$$990/2.64=375\ l/\text{m}^3$$

以上の計算により求めた練上がり調合の計算結果を下表に示す．

付表1.3　練上がり調合表

単位水量 (kg/m^3)	絶対容積 (l/m^3)			質　量 (kg/m^3)		
	セメント	細骨材	粗骨材	セメント	細骨材	粗骨材
179	105	309	375	331	803	990

5. 調合補正の計算例

　試し練りの結果，4に示したようにフレッシュコンクリートの測定結果が計画時に定めた条件を満足しなかった．この結果に基づいて計画時の条件を満足するコンクリートを得るための調合補正の例を以下に示す．

〔例題6〕補正が必要な内容
　試し練りで得られた空気量は3.0%であり，計画時の練上がり空気量5.0%に対して2.0%小さいため調合補正が必要である．また，スランプは19.0 cmの目標に対して17.0 cmで許容範囲であるが，空気量の変更に伴って必然的に変化する．この場合の補正調合を求める．

〔解〕この場合では，空気量が少ないことから空気量調整剤を使用して空気を連行することが必要である．その場合，空気量の連行に伴ってスランプが大きくなるので，単位水量を小さくする．
　調合補正の計算は次のように行う．
　①空気量調整剤の使用量
　空気の連行性は，AE剤の種類のほかにセメントや骨材の種類によっても異なる．ここでは，空気量調整剤をセメントの質量に対して0.01%使用することによって空気量が1%連行されるものと仮定し，その使用量を0.02%とする．
　②単位水量
　空気量調整剤により空気量を1%連行することにより，単位水量を約2.5%減少させることが出来ると考えると，空気2%の連行により5%の減水が可能であり，
$$179 \times 0.95 = 170 \text{ kg/m}^3$$
となる．しかし，スランプの測定結果が17.0 cmであるので，これを19.0 cmにするためには水量の増加が必要である．表5.1によると，スランプ1 cmの増加に対して単位水量を約3 kg/m³大きくすることが必要であるので6 kg/m³増やすと
$$170 + 6 = 176 \text{ kg/m}^3$$
となる．
　③水セメント比
　調合強度の変更はないので，水セメント比は計画調合と同じ54.2%とする．
　④単位セメント量
　単位セメント量は，2の計算と同様に単位水量と水セメント比から求める．
$$C = 176/0.542 = 325 \text{ kg/m}^3$$
単位セメント量の最小値270 kg/m³を満足しているのでOK
セメントの絶対容積は325/3.16 = 103 l/m³
　⑤単位粗骨材量
　水セメント比およびスランプに変更はないので，単位粗骨材かさ容積の値は計画調合と同様の

0.587 m³/m³ とする．なお，単位粗骨材量および粗骨材の絶対容積にも変更はなく，それぞれ 977 kg/m³ および 370 l/m³ である．

⑥単位細骨材量

細骨材の絶対容積の求め方は計画調合と同様であり，新しく定めたセメント，水，粗骨材および空気量を用い，〔練上がり容積（1005 l）－セメント，水，砕石および空気量（5.0%）の容積として求める．

$$1\,005-103-176-370-50=306\ l/m^3$$

単位細骨材量は，細骨材の絶対容積に表乾密度を乗じて求める．

$$306\times2.60=796\ kg/m^3$$

⑦細骨材率

細骨材率は，細骨材および粗骨材の絶対容積の値を用いて求める

$$細骨材率=[306/(306+370)]\times100=45.3\%$$

となる．

⑧化学混和剤の使用量

AE 減水剤の使用量は，計画調合を同じ単位セメント量の 0.25% とし，新たに空気量調整剤を単位セメント量の 0.02% 使用する．したがって，

$$AE\ 減水剤の使用量=325\times0.01=3.25\ kg/m^3=3\,250\ ml/m^3$$

$$空気量調整剤の使用量=325\times0.0002=0.065\ kg/m^3=65\ ml/m^3$$

となる．

⑨計画調合上の塩化物イオン量

水の塩化物イオン量は，$176\times100/1\,000\,000=0.0176\ kg/m^3$

セメントの塩化物イオン量は，$325\times0.020/100=0.0650\ kg/m^3$

細骨材の塩化物イオン量は，$796\times0.001/100\times35.45/58.44=0.0048\ kg/m^3$

化学混和剤の塩化物イオン量は，$3.250\times0.01/100=0.000325\ kg/m^3$

よって，各使用材料に含有する塩化物イオン量の合計は

$$0.0176+0.0650+0.0048+0.000325=0.0877\ kg/m^3$$

塩化物イオン量の制限値 0.3 kg/m³ 以下であるので OK

以上の計算によって求められた計画調合を下表に示す．

付表1.4　調合補正後の計画調合

品質基準強度 (N/mm²)	調合管理強度 (N/mm²)	調合強度 (N/mm²)	スランプ (cm)	空気量 (%)	水セメント比 (%)	細骨材率 (%)	単位水量 (kg/m³)	絶対容積 (l/m³)				質量 (kg/m³)				化学混和剤の使用量 (ml/m³)	空気量調整剤の使用量 (ml/m³)	計画調合上の最大塩化物イオン量 (kg/m³)
								セメント	粗骨材	細骨材	混和材	セメント	粗骨材	細骨材	混和材			
24.0	27.0	31.3	18.0	4.5	54.2	45.3	176	103	370	306	—	325	977	796	—	3 250	65	0.088

付録2　参考調合表

　コンクリートの調合は，最終的には試し練りを行って定めるが，この試し練り調合の目安として，標準的な調合を表の形にしたものがあればきわめて便利である．このようなことから，使用する骨材および化学混和剤の種類に応じて，参考調合表を付録として示すこととした．

　今回の改定では，標準的な材料を使用した場合として，普通ポルトランドセメント・砕石・砂およびAE減水剤を使用する普通コンクリートの単位水量と単位粗骨材かさ容積の標準値を，5.3「単位水量」，5.5「単位粗骨材量」に示した．この標準値は，5.3および5.5に示すように，1999年版の調合指針から単位水量は$3\,\mathrm{kg/m^3}$小さくし，単位粗骨材かさ容積は$0.02\,\mathrm{m^3/m^3}$小さくしている．この標準値をもととし，下記の仮定値を用いて，普通ポルトランドセメントを用いる砂・砂利コンクリートおよび普通ポルトランドセメントを用いる砂・砕石コンクリートの参考調合表を作成した．

　また，普通ポルトランドセメントを用いる軽量1種コンクリートおよび普通ポルトランドセメントを用いる軽量2種コンクリートについては，1999年版の調合指針と同様とした．

　参考調合表はいくつかの計算上の仮定値をもとに算出された調合であるので，計画調合を定める場合には，参考調合表から得られた値をそのまま計画調合とはせず，実際に用いる材料によって試し練りを行うことが必要である．

　表中にない調合は，これらの数値から補間によって求めるとよい．補間によって修正する条件は，主に水セメント比とスランプの値であり，さらに細骨材の粗粒率による修正も考えられる．これらの補間の方法はすべて直線的な補間でよい．

　計算上の仮定値は次のとおりである．

1）セメント
　普通ポルトランドセメントの密度は3.16（g/cm^3）とした．

2）骨　　材
　骨材の物性を付表2.1に示す．

3）空　気　量
　コンクリートの空気量は，化学混和剤を用いないコンクリート（プレーンコンクリート）では1％，化学混和剤を用いる普通コンクリートでは4.5％とした．

4）減　水　率
　プレーンコンクリートに対する各種化学混和剤を用いたコンクリートの減水率は，付表2.2のとおりであり，本文に示したAE減水剤を用いたコンクリートの単位水量に対するプレーンコンクリート，AE剤および高性能AE減水剤を用いたコンクリートの単位水量の補正は付表2.3のとおりである．

付表2.1 骨材の物性

項目	骨材の種類				
	粗骨材			細骨材	
	砂利	砕石	人工軽量粗骨材	砂	人工軽量細骨材
粗骨材の最大寸法（mm）	25	20	15	—	—
粗骨材の密度（絶乾状態）（g/cm^3）	2.60	2.60	1.29	2.60	1.65
粗骨材の単位容積質量（kg/l）	1.70	1.54	0.82	—	—
粗骨材の実積率（%）	63.7	60.0	63.5	—	—

付表2.2 減水率

AE剤	AE減水剤	高性能AE減水剤
8%	13%	18%

付表2.3 単位水量の補正係数

プレーン	AE剤	AE減水剤	高性能AE減水剤
1.00/0.87＝1.149	0.92/0.87＝1.057	1.00	0.82/0.87＝0.942

5） 単位粗骨材かさ容積

本文に示したAE減水剤を用いたコンクリートの単位粗骨材かさ容積に対するプレーンコンクリート，AE剤および高性能AE減水剤を用いたコンクリートの単位粗骨材かさ容積は，付表2.4の補正を行った．

付表2.4 混和剤と単位粗骨材かさ容積の関係

プレーン	AE剤	AE減水剤	高性能AE減水剤
X-0.01	X-0.01	X	X+0.01

6） 水セメント比，単位水量および単位セメント量の最大値または最小値

JASS 5および関連指針では，水セメント比・単位水量・単位セメント量などの最大値または最小値が規定されている．しかし，本参考調合表では，水セメント比あるいはスランプによる単位セメント量または単位水量の変化を全体的に示すために，これらの制限値に抵触する調合についても記載してある．

試し練り調合は，JASS 5などに規定されている最大または最小値を満足するように，使用材料に応じて参考調合表をもとに適切な調合を定めなければならない．

なお，参考調合表の値は，一定の計算手順に従って計算し，表中に示されている位から下の値は四捨五入してある．したがって，この計算手順に従って計算すれば表の値と同じになるが，逆の順序の計算をすれば誤差が生じることがある．ただし，その差はわずかであるので無視してよい．

付表2.5 プレーンコンクリート
普通ポルトランドセメントを用いる砂・砂利コンクリートの参考調合表
(砂の粗粒率3.3, 砂利の最大寸法25 mm)

水セメント比 (%)	スランプ (cm)	細骨材率 (%)	単位水量 (kg/m³)	絶対容積 (l/m³)			単位量 (kg/m³)			単位粗骨材かさ容積 (m³/m³)
				セメント	細骨材	粗骨材	セメント	細骨材	粗骨材	
40	8	44.2	173	137	285	360	433	741	936	0.60
	12	43.4	184	146	271	354	460	705	920	0.59
	15	42.9	(193)	153	261	348	483	679	905	0.58
	18	45.2	(203)	161	267	324	508	694	842	0.54
	21	46.9	(218)	172	265	300	545	689	780	0.50
45	8	46.6	165	116	314	360	367	816	936	0.60
	12	45.9	177	124	300	354	393	780	920	0.59
	15	45.6	185	130	292	348	411	759	905	0.58
	18	47.4	(199)	140	292	324	442	759	842	0.54
	21	49.7	(211)	148	296	300	469	770	780	0.50
50	8	47.8	162	103	330	360	324	858	936	0.60
	12	47.5	172	109	320	354	344	832	920	0.59
	15	47.1	182	115	310	348	364	806	905	0.58
	18	49.2	(194)	123	314	324	388	816	842	0.54
	21	51.2	(208)	132	315	300	416	819	780	0.50
55	8	48.8	160	92	343	360	291	892	936	0.60
	12	48.5	170	98	333	354	309	866	920	0.59
	15	48.5	177	102	328	348	322	853	905	0.58
	18	50.6	(190)	109	332	324	345	863	842	0.54
	21	52.8	(203)	117	335	300	369	871	780	0.50
60	8	49.4	159	84	352	360	265	915	936	0.60
	12	49.4	167	88	346	354	278	900	920	0.59
	15	49.4	175	92	340	348	292	884	905	0.58
	18	51.9	184	97	350	324	307	910	842	0.54
	21	53.9	(199)	105	351	300	332	913	780	0.50
65	8	50.7	159	78	364	354	245	946	920	0.59
	12	50.8	167	81	359	348	257	933	905	0.58
	15	50.8	175	85	353	342	269	918	889	0.57
	18	53.3	184	90	363	318	283	944	827	0.53
	21	55.4	(199)	97	365	294	306	949	764	0.49

注:( )で示した単位水量が185 kg/m³を超える場合は,本編5.3c項による.

付表2.6 AE剤を用いるコンクリート
普通ポルトランドセメントを用いる砂・砂利コンクリートの参考調合表
（砂の粗粒率3.3, 砂利の最大寸法25 mm）

水セメント比 (%)	スランプ (cm)	細骨材率 (%)	単位水量 (kg/m³)	絶対容積 (l/m³) セメント	絶対容積 (l/m³) 細骨材	絶対容積 (l/m³) 粗骨材	単位量 (kg/m³) セメント	単位量 (kg/m³) 細骨材	単位量 (kg/m³) 粗骨材	単位粗骨材かさ容積 (m³/m³)
40	8	46.1	160	127	308	360	400	801	936	0.60
	12	45.7	169	134	298	354	423	775	920	0.59
	15	45.3	178	141	288	348	445	749	905	0.58
	18	47.7	(187)	148	296	324	468	770	842	0.54
	21	49.6	(201)	159	295	300	503	767	780	0.50
45	8	48.3	152	107	336	360	338	874	936	0.60
	12	47.7	163	115	323	354	362	840	920	0.59
	15	47.7	170	120	317	348	378	824	905	0.58
	18	49.6	183	129	319	324	407	829	842	0.54
	21	52.0	(194)	136	325	300	431	845	780	0.50
50	8	49.4	149	94	352	360	298	915	936	0.60
	12	49.1	159	101	341	354	318	887	920	0.59
	15	49.0	167	106	334	348	334	868	905	0.58
	18	51.1	179	113	339	324	358	881	842	0.54
	21	53.3	(191)	121	343	300	382	892	780	0.50
55	8	50.3	147	84	364	360	267	946	936	0.60
	12	50.1	156	90	355	354	284	923	920	0.59
	15	50.1	163	94	350	348	296	910	905	0.58
	18	52.4	174	100	357	324	316	928	842	0.54
	21	54.5	(187)	108	360	300	340	936	780	0.50
60	8	50.8	146	77	372	360	243	967	936	0.60
	12	50.9	153	81	367	354	255	954	920	0.59
	15	50.9	161	85	361	348	268	939	905	0.58
	18	53.5	169	89	373	324	282	970	842	0.54
	21	55.6	183	97	375	300	305	975	780	0.50
65	8	52.0	146	71	384	354	225	998	920	0.59
	12	52.2	153	74	380	348	235	988	905	0.58
	15	52.2	161	78	374	342	248	972	889	0.57
	18	54.8	169	82	386	318	260	1 004	827	0.53
	21	57.0	183	89	389	294	282	1 011	764	0.49

注：（ ）で示した単位水量が185 kg/m³ を超える場合は，本編5.3c項による．

付表2.7 AE減水剤を用いるコンクリート
普通ポルトランドセメントを用いる砂・砂利コンクリートの参考調合表
(砂の粗粒率3.3, 砂利の最大寸法25 mm)

水セメント比 (%)	スランプ (cm)	細骨材率 (%)	単位水量 (kg/m³)	絶対容積 (l/m³) セメント	細骨材	粗骨材	単位量 (kg/m³) セメント	細骨材	粗骨材	単位粗骨材かさ容積 (m³/m³)
40	8	46.5	151	120	318	366	378	827	952	0.61
	12	46.1	160	127	308	360	400	801	936	0.60
	15	45.9	168	133	300	354	420	780	920	0.59
	18	48.3	177	140	308	330	443	801	858	0.55
	21	50.2	(190)	150	309	306	475	803	796	0.51
45	8	48.5	144	101	344	366	320	894	952	0.61
	12	48.1	154	108	333	360	342	866	936	0.60
	15	48.0	161	113	327	354	358	850	920	0.59
	18	50.0	173	122	330	330	384	858	858	0.55
	21	52.3	184	129	336	306	409	874	796	0.51
50	8	49.5	141	89	359	366	282	933	952	0.61
	12	49.3	150	95	350	360	300	910	936	0.60
	15	49.2	158	100	343	354	316	892	920	0.59
	18	51.4	169	107	349	330	338	907	858	0.55
	21	53.6	181	115	353	306	362	918	796	0.51
55	8	50.3	139	80	370	366	253	962	952	0.61
	12	50.1	148	85	362	360	269	941	936	0.60
	15	50.3	154	89	358	354	280	931	920	0.59
	18	52.5	165	95	365	330	300	949	858	0.55
	21	54.7	177	102	370	306	322	962	796	0.51
60	8	50.8	138	73	378	366	230	983	952	0.61
	12	50.9	145	77	373	360	242	970	936	0.60
	15	51.0	152	80	369	354	253	959	920	0.59
	18	53.6	160	84	381	330	267	991	858	0.55
	21	55.7	173	91	385	306	288	1 001	796	0.51
65	8	52.0	138	67	390	360	212	1 014	936	0.60
	12	52.1	145	71	385	354	223	1 001	920	0.59
	15	52.3	152	74	381	348	234	991	905	0.58
	18	54.8	160	78	393	324	246	1 022	842	0.54
	21	57.0	173	84	398	300	266	1 035	780	0.50

注:( ) で示した単位水量が185 kg/m³を超える場合は, 本編5.3c項による.

付表2.8 高性能AE減水剤を用いるコンクリート
普通ポルトランドセメントを用いる砂・砂利コンクリートの参考調合表
（砂の粗粒率3.3, 砂利の最大寸法25 mm）

水セメント比 (%)	スランプ (cm)	細骨材率 (%)	単位水量 (kg/m^3)	絶対容積 (l/m^3) セメント	細骨材	粗骨材	単位量 (kg/m^3) セメント	細骨材	粗骨材	単位粗骨材かさ容積 (m^3/m^3)
40	8	46.9	142	112	329	372	355	855	967	0.62
	12	46.5	151	120	318	366	378	827	952	0.61
	15	46.4	158	125	312	360	395	811	936	0.60
	18	48.8	167	132	320	336	418	832	874	0.56
	21	50.8	179	142	322	312	448	837	811	0.52
45	8	48.5	136	96	351	372	302	913	967	0.62
	12	48.3	145	102	342	366	322	889	952	0.61
	15	48.3	152	107	336	360	338	874	936	0.60
	18	50.4	163	115	341	336	362	887	874	0.56
	21	52.7	173	122	348	312	384	905	811	0.52
50	8	49.6	133	84	366	372	266	952	967	0.62
	12	49.5	141	89	359	366	282	933	952	0.61
	15	49.4	149	94	352	360	298	915	936	0.60
	18	51.7	159	101	359	336	318	933	874	0.56
	21	53.8	171	108	364	312	342	946	811	0.52
55	8	50.3	131	75	377	372	238	980	967	0.62
	12	50.3	139	80	370	366	253	962	952	0.61
	15	50.4	145	84	366	360	264	952	936	0.60
	18	52.7	155	89	375	336	282	975	874	0.56
	21	54.9	167	96	380	312	304	988	811	0.52
60	8	50.8	130	69	384	372	217	998	967	0.62
	12	50.9	137	72	380	366	228	988	952	0.61
	15	51.2	143	75	377	360	238	980	936	0.60
	18	53.6	151	80	388	336	252	1 009	874	0.56
	21	55.8	163	86	394	312	272	1 024	811	0.52

注：（ ）で示した単位水量が185 kg/m^{3}を超える場合は，本編5.3c項による．

付表 2.9　プレーンコンクリート

普通ポルトランドセメントを用いる砂・砂利コンクリートの参考調合表

(砂の粗粒率 2.7，砂利の最大寸法 25 mm)

水セメント比 (%)	スランプ (cm)	細骨材率 (%)	単位水量 (kg/m³)	絶対容積 (l/m³)			単位量 (kg/m³)			単位粗骨材かさ容積 (m³/m³)
				セメント	細骨材	粗骨材	セメント	細骨材	粗骨材	
40	8	38.2	175	139	245	396	438	637	1 030	0.66
	12	37.4	185	147	233	390	463	606	1 014	0.65
	15	36.8	(194)	153	224	384	485	582	998	0.64
	18	38.1	(208)	165	222	360	520	577	936	0.60
	21	39.9	(221)	175	223	336	553	580	874	0.56
45	8	40.6	169	119	271	396	376	705	1 030	0.66
	12	39.8	180	127	258	390	400	671	1 014	0.65
	15	39.5	(188)	132	251	384	418	653	998	0.64
	18	41.1	(202)	142	251	360	449	653	936	0.60
	21	43.0	(215)	151	253	336	478	658	874	0.56
50	8	41.9	168	106	285	396	336	741	1 030	0.66
	12	41.4	177	112	276	390	354	718	1 014	0.65
	15	41.2	185	117	269	384	370	699	998	0.64
	18	43.0	(198)	125	272	360	396	707	936	0.60
	21	44.9	(211)	134	274	336	422	712	874	0.56
55	8	43.0	165	95	299	396	300	777	1 030	0.66
	12	42.8	173	100	292	390	315	759	1 014	0.65
	15	42.9	180	103	288	384	327	749	998	0.64
	18	44.7	(193)	111	291	360	351	757	936	0.60
	21	46.6	(207)	119	293	336	376	762	874	0.56
60	8	43.9	163	86	310	396	272	806	1 030	0.66
	12	43.8	171	90	304	390	285	790	1 014	0.65
	15	43.8	178	94	299	384	297	777	998	0.64
	18	45.9	(190)	100	305	360	317	793	936	0.60
	21	48.0	(202)	107	310	336	337	806	874	0.56
65	8	45.3	163	79	323	390	251	840	1 014	0.65
	12	45.2	171	83	317	384	263	824	998	0.64
	15	45.2	178	87	312	378	274	811	983	0.63
	18	47.4	(190)	92	319	354	292	829	920	0.59
	21	49.6	(202)	98	325	330	311	845	858	0.55

注：( ) で示した単位水量が 185 kg/m³ を超える場合は，本編 5.3c 項による．

付表 2.10 AE 剤を用いるコンクリート
普通ポルトランドセメントを用いる砂・砂利コンクリートの参考調合表
(砂の粗粒率 2.7, 砂利の最大寸法 25 mm)

水セメント比 (%)	スランプ (cm)	細骨材率 (%)	単位水量 (kg/m^3)	絶対容積 (l/m^3)			単位量 (kg/m^3)			単位粗骨材かさ容積 (m^3/m^3)
				セメント	細骨材	粗骨材	セメント	細骨材	粗骨材	
40	8	40.5	161	128	270	396	403	702	1 030	0.66
	12	40.1	170	134	261	390	425	679	1 014	0.65
	15	39.4	179	142	250	384	448	650	998	0.64
	18	41.3	(191)	151	253	360	478	658	936	0.60
	21	43.1	(203)	161	255	336	508	663	874	0.56
45	8	42.7	155	109	295	396	344	767	1 030	0.66
	12	42.0	166	117	282	390	369	733	1 014	0.65
	15	41.8	173	122	276	384	384	718	998	0.64
	18	43.6	(186)	131	278	360	413	723	936	0.60
	21	45.6	(198)	139	282	336	440	733	874	0.56
50	8	43.8	154	97	308	396	308	801	1 030	0.66
	12	43.4	163	103	299	390	326	777	1 014	0.65
	15	43.3	170	108	293	384	340	762	998	0.64
	18	45.3	182	115	298	360	364	775	936	0.60
	21	47.3	(194)	123	302	336	388	785	874	0.56
55	8	44.7	152	87	320	396	276	832	1 030	0.66
	12	44.5	160	92	313	390	291	814	1 014	0.65
	15	44.6	166	96	309	384	302	803	998	0.64
	18	46.6	178	103	314	360	324	816	936	0.60
	21	48.8	(190)	109	320	336	345	832	874	0.56
60	8	45.5	150	79	330	396	250	858	1 030	0.66
	12	45.5	157	83	325	390	262	845	1 014	0.65
	15	45.5	164	86	321	384	273	835	998	0.64
	18	47.8	174	92	329	360	290	855	936	0.60
	21	49.9	(186)	98	335	336	310	871	874	0.56
65	8	46.7	150	73	342	390	231	889	1 014	0.65
	12	46.7	157	77	337	384	242	876	998	0.64
	15	46.8	164	80	333	378	252	866	983	0.63
	18	49.1	174	85	342	354	268	889	920	0.59
	21	51.3	(186)	91	348	330	286	905	858	0.55

注:( )で示した単位水量が 185 kg/m^3 を超える場合は,本編 5.3c 項による.

付表 2.11 AE 減水剤を用いるコンクリート
普通ポルトランドセメントを用いる砂・砂利コンクリートの参考調合表
（砂の粗粒率 2.7，砂利の最大寸法 25 mm）

水セメント比 (%)	スランプ (cm)	細骨材率 (%)	単位水量 (kg/m³)	絶対容積 (l/m³)			単位量 (kg/m³)			単位粗骨材かさ容積 (m³/m³)
				セメント	細骨材	粗骨材	セメント	細骨材	粗骨材	
40	8	41.1	152	120	281	402	380	731	1 045	0.67
	12	40.5	161	128	270	396	403	702	1 030	0.66
	15	40.2	169	134	262	390	423	681	1 014	0.65
	18	42.0	181	143	265	366	453	689	952	0.61
	21	44.0	(192)	152	269	342	480	699	889	0.57
45	8	43.0	147	103	303	402	327	788	1 045	0.67
	12	42.4	157	110	292	396	349	759	1 030	0.66
	15	42.3	164	115	286	390	364	744	1 014	0.65
	18	44.1	176	124	289	366	391	751	952	0.61
	21	46.2	(187)	132	294	342	416	764	889	0.57
50	8	43.9	146	92	315	402	292	819	1 045	0.67
	12	43.8	154	97	308	396	308	801	1 030	0.66
	15	43.6	161	102	302	390	322	785	1 014	0.65
	18	45.7	172	109	308	366	344	801	952	0.61
	21	47.8	184	116	313	342	368	814	889	0.57
55	8	44.8	144	83	326	402	262	848	1 045	0.67
	12	44.8	151	87	321	396	275	835	1 030	0.66
	15	44.9	157	90	318	390	285	827	1 014	0.65
	18	47.0	168	97	324	366	305	842	952	0.61
	21	49.1	180	103	330	342	327	858	889	0.57
60	8	45.5	142	75	336	402	237	874	1 045	0.67
	12	45.6	149	78	332	396	248	863	1 030	0.66
	15	45.7	155	82	328	390	258	853	1 014	0.65
	18	47.9	165	87	337	366	275	876	952	0.61
	21	50.1	176	93	344	342	293	894	889	0.57
65	8	46.8	142	69	348	396	218	905	1 030	0.66
	12	46.9	149	72	344	390	229	894	1 014	0.65
	15	47.0	155	75	341	384	238	887	998	0.64
	18	49.3	165	80	350	360	254	910	936	0.60
	21	51.5	176	86	357	336	271	928	874	0.56

注：（ ）で示した単位水量が 185 kg/m³ を超える場合は，本編 5.3c 項による．

付表 2.12 高性能 AE 減水剤を用いるコンクリート
普通ポルトランドセメントを用いる砂・砂利コンクリートの参考調合表
(砂の粗粒率 2.7, 砂利の最大寸法 25 mm)

水セメント比 (%)	スランプ (cm)	細骨材率 (%)	単位水量 (kg/m³)	絶対容積 (l/m³)			単位量 (kg/m³)			単位粗骨材かさ容積 (m³/m³)
				セメント	細骨材	粗骨材	セメント	細骨材	粗骨材	
40	8	41.6	143	113	291	408	358	757	1 061	0.68
	12	41.1	152	120	281	402	380	731	1 045	0.67
	15	40.9	159	126	274	396	398	712	1 030	0.66
	18	42.7	171	135	277	372	428	720	967	0.62
	21	44.8	181	143	283	348	453	736	905	0.58
45	8	43.3	138	97	312	408	307	811	1 061	0.68
	12	42.8	148	104	301	402	329	783	1 045	0.67
	15	42.9	154	108	297	396	342	772	1 030	0.66
	18	44.6	166	117	300	372	369	780	967	0.62
	21	46.9	176	124	307	348	391	798	905	0.58
50	8	44.1	138	87	322	408	276	837	1 061	0.68
	12	44.0	145	92	316	402	290	822	1 045	0.67
	15	44.0	152	96	311	396	304	809	1 030	0.66
	18	46.1	162	103	318	372	324	827	967	0.62
	21	48.3	173	109	325	348	346	845	905	0.58
55	8	44.9	136	78	333	408	247	866	1 061	0.68
	12	45.0	142	82	329	402	258	855	1 045	0.67
	15	45.2	148	85	326	396	269	848	1 030	0.66
	18	47.3	158	91	334	372	287	868	967	0.62
	21	49.3	170	98	339	348	309	881	905	0.58
60	8	45.6	134	71	342	408	223	889	1 061	0.68
	12	45.7	140	74	339	402	233	881	1 045	0.67
	15	45.9	146	77	336	396	243	874	1 030	0.66
	18	48.2	155	82	346	372	258	900	967	0.62
	21	50.4	166	88	353	348	277	918	905	0.58

注：( ) で示した単位水量が 185 kg/m³ を超える場合は，本編 5.3c 項による．

付表 2.13　プレーンコンクリート
普通ポルトランドセメントを用いる砂・砂利コンクリートの参考調合表
（砂の粗粒率 2.2，砂利の最大寸法 25 mm）

水セメント比 (%)	スランプ (cm)	細骨材率 (%)	単位水量 (kg/m³)	絶対容積 (l/m³) セメント	細骨材	粗骨材	単位量 (kg/m³) セメント	細骨材	粗骨材	単位粗骨材かさ容積 (m³/m³)
40	8	32.7	180	142	207	426	450	538	1 108	0.71
	12	31.7	(190)	150	195	420	475	507	1 092	0.70
	15	31.5	(196)	155	190	414	490	494	1 076	0.69
	18	32.8	(209)	166	190	390	523	494	1 014	0.65
	21	34.3	(222)	176	191	366	555	497	952	0.61
45	8	35.2	175	123	231	426	389	601	1 108	0.71
	12	34.4	185	130	220	420	411	572	1 092	0.70
	15	34.1	(192)	135	214	414	427	556	1 076	0.69
	18	35.6	(205)	144	216	390	456	562	1 014	0.65
	21	37.4	(217)	153	219	366	482	569	952	0.61
50	8	36.8	172	109	248	426	344	645	1 108	0.71
	12	36.2	182	115	238	420	364	619	1 092	0.70
	15	36.1	(188)	119	234	414	376	608	1 076	0.69
	18	37.8	(201)	127	237	390	402	616	1 014	0.65
	21	39.4	(215)	136	238	366	430	619	952	0.61
55	8	38.0	170	98	261	426	309	679	1 108	0.71
	12	37.7	178	103	254	420	324	660	1 092	0.70
	15	37.7	185	106	250	414	336	650	1 076	0.69
	18	39.6	(196)	113	256	390	356	666	1 014	0.65
	21	41.3	(210)	121	258	366	382	671	952	0.61
60	8	39.0	168	89	272	426	280	707	1 108	0.71
	12	39.0	175	92	268	420	292	697	1 092	0.70
	15	38.8	182	96	263	414	303	684	1 076	0.69
	18	40.9	(193)	102	270	390	322	702	1 014	0.65
	21	42.8	(206)	109	274	366	343	712	952	0.61
65	8	40.4	168	82	285	420	258	741	1 092	0.70
	12	40.4	175	85	281	414	269	731	1 076	0.69
	15	40.4	182	89	276	408	280	718	1 061	0.68
	18	42.5	(193)	94	284	384	297	738	998	0.64
	21	44.5	(206)	100	289	360	317	751	936	0.60

注：（　）で示した単位水量が 185 kg/m³ を超える場合は，本編 5.3c 項による．

付録2 参考調合表 —255—

付表 2.14 AE剤を用いるコンクリート
普通ポルトランドセメントを用いる砂・砂利コンクリートの参考調合表
（砂の粗粒率 2.2，砂利の最大寸法 25 mm）

水セメント比 (%)	スランプ (cm)	細骨材率 (%)	単位水量 (kg/m³)	絶対容積 (l/m³)			単位量 (kg/m³)			単位粗骨材かさ容積 (m³/m³)
				セメント	細骨材	粗骨材	セメント	細骨材	粗骨材	
40	8	35.3	166	131	232	426	415	603	1 108	0.71
	12	34.7	174	138	223	420	435	580	1 092	0.70
	15	34.4	181	143	217	414	453	564	1 076	0.69
	18	36.2	(192)	152	221	390	480	575	1 014	0.65
	21	38.0	(204)	161	224	366	510	582	952	0.61
45	8	37.4	161	113	255	426	358	663	1 108	0.71
	12	36.8	170	120	245	420	378	637	1 092	0.70
	15	36.7	177	124	240	414	393	624	1 076	0.69
	18	38.6	(188)	132	245	390	418	637	1 014	0.65
	21	40.4	(200)	141	248	366	444	645	952	0.61
50	8	38.7	159	101	269	426	318	699	1 108	0.71
	12	38.4	167	106	262	420	334	681	1 092	0.70
	15	38.5	173	109	259	414	346	673	1 076	0.69
	18	40.3	185	117	263	390	370	684	1 014	0.65
	21	42.1	(198)	125	266	366	396	692	952	0.61
55	8	39.9	156	90	283	426	284	736	1 108	0.71
	12	39.7	164	94	277	420	298	720	1 092	0.70
	15	39.7	170	98	273	414	309	710	1 076	0.69
	18	41.8	181	104	280	390	329	728	1 014	0.65
	21	43.8	(193)	111	285	366	351	741	952	0.61
60	8	40.8	154	81	294	426	257	764	1 108	0.71
	12	40.8	161	85	289	420	268	751	1 092	0.70
	15	40.9	167	88	286	414	278	744	1 076	0.69
	18	42.9	178	94	293	390	297	762	1 014	0.65
	21	45.0	(189)	100	300	366	315	780	952	0.61
65	8	42.1	154	75	306	420	237	796	1 092	0.70
	12	42.2	161	78	302	414	248	785	1 076	0.69
	15	42.3	167	81	299	408	257	777	1 061	0.68
	18	44.3	178	87	306	384	274	796	998	0.64
	21	46.6	(189)	92	314	360	291	816	936	0.60

注：（ ）で示した単位水量が 185 kg/m³ を超える場合は，本編 5.3c 項による．

付表 2.15　AE 減水剤を用いるコンクリート
普通ポルトランドセメントを用いる砂・砂利コンクリートの参考調合表
（砂の粗粒率 2.2，砂利の最大寸法 25 mm）

水セメント比 (%)	スランプ (cm)	細骨材率 (%)	単位水量 (kg/m³)	絶対容積 (l/m³) セメント	絶対容積 (l/m³) 細骨材	絶対容積 (l/m³) 粗骨材	単位量 (kg/m³) セメント	単位量 (kg/m³) 細骨材	単位量 (kg/m³) 粗骨材	単位粗骨材かさ容積 (m³/m³)
40	8	35.9	157	124	242	432	393	629	1 123	0.72
	12	35.4	165	131	233	426	413	606	1 108	0.71
	15	35.3	171	135	229	420	428	595	1 092	0.70
	18	37.0	182	144	233	396	455	606	1 030	0.66
	21	38.9	(193)	153	237	372	483	616	967	0.62
45	8	37.9	152	107	264	432	338	686	1 123	0.72
	12	37.4	161	113	255	426	358	663	1 108	0.71
	15	37.4	167	117	251	420	371	653	1 092	0.70
	18	39.3	178	125	256	396	396	666	1 030	0.66
	21	41.2	(189)	133	261	372	420	679	967	0.62
50	8	39.2	150	95	278	432	300	723	1 123	0.72
	12	38.9	158	100	271	426	316	705	1 108	0.71
	15	38.9	164	104	267	420	328	694	1 092	0.70
	18	40.8	175	111	273	396	350	710	1 030	0.66
	21	42.8	(187)	118	278	372	374	723	967	0.62
55	8	40.2	148	85	290	432	269	754	1 123	0.72
	12	40.1	155	89	285	426	282	741	1 108	0.71
	15	40.1	161	93	281	420	293	731	1 092	0.70
	18	42.3	171	98	290	396	311	754	1 030	0.66
	21	44.2	183	105	295	372	333	767	967	0.62
60	8	41.0	146	77	300	432	243	780	1 123	0.72
	12	41.1	152	80	297	426	253	772	1 108	0.71
	15	41.2	158	83	294	420	263	764	1 092	0.70
	18	43.3	168	89	302	396	280	785	1 030	0.66
	21	45.5	179	94	310	372	298	806	967	0.62
65	8	42.3	146	71	312	426	225	811	1 108	0.71
	12	42.4	152	74	309	420	234	803	1 092	0.70
	15	42.5	158	77	306	414	243	796	1 076	0.69
	18	44.7	168	82	315	390	258	819	1 014	0.65
	21	46.9	179	87	323	366	275	840	952	0.61

注：（　）で示した単位水量が 185 kg/m³ を超える場合は，本編 5.3c 項による．

付表 2.16 高性能 AE 減水剤を用いるコンクリート
普通ポルトランドセメントを用いる砂・砂利コンクリートの参考調合表
（砂の粗粒率 2.2, 砂利の最大寸法 25 mm）

水セメント比 (%)	スランプ (cm)	細骨材率 (%)	単位水量 (kg/m³)	絶対容積 (l/m³)			単位量 (kg/m³)			単位粗骨材かさ容積 (m³/m³)
				セメント	細骨材	粗骨材	セメント	細骨材	粗骨材	
40	8	36.5	148	117	252	438	370	655	1 139	0.73
	12	36.2	155	123	245	432	388	637	1 123	0.72
	15	36.0	161	128	240	426	403	624	1 108	0.71
	18	38.1	171	135	247	402	428	642	1 045	0.67
	21	39.9	182	144	251	378	455	653	983	0.63
45	8	38.4	143	101	273	438	318	710	1 139	0.73
	12	37.9	152	107	264	432	338	686	1 123	0.72
	15	38.1	157	110	262	426	349	681	1 108	0.71
	18	39.9	168	118	267	402	373	694	1 045	0.67
	21	42.0	178	125	274	378	396	712	983	0.63
50	8	39.6	141	89	287	438	282	746	1 139	0.73
	12	39.3	149	94	280	432	298	728	1 123	0.72
	15	39.5	154	97	278	426	308	723	1 108	0.71
	18	41.4	165	104	284	402	330	738	1 045	0.67
	21	43.4	176	111	290	378	352	754	983	0.63
55	8	40.5	139	80	298	438	253	775	1 139	0.73
	12	40.4	146	84	293	432	265	762	1 123	0.72
	15	40.5	152	87	290	426	276	754	1 108	0.71
	18	42.7	161	93	299	402	293	777	1 045	0.67
	21	44.7	172	99	306	378	313	796	983	0.63
60	8	41.1	138	73	306	438	230	796	1 139	0.73
	12	41.4	143	75	305	432	238	793	1 123	0.72
	15	41.5	149	78	302	426	248	785	1 108	0.71
	18	43.7	158	83	312	402	263	811	1 045	0.67
	21	45.8	169	89	319	378	282	829	983	0.63

注：（　）で示した単位水量が 185 kg/m³ を超える場合は，本編 5.3c 項による．

付表 2.17 プレーンコンクリート
普通ポルトランドセメントを用いる砂・砕石コンクリートの参考調合表
(砂の粗粒率 3.3，砕石の最大寸法 20 mm)

水セメント比 (%)	スランプ (cm)	細骨材率 (%)	単位水量 (kg/m³)	絶対容積 (l/m³) セメント	細骨材	粗骨材	単位量 (kg/m³) セメント	細骨材	粗骨材	単位粗骨材かさ容積 (m³/m³)
40	8	43.1	(186)	147	268	354	465	697	920	0.59
	12	42.0	(198)	157	252	348	495	655	905	0.58
	15	41.4	(207)	164	242	342	518	629	889	0.57
	18	44.0	(216)	171	250	318	540	650	827	0.53
	21	45.7	(231)	183	247	294	578	642	764	0.49
45	8	45.7	178	125	298	354	396	775	920	0.59
	12	44.8	(190)	134	283	348	422	736	905	0.58
	15	44.5	(199)	140	274	342	442	712	889	0.57
	18	46.6	(211)	148	278	318	469	723	827	0.53
	21	48.7	(224)	158	279	294	498	725	764	0.49
50	8	47.1	175	111	315	354	350	819	920	0.59
	12	46.7	185	117	305	348	370	793	905	0.58
	15	46.4	(194)	123	296	342	388	770	889	0.57
	18	48.5	(207)	131	299	318	414	777	827	0.53
	21	50.8	(219)	139	303	294	438	788	764	0.49
55	8	48.2	172	99	330	354	313	858	920	0.59
	12	47.8	183	105	319	348	333	829	905	0.58
	15	47.9	(190)	109	314	342	345	816	889	0.57
	18	50.1	(202)	116	319	318	367	829	827	0.53
	21	52.3	(215)	124	322	294	391	837	764	0.49
60	8	49.0	171	90	340	354	285	884	920	0.59
	12	49.0	179	94	334	348	298	868	905	0.58
	15	48.9	(187)	99	327	342	312	850	889	0.57
	18	51.5	(196)	103	338	318	327	879	827	0.53
	21	53.6	(210)	111	340	294	350	884	764	0.49
65	8	50.4	171	83	353	348	263	918	905	0.58
	12	50.4	179	87	347	342	275	902	889	0.57
	15	50.4	(187)	91	341	336	288	887	874	0.56
	18	52.9	(196)	96	351	312	302	913	811	0.52
	21	55.2	(210)	102	355	288	323	923	749	0.48

注：( ) で示した単位水量が 185 kg/m³ を超える場合は，本編 5.3c 項による．

付表 2.18 AE 剤を用いるコンクリート
普通ポルトランドセメントを用いる砂・砕石コンクリートの参考調合表
（砂の粗粒率 3.3，砕石の最大寸法 20 mm）

水セメント比 (%)	スランプ (cm)	細骨材率 (%)	単位水量 (kg/m³)	絶対容積 (l/m³) セメント	絶対容積 細骨材	絶対容積 粗骨材	単位量 (kg/m³) セメント	単位量 細骨材	単位量 粗骨材	単位粗骨材かさ容積 (m³/m³)
40	8	45.5	171	135	295	354	428	767	920	0.59
	12	44.7	182	144	281	348	455	731	905	0.58
	15	44.4	(190)	150	273	342	475	710	889	0.57
	18	46.8	(199)	158	280	318	498	728	827	0.53
	21	48.9	(212)	168	281	294	530	731	764	0.49
45	8	47.6	164	115	322	354	364	837	920	0.59
	12	47.2	174	122	311	348	387	809	905	0.58
	15	46.8	183	129	301	342	407	783	889	0.57
	18	49.1	(194)	136	307	318	431	798	827	0.53
	21	51.3	(206)	145	310	294	458	806	764	0.49
50	8	48.8	161	102	338	354	322	879	920	0.59
	12	48.6	170	108	329	348	340	855	905	0.58
	15	48.4	179	113	321	342	358	835	889	0.57
	18	50.7	(190)	120	327	318	380	850	827	0.53
	21	53.0	(202)	128	331	294	404	861	764	0.49
55	8	49.8	159	91	351	354	289	913	920	0.59
	12	49.6	168	97	342	348	305	889	905	0.58
	15	49.8	174	100	339	342	316	881	889	0.57
	18	52.0	(186)	107	344	318	338	894	827	0.53
	21	54.3	(198)	114	349	294	360	907	764	0.49
60	8	50.5	157	83	361	354	262	939	920	0.59
	12	50.5	165	87	355	348	275	923	905	0.58
	15	50.6	172	91	350	342	287	910	889	0.57
	18	53.1	181	96	360	318	302	936	827	0.53
	21	55.5	(193)	102	366	294	322	952	764	0.49
65	8	51.7	157	77	373	348	242	970	905	0.58
	12	51.8	165	80	368	342	254	957	889	0.57
	15	51.9	172	84	363	336	265	944	874	0.56
	18	54.5	181	88	374	312	278	972	811	0.52
	21	56.9	(193)	94	380	288	297	988	749	0.48

注：（ ）で示した単位水量が 185 kg/m³ を超える場合は，本編 5.3c 項による．

付表 2.19 AE 減水剤を用いるコンクリート
普通ポルトランドセメントを用いる砂・砕石コンクリートの参考調合表
（砂の粗粒率 3.3，砕石の最大寸法 20 mm）

水セメント比 (%)	スランプ (cm)	細骨材率 (%)	単位水量 (kg/m³)	絶対容積 (l/m³)			単位量 (kg/m³)			単位粗骨材かさ容積 (m³/m³)
				セメント	細骨材	粗骨材	セメント	細骨材	粗骨材	
40	8	45.9	162	128	305	360	405	793	936	0.60
	12	45.3	172	136	293	354	430	762	920	0.59
	15	45.0	180	142	285	348	450	741	905	0.58
	18	47.6	(188)	149	294	324	470	764	842	0.54
	21	49.6	(201)	159	295	300	503	767	780	0.50
45	8	47.9	155	109	331	360	344	861	936	0.60
	12	47.5	165	116	320	354	367	832	920	0.59
	15	47.3	173	122	312	348	384	811	905	0.58
	18	49.5	184	129	318	324	409	827	842	0.54
	21	51.8	(195)	137	323	300	433	840	780	0.50
50	8	49.1	152	96	347	360	304	902	936	0.60
	12	48.8	161	102	338	354	322	879	920	0.59
	15	48.7	169	107	331	348	338	861	905	0.58
	18	51.0	180	114	337	324	360	876	842	0.54
	21	53.3	(191)	121	343	300	382	892	780	0.50
55	8	49.9	150	86	359	360	273	933	936	0.60
	12	49.8	159	91	351	354	289	913	920	0.59
	15	49.9	165	95	347	348	300	902	905	0.58
	18	52.2	176	101	354	324	320	920	842	0.54
	21	54.5	(187)	108	360	300	340	936	780	0.50
60	8	50.5	149	78	368	360	248	957	936	0.60
	12	50.6	156	82	363	354	260	944	920	0.59
	15	50.7	163	86	358	348	272	931	905	0.58
	18	53.3	171	90	370	324	285	962	842	0.54
	21	55.6	183	97	375	300	305	975	780	0.50
65	8	51.8	149	72	380	354	229	988	920	0.59
	12	51.9	156	76	375	348	240	975	905	0.58
	15	52.0	163	79	371	342	251	965	889	0.57
	18	54.6	171	83	383	318	263	996	827	0.53
	21	57.0	183	89	389	294	282	1 011	764	0.49

注：( ) で示した単位水量が 185 kg/m³ を超える場合は，本編 5.3c 項による．

付表 2.20 高性能 AE 減水剤を用いるコンクリート
普通ポルトランドセメントを用いる砂・砕石コンクリートの参考調合表
（砂の粗粒率 3.3，砕石の最大寸法 20 mm）

水セメント比 (%)	スランプ (cm)	細骨材率 (%)	単位水量 (kg/m³)	絶対容積 (l/m³)			単位量 (kg/m³)			単位粗骨材かさ容積 (m³/m³)
				セメント	細骨材	粗骨材	セメント	細骨材	粗骨材	
40	8	46.3	153	121	315	366	383	819	952	0.61
	12	45.9	162	128	305	360	405	793	936	0.60
	15	45.6	170	134	297	354	425	772	920	0.59
	18	48.3	177	140	308	330	443	801	858	0.55
	21	50.3	(189)	150	310	306	473	806	796	0.51
45	8	48.2	146	103	340	366	324	884	952	0.61
	12	47.9	155	109	331	360	344	861	936	0.60
	15	47.7	163	115	323	354	362	840	920	0.59
	18	50.0	173	122	330	330	384	858	858	0.55
	21	52.3	184	129	336	306	409	874	796	0.51
50	8	49.2	143	91	355	366	286	923	952	0.61
	12	49.1	152	96	347	360	304	902	936	0.60
	15	49.1	159	101	341	354	318	887	920	0.59
	18	51.3	170	108	347	330	340	902	858	0.55
	21	53.7	180	114	355	306	360	923	796	0.51
55	8	50.1	141	81	367	366	256	954	952	0.61
	12	49.9	150	86	359	360	273	933	936	0.60
	15	50.2	155	89	357	354	282	928	920	0.59
	18	52.4	166	96	363	330	302	944	858	0.55
	21	54.9	176	101	372	306	320	967	796	0.51
60	8	50.6	140	74	375	366	233	975	952	0.61
	12	50.7	147	78	370	360	245	962	936	0.60
	15	50.8	154	81	366	354	257	952	920	0.59
	18	53.5	161	85	379	330	268	985	858	0.55
	21	55.8	172	91	386	306	287	1 004	796	0.51

注：（ ）で示した単位水量が 185 kg/m³ を超える場合は，本編 5.3c 項による．

付表 2.21　プレーンコンクリート
普通ポルトランドセメントを用いる砂・砕石コンクリートの参考調合表
（砂の粗粒率 2.7，砕石の最大寸法 20 mm）

水セメント比 (%)	スランプ (cm)	細骨材率 (%)	単位水量 (kg/m³)	絶対容積 (l/m³)			単位量 (kg/m³)			単位粗骨材かさ容積 (m³/m³)
				セメント	細骨材	粗骨材	セメント	細骨材	粗骨材	
40	8	37.1	(187)	148	230	390	468	598	1 014	0.65
	12	35.8	(199)	158	214	384	498	556	998	0.64
	15	35.1	(208)	165	204	378	520	530	983	0.63
	18	36.7	(221)	175	205	354	553	533	920	0.59
	21	38.7	(233)	184	208	330	583	541	858	0.55
45	8	39.5	182	128	255	390	404	663	1 014	0.65
	12	38.7	(193)	136	242	384	429	629	998	0.64
	15	38.1	(202)	142	233	378	449	606	983	0.63
	18	39.9	(215)	151	235	354	478	611	920	0.59
	21	41.8	(228)	160	237	330	507	616	858	0.55
50	8	41.0	180	114	271	390	360	705	1 014	0.65
	12	40.5	(190)	120	261	384	380	679	998	0.64
	15	40.2	(198)	125	254	378	396	660	983	0.63
	18	42.2	(210)	133	258	354	420	671	920	0.59
	21	44.2	(223)	141	261	330	446	679	858	0.55
55	8	42.1	178	103	284	390	324	738	1 014	0.65
	12	42.0	186	107	278	384	338	723	998	0.64
	15	41.9	(193)	111	273	378	351	710	983	0.63
	18	43.8	(206)	119	276	354	375	718	920	0.59
	21	46.1	(218)	125	282	330	396	733	858	0.55
60	8	43.1	176	93	296	390	293	770	1 014	0.65
	12	43.0	184	97	290	384	307	754	998	0.64
	15	43.0	(191)	101	285	378	318	741	983	0.63
	18	45.2	(202)	107	292	354	337	759	920	0.59
	21	47.5	(214)	113	298	330	357	775	858	0.55
65	8	44.6	176	86	309	384	271	803	998	0.64
	12	44.5	184	90	303	378	283	788	983	0.63
	15	44.6	(191)	93	299	372	294	777	967	0.62
	18	46.9	(202)	98	307	348	311	798	905	0.58
	21	49.1	(214)	104	313	324	329	814	842	0.54

注：（　）で示した単位水量が 185 kg/m³ を超える場合は，本編 5.3c 項による．

付表 2.22 AE 剤を用いるコンクリート
普通ポルトランドセメントを用いる砂・砕石コンクリートの参考調合表
（砂の粗粒率 2.7，砕石の最大寸法 20 mm）

水セメント比 (%)	スランプ (cm)	細骨材率 (%)	単位水量 (kg/m³)	絶対容積 (l/m³)			単位量 (kg/m³)			単位粗骨材かさ容積 (m³/m³)
				セメント	細骨材	粗骨材	セメント	細骨材	粗骨材	
40	8	39.7	172	136	257	390	430	668	1 014	0.65
	12	38.8	183	145	243	384	458	632	998	0.64
	15	38.3	(191)	151	235	378	478	611	983	0.63
	18	40.1	(203)	161	237	354	508	616	920	0.59
	21	42.1	(215)	170	240	330	538	624	858	0.55
45	8	41.9	167	117	281	390	371	731	1 014	0.65
	12	41.1	178	125	268	384	396	697	998	0.64
	15	40.8	(186)	131	260	378	413	676	983	0.63
	18	42.7	(198)	139	264	354	440	686	920	0.59
	21	44.9	(209)	147	269	330	464	699	858	0.55
50	8	43.0	166	105	294	390	332	764	1 014	0.65
	12	42.8	174	110	287	384	348	746	998	0.64
	15	42.6	182	115	280	378	364	728	983	0.63
	18	44.7	(193)	122	286	354	386	744	920	0.59
	21	46.8	(205)	130	290	330	410	754	858	0.55
55	8	44.0	164	94	307	390	298	798	1 014	0.65
	12	44.0	171	98	302	384	311	785	998	0.64
	15	43.9	178	103	296	378	324	770	983	0.63
	18	46.1	(189)	109	303	354	344	788	920	0.59
	21	48.3	(201)	116	308	330	365	801	858	0.55
60	8	44.9	162	85	318	390	270	827	1 014	0.65
	12	44.9	169	89	313	384	282	814	998	0.64
	15	45.1	175	92	310	378	292	806	983	0.63
	18	47.2	(186)	98	317	354	310	824	920	0.59
	21	49.5	(197)	104	324	330	328	842	858	0.55
65	8	46.2	162	79	330	384	249	858	998	0.64
	12	46.3	169	82	326	378	260	848	983	0.63
	15	46.5	175	85	323	372	269	840	967	0.62
	18	48.7	(186)	91	330	348	286	858	905	0.58
	21	51.1	(197)	96	338	324	303	879	842	0.54

注：（ ）で示した単位水量が 185 kg/m³ を超える場合は，本編 5.3c 項による．

付表 2.23 AE 減水剤を用いるコンクリート
普通ポルトランドセメントを用いる砂・砕石コンクリートの参考調合表
（砂の粗粒率 2.7，砕石の最大寸法 20 mm）

水セメント比 (%)	スランプ (cm)	細骨材率 (%)	単位水量 (kg/m³)	絶対容積 (l/m³) セメント	細骨材	粗骨材	単位量 (kg/m³) セメント	細骨材	粗骨材	単位粗骨材かさ容積 (m³/m³)
40	8	40.3	163	129	267	396	408	694	1 030	0.66
	12	39.5	173	137	255	390	433	663	1 014	0.65
	15	39.1	181	143	247	384	453	642	998	0.64
	18	41.1	(192)	152	251	360	480	653	936	0.60
	21	43.1	(203)	161	255	336	508	663	874	0.56
45	8	42.3	158	111	290	396	351	754	1 030	0.66
	12	41.7	168	118	279	390	373	725	1 014	0.65
	15	41.4	176	124	271	384	391	705	998	0.64
	18	43.4	(187)	132	276	360	416	718	936	0.60
	21	45.6	(198)	139	282	336	440	733	874	0.56
50	8	43.3	157	99	303	396	314	788	1 030	0.66
	12	43.1	165	104	296	390	330	770	1 014	0.65
	15	43.0	172	109	290	384	344	754	998	0.64
	18	45.1	183	116	296	360	366	770	936	0.60
	21	47.3	(194)	123	302	336	388	785	874	0.56
55	8	44.3	155	89	315	396	282	819	1 030	0.66
	12	44.3	162	93	310	390	295	806	1 014	0.65
	15	44.3	168	97	306	384	305	796	998	0.64
	18	46.5	179	103	313	360	325	814	936	0.60
	21	48.8	(190)	109	320	336	345	832	874	0.56
60	8	45.1	153	81	325	396	255	845	1 030	0.66
	12	45.1	160	84	321	390	267	835	1 014	0.65
	15	45.2	166	88	317	384	277	824	998	0.64
	18	47.5	176	93	326	360	293	848	936	0.60
	21	49.9	(186)	98	335	336	310	871	874	0.56
65	8	46.4	153	74	338	390	235	879	1 014	0.65
	12	46.4	160	78	333	384	246	866	998	0.64
	15	46.6	166	81	330	378	255	858	983	0.63
	18	48.9	176	86	339	354	271	881	920	0.59
	21	51.3	(186)	91	348	330	286	905	858	0.55

注：（ ）で示した単位水量が 185 kg/m³ を超える場合は，本編 5.3c 項による．

付表 2.24 高性能 AE 減水剤を用いるコンクリート
普通ポルトランドセメントを用いる砂・砕石コンクリートの参考調合表
(砂の粗粒率 2.7,砕石の最大寸法 20 mm)

水セメント比 (%)	スランプ (cm)	細骨材率 (%)	単位水量 (kg/m³)	絶対容積 (l/m³)			単位量 (kg/m³)			単位粗骨材かさ容積 (m³/m³)
				セメント	細骨材	粗骨材	セメント	細骨材	粗骨材	
40	8	40.8	154	122	277	402	385	720	1 045	0.67
	12	40.3	163	129	267	396	408	694	1 030	0.66
	15	39.9	171	135	259	390	428	673	1 014	0.65
	18	42.0	181	143	265	366	453	689	952	0.61
	21	44.2	(191)	151	271	342	478	705	889	0.57
45	8	42.7	149	105	299	402	331	777	1 045	0.67
	12	42.3	158	111	290	396	351	754	1 030	0.66
	15	42.0	166	117	282	390	369	733	1 014	0.65
	18	44.1	176	124	289	366	391	751	952	0.61
	21	46.2	(187)	132	294	342	416	764	889	0.57
50	8	43.6	148	94	311	402	296	809	1 045	0.67
	12	43.6	155	98	306	396	310	796	1 030	0.66
	15	43.5	162	103	300	390	324	780	1 014	0.65
	18	45.7	172	109	308	366	344	801	952	0.61
	21	47.9	183	116	314	342	366	816	889	0.57
55	8	44.6	146	84	323	402	265	840	1 045	0.67
	12	44.5	153	88	318	396	278	827	1 030	0.66
	15	44.8	158	91	316	390	287	822	1 014	0.65
	18	46.9	169	97	323	366	307	840	952	0.61
	21	49.2	179	103	331	342	325	861	889	0.57
60	8	45.3	144	76	333	402	240	866	1 045	0.67
	12	45.3	151	80	328	396	252	853	1 030	0.66
	15	45.6	156	82	327	390	260	850	1 014	0.65
	18	47.8	166	88	335	366	277	871	952	0.61
	21	50.3	175	92	346	342	292	900	889	0.57

注:( )で示した単位水量が 185 kg/m³ を超える場合は,本編 5.3c 項による.

付表 2.25 プレーンコンクリート
普通ポルトランドセメントを用いる砂・砕石コンクリートの参考調合表
(砂の粗粒率 2.2,砕石の最大寸法 20 mm)

水セメント比 (%)	スランプ (cm)	細骨材率 (%)	単位水量 (kg/m³)	絶対容積 (l/m³) セメント	細骨材	粗骨材	単位量 (kg/m³) セメント	細骨材	粗骨材	単位粗骨材かさ容積 (m³/m³)
40	8	31.0	(193)	153	189	420	483	491	1 092	0.70
	12	29.9	(203)	161	177	414	508	460	1 076	0.69
	15	29.5	(210)	166	171	408	525	445	1 061	0.68
	18	31.1	(222)	176	173	384	555	450	998	0.64
	21	32.8	(234)	185	176	360	585	458	936	0.60
45	8	34.0	(187)	132	216	420	416	562	1 092	0.70
	12	33.0	(198)	139	204	414	440	530	1 076	0.69
	15	32.5	(206)	145	196	408	458	510	1 061	0.68
	18	34.4	(217)	153	201	384	482	523	998	0.64
	21	36.1	(230)	162	203	360	511	528	936	0.60
50	8	35.7	185	117	233	420	370	606	1 092	0.70
	12	35.1	(194)	123	224	414	388	582	1 076	0.69
	15	34.9	(201)	127	219	408	402	569	1 061	0.68
	18	36.6	(214)	135	222	384	428	577	998	0.64
	21	38.6	(226)	143	226	360	452	588	936	0.60
55	8	37.0	183	105	247	420	333	642	1 092	0.70
	12	36.7	(191)	110	240	414	347	624	1 076	0.69
	15	36.5	(198)	114	235	408	360	611	1 061	0.68
	18	38.7	(209)	120	242	384	380	629	998	0.64
	21	40.5	(222)	128	245	360	404	637	936	0.60
60	8	38.2	180	95	260	420	300	676	1 092	0.70
	12	38.1	(187)	99	255	414	312	663	1 076	0.69
	15	38.1	(194)	102	251	408	323	653	1 061	0.68
	18	40.0	(206)	109	256	384	343	666	998	0.64
	21	42.2	(217)	115	263	360	362	684	936	0.60
65	8	39.7	180	88	273	414	277	710	1 076	0.69
	12	39.7	(187)	91	269	408	288	699	1 061	0.68
	15	39.7	(194)	94	265	402	298	689	1 045	0.67
	18	41.8	(206)	100	271	378	317	705	983	0.63
	21	44.0	(217)	106	278	354	334	723	920	0.59

注:( )で示した単位水量が 185 kg/m³ を超える場合は,本編 5.3c 項による.

付表 2.26 AE 剤を用いるコンクリート
普通ポルトランドセメントを用いる砂・砕石コンクリートの参考調合表
（砂の粗粒率 2.2，砕石の最大寸法 20 mm）

水セメント比 (%)	スランプ (cm)	細骨材率 (%)	単位水量 (kg/m³)	絶対容積 (l/m³)			単位量 (kg/m³)			単位粗骨材かさ容積 (m³/m³)
				セメント	細骨材	粗骨材	セメント	細骨材	粗骨材	
40	8	34.0	178	141	216	420	445	562	1 092	0.70
	12	33.2	(187)	148	206	414	468	536	1 076	0.69
	15	33.0	(193)	153	201	408	483	523	1 061	0.68
	18	34.9	(204)	161	206	384	510	536	998	0.64
	21	36.6	(216)	171	208	360	540	541	936	0.60
45	8	36.6	172	121	242	420	382	629	1 092	0.70
	12	35.8	182	128	231	414	404	601	1 076	0.69
	15	35.5	(189)	133	225	408	420	585	1 061	0.68
	18	37.5	(200)	141	230	384	444	598	998	0.64
	21	39.6	(211)	148	236	360	469	614	936	0.60
50	8	38.0	170	108	257	420	340	668	1 092	0.70
	12	37.6	179	113	249	414	358	647	1 076	0.69
	15	37.5	185	117	245	408	370	637	1 061	0.68
	18	39.3	(197)	125	249	384	394	647	998	0.64
	21	41.5	(208)	132	255	360	416	663	936	0.60
55	8	39.1	168	97	270	420	305	702	1 092	0.70
	12	39.0	175	101	265	414	318	689	1 076	0.69
	15	38.9	182	105	260	408	331	676	1 061	0.68
	18	41.2	(192)	110	269	384	349	699	998	0.64
	21	43.2	(204)	117	274	360	371	712	936	0.60
60	8	40.1	166	88	281	420	277	731	1 092	0.70
	12	40.2	172	91	278	414	287	723	1 076	0.69
	15	40.2	179	94	274	408	298	712	1 061	0.68
	18	42.3	(189)	100	282	384	315	733	998	0.64
	21	44.6	(200)	105	290	360	333	754	936	0.60
65	8	41.5	166	81	294	414	255	764	1 076	0.69
	12	41.6	172	84	291	408	265	757	1 061	0.68
	15	41.7	179	87	287	402	275	746	1 045	0.67
	18	43.9	(189)	92	296	378	291	770	983	0.63
	21	46.2	(200)	97	304	354	308	790	920	0.59

注：（ ）で示した単位水量が 185 kg/m³ を超える場合は，本編 5.3c 項による．

付表 2.27　AE 減水剤を用いるコンクリート
普通ポルトランドセメントを用いる砂・砕石コンクリートの参考調合表
（砂の粗粒率 2.2，砕石の最大寸法 20 mm）

水セメント比 (%)	スランプ (cm)	細骨材率 (%)	単位水量 (kg/m³)	絶対容積 (l/m³)			単位量 (kg/m³)			単位粗骨材かさ容積 (m³/m³)
				セメント	細骨材	粗骨材	セメント	細骨材	粗骨材	
40	8	34.9	168	133	228	426	420	593	1 108	0.71
	12	34.2	177	140	218	420	443	567	1 092	0.70
	15	34.0	183	145	213	414	458	554	1 076	0.69
	18	36.0	(193)	153	219	390	483	569	1 014	0.65
	21	38.0	(204)	161	224	366	510	582	952	0.61
45	8	37.1	163	115	251	426	362	653	1 108	0.71
	12	36.6	172	121	242	420	382	629	1 092	0.70
	15	36.3	179	126	236	414	398	614	1 076	0.69
	18	38.4	(189)	133	243	390	420	632	1 014	0.65
	21	40.4	(200)	141	248	366	444	645	952	0.61
50	8	38.4	161	102	266	426	322	692	1 108	0.71
	12	38.1	169	107	259	420	338	673	1 092	0.70
	15	38.1	175	111	255	414	350	663	1 076	0.69
	18	40.1	(186)	118	261	390	372	679	1 014	0.65
	21	42.2	(197)	125	267	366	394	694	952	0.61
55	8	39.6	159	91	279	426	289	725	1 108	0.71
	12	39.4	166	96	273	420	302	710	1 092	0.70
	15	39.5	172	99	270	414	313	702	1 076	0.69
	18	41.6	182	105	278	390	331	723	1 014	0.65
	21	43.8	(193)	111	285	366	351	741	952	0.61
60	8	40.4	157	83	289	426	262	751	1 108	0.71
	12	40.5	163	86	286	420	272	744	1 092	0.70
	15	40.6	169	89	283	414	282	736	1 076	0.69
	18	42.8	179	94	292	390	298	759	1 014	0.65
	21	45.0	(189)	100	300	366	315	780	952	0.61
65	8	41.7	157	77	301	420	242	783	1 092	0.70
	12	41.9	163	79	299	414	251	777	1 076	0.69
	15	42.0	169	82	296	408	260	770	1 061	0.68
	18	44.3	179	87	305	384	275	793	998	0.64
	21	46.6	(189)	92	314	360	291	816	936	0.60

注：（　）で示した単位水量が 185 kg/m³ を超える場合は，本編 5.3c 項による．

付表 2.28 高性能 AE 減水剤を用いるコンクリート
普通ポルトランドセメントを用いる砂・砕石コンクリートの参考調合表
（砂の粗粒率 2.2，砕石の最大寸法 20 mm）

水セメント比 (%)	スランプ (cm)	細骨材率 (%)	単位水量 (kg/m³)	絶対容積 (l/m³) セメント	絶対容積 (l/m³) 細骨材	絶対容積 (l/m³) 粗骨材	単位量 (kg/m³) セメント	単位量 (kg/m³) 細骨材	単位量 (kg/m³) 粗骨材	単位粗骨材かさ容積 (m³/m³)
40	8	35.7	158	125	240	432	395	624	1 123	0.72
	12	35.1	167	132	230	426	418	598	1 108	0.71
	15	35.1	172	136	227	420	430	590	1 092	0.70
	18	37.0	182	144	233	396	455	606	1 030	0.66
	21	39.1	(192)	152	239	372	480	621	967	0.62
45	8	37.7	154	108	261	432	342	679	1 123	0.72
	12	37.3	162	114	253	426	360	658	1 108	0.71
	15	37.0	169	119	247	420	376	642	1 092	0.70
	18	39.3	178	125	256	396	396	666	1 030	0.66
	21	41.4	(188)	132	263	372	418	684	967	0.62
50	8	38.9	152	96	275	432	304	715	1 123	0.72
	12	38.7	159	101	269	426	318	699	1 108	0.71
	15	38.8	165	104	266	420	330	692	1 092	0.70
	18	40.8	175	111	273	396	350	710	1 030	0.66
	21	42.9	(186)	118	279	372	372	725	967	0.62
55	8	39.9	150	86	287	432	273	746	1 123	0.72
	12	39.9	156	90	283	426	284	736	1 108	0.71
	15	40.0	162	93	280	420	295	728	1 092	0.70
	18	42.3	171	98	290	396	311	754	1 030	0.66
	21	44.3	182	105	296	372	331	770	967	0.62
60	8	40.7	148	78	297	432	247	772	1 123	0.72
	12	40.8	154	81	294	426	257	764	1 108	0.71
	15	41.0	159	84	292	420	265	759	1 092	0.70
	18	43.2	169	89	301	396	282	783	1 030	0.66
	21	45.5	178	94	311	372	297	809	967	0.62

注：（ ）で示した単位水量が 185 kg/m³ を超える場合は，本編 5.3c 項による．

付表 2.29　AE剤を用いるコンクリート
普通ポルトランドセメントを用いる軽量1種コンクリートの参考調合表
（砂の粗粒率2.8（2.5 mm），粗骨材の最大寸法15 mm）

水セメント比 (%)	スランプ (cm)	細骨材率 (%)	単位水量 (kg/m³)	絶対容積 (l/m³) セメント	細骨材	粗骨材	質量 (kg/m³) セメント	細骨材	粗骨材	単位粗骨材かさ容積 (m³/m³)
40	8	38.4	168	133	249	400	420	647	516	0.63
	12	39.2	175	139	249	387	438	647	499	0.61
	15	40.1	181	143	251	375	453	653	484	0.59
	18	41.7	(189)	150	255	356	473	663	459	0.56
	21	43.1	(200)	158	255	337	500	663	435	0.53
45	8	40.0	166	117	267	400	369	694	516	0.63
	12	41.1	172	121	270	387	382	702	499	0.61
	15	42.0	178	125	272	375	396	707	484	0.59
	18	43.8	(186)	131	277	356	413	720	459	0.56
	21	45.1	(197)	139	277	337	438	720	435	0.53
50	8	42.1	165	104	287	394	330	746	508	0.62
	12	43.3	170	108	291	381	340	757	491	0.60
	15	44.5	176	111	295	368	352	767	475	0.58
	18	46.3	184	116	301	349	368	783	450	0.55
	21	47.8	(195)	123	302	330	390	785	426	0.52
55	8	43.1	164	94	298	394	298	775	508	0.62
	12	44.3	169	97	303	381	307	788	491	0.60
	15	45.6	173	100	309	368	315	803	475	0.58
	18	47.3	183	105	313	349	333	814	450	0.55
	21	48.9	(193)	111	316	330	351	822	426	0.52
60	8	44.7	164	86	313	387	273	814	499	0.61
	12	45.8	169	89	317	375	282	824	484	0.59
	15	47.2	173	91	324	362	288	842	467	0.57
	18	48.8	183	97	327	343	305	850	442	0.54
	21	50.5	(193)	102	331	324	322	861	418	0.51

注：（　）で示した単位水量が185 kg/m³を超える場合は，本編5.3c項による．

付表 2.30 AE 減水剤を用いるコンクリート
普通ポルトランドセメントを用いる軽量1種コンクリートの参考調合表
(砂の粗粒率 2.8 (2.5 mm),粗骨材の最大寸法 15 mm)

水セメント比 (%)	スランプ (cm)	細骨材率 (%)	単位水量 (kg/m³)	絶対容積 (l/m^3) セメント	細骨材	粗骨材	質量 (kg/m³) セメント	細骨材	粗骨材	単位粗骨材かさ容積 (m^3/m^3)
40	8	38.9	159	126	259	406	398	673	524	0.64
	12	39.8	165	131	260	394	413	676	508	0.62
	15	40.8	171	135	263	381	428	684	491	0.60
	18	42.4	179	142	267	362	448	694	467	0.57
	21	43.9	(189)	150	268	343	473	697	442	0.54
45	8	40.6	157	110	277	406	349	720	524	0.64
	12	41.4	163	115	278	394	362	723	508	0.62
	15	42.6	168	118	283	381	373	736	491	0.60
	18	44.3	176	124	288	362	391	749	467	0.57
	21	45.8	(186)	131	290	343	413	754	442	0.54
50	8	42.4	156	99	295	400	312	767	516	0.63
	12	43.7	161	102	300	387	322	780	499	0.61
	15	44.8	166	105	304	375	332	790	484	0.59
	18	46.5	174	110	310	356	348	806	459	0.56
	21	48.2	184	116	313	337	368	814	435	0.53
55	8	43.3	155	89	306	400	282	796	516	0.63
	12	44.6	160	92	311	387	291	809	499	0.61
	15	45.8	164	94	317	375	298	824	484	0.59
	18	47.4	173	100	321	356	315	835	459	0.56
	21	49.1	183	105	325	337	333	845	435	0.53
60	8	44.7	155	82	319	394	258	829	508	0.62
	12	46.0	160	84	325	381	267	845	491	0.60
	15	47.4	164	86	332	368	273	863	475	0.58
	18	49.1	173	91	337	349	288	876	450	0.55
	21	50.7	183	97	340	330	305	884	426	0.52

注:( )で示した単位水量が 185 kg/m³ を超える場合は,本編 5.3c 項による.

付表 2.31 高性能 AE 減水剤を用いるコンクリート
普通ポルトランドセメントを用いる軽量1種コンクリートの参考調合表
（砂の粗粒率 2.8（2.5 mm），粗骨材の最大寸法 15 mm）

水セメント比 (%)	スランプ (cm)	細骨材率 (%)	単位水量 (kg/m³)	絶対容積 (l/m³)			質量 (kg/m³)			単位粗骨材かさ容積 (m³/m³)
				セメント	細骨材	粗骨材	セメント	細骨材	粗骨材	
40	8	39.4	150	119	268	413	375	697	533	0.65
	12	40.4	156	123	271	400	390	705	516	0.63
	15	41.5	161	128	274	387	403	712	499	0.61
	18	43.3	168	133	281	368	420	731	475	0.58
	21	44.7	178	141	282	349	445	733	450	0.55
45	8	40.8	148	104	285	413	329	741	533	0.65
	12	41.9	153	108	289	400	340	751	516	0.63
	15	43.0	159	112	292	387	353	759	499	0.61
	18	44.8	166	117	299	368	369	777	475	0.58
	21	46.3	176	124	301	349	391	783	450	0.55
50	8	42.8	147	93	304	406	294	790	524	0.64
	12	43.9	152	96	308	394	304	801	508	0.62
	15	45.1	157	99	313	381	314	814	491	0.60
	18	46.9	164	104	320	362	328	832	467	0.57
	21	48.5	174	110	323	343	348	840	442	0.54
55	8	43.6	146	84	314	406	265	816	524	0.64
	12	44.7	151	87	318	394	275	827	508	0.62
	15	46.1	154	89	326	381	280	848	491	0.60
	18	47.8	163	94	331	362	296	861	467	0.57
	21	49.5	172	99	336	343	313	874	442	0.54
60	8	45.0	146	77	327	400	243	850	516	0.63
	12	46.2	151	80	332	387	252	863	499	0.61
	15	47.6	154	81	340	375	257	884	484	0.59
	18	49.2	163	86	345	356	272	897	459	0.56
	21	50.9	172	91	350	337	287	910	435	0.53

注：（ ）で示した単位水量が 185 kg/m³ を超える場合は，本編 5.3c 項による．

付表 2.32 AE剤を用いるコンクリート
普通ポルトランドセメントを用いる軽量2種コンクリートの参考調合表
（砂の粗粒率 2.8 (2.5 mm)，粗骨材の最大寸法 15 mm）

水セメント比 (%)	スランプ (cm)	細骨材率 (%)	単位水量 (kg/m³)	絶対容積 (l/m³)			質量 (kg/m³)			単位粗骨材かさ容積 (m³/m³)
				セメント	細骨材	粗骨材	セメント	細骨材	粗骨材	
40	8	38.7	166	131	253	400	415	417	516	0.63
	12	39.9	171	135	257	387	428	424	499	0.61
	15	41.0	175	139	261	375	438	431	484	0.59
	18	43.1	181	143	270	356	453	446	459	0.56
	21	44.8	(190)	150	273	337	475	450	435	0.53
45	8	40.4	164	115	271	400	364	447	516	0.63
	12	41.7	168	118	277	387	373	457	499	0.61
	15	42.9	172	121	282	375	382	465	484	0.59
	18	45.0	178	125	291	356	396	480	459	0.56
	21	46.6	(187)	132	294	337	416	485	435	0.53
50	8	42.4	163	103	290	394	326	479	508	0.62
	12	43.9	166	105	298	381	332	492	491	0.60
	15	45.2	170	108	304	368	340	502	475	0.58
	18	47.4	176	111	314	349	352	518	450	0.55
	21	49.1	185	117	318	330	370	525	426	0.52
55	8	43.3	162	93	301	394	295	497	508	0.62
	12	44.8	165	95	309	381	300	510	491	0.60
	15	46.2	169	97	316	368	307	521	475	0.58
	18	48.2	175	101	325	349	318	536	450	0.55
	21	50.2	183	105	332	330	333	548	426	0.52
60	8	45.0	162	85	316	387	270	521	499	0.61
	12	46.3	165	87	323	375	275	533	484	0.59
	15	47.7	169	89	330	362	282	545	467	0.57
	18	49.8	175	92	340	343	292	561	442	0.54
	21	51.6	183	97	346	324	305	571	418	0.51

注：( ) で示した単位水量が 185 kg/m³ を超える場合は，本編 5.3c 項による．

付表 2.33 AE 減水剤を用いるコンクリート
普通ポルトランドセメントを用いる軽量 2 種コンクリートの参考調合表
（細骨材の粗粒率 2.8（2.5 mm），粗骨材の最大寸法 15 mm）

水セメント比 (%)	スランプ (cm)	細骨材率 (%)	単位水量 (kg/m³)	絶対容積 (l/m³) セメント	細骨材	粗骨材	質量 (kg/m³) セメント	細骨材	粗骨材	単位粗骨材かさ容積 (m³/m³)
40	8	39.3	157	124	263	406	393	434	524	0.64
	12	40.3	162	128	266	394	405	439	508	0.62
	15	41.7	165	131	273	381	413	450	491	0.60
	18	43.8	171	135	282	362	428	465	467	0.57
	21	45.4	180	142	285	343	450	470	442	0.54
45	8	40.8	155	109	280	406	344	462	524	0.64
	12	42.0	159	112	285	394	353	470	508	0.62
	15	43.3	163	115	291	381	362	480	491	0.60
	18	45.5	168	118	302	362	373	498	467	0.57
	21	47.1	177	124	306	343	393	505	442	0.54
50	8	42.8	154	97	299	400	308	493	516	0.63
	12	44.2	157	99	307	387	314	507	499	0.61
	15	45.4	161	102	312	375	322	515	484	0.59
	18	47.6	166	105	323	356	332	533	459	0.56
	21	49.2	175	111	327	337	350	540	435	0.53
55	8	43.6	153	88	309	400	278	510	516	0.63
	12	45.0	156	90	317	387	284	523	499	0.61
	15	46.3	160	92	323	375	291	533	484	0.59
	18	48.4	165	95	334	356	300	551	459	0.56
	21	50.2	173	100	340	337	315	561	435	0.53
60	8	45.0	153	81	322	394	255	531	508	0.62
	12	46.5	156	82	331	381	260	546	491	0.60
	15	47.9	160	84	338	368	267	558	475	0.58
	18	50.0	165	87	349	349	275	576	450	0.55
	21	51.9	173	91	356	330	288	587	426	0.52

注：（ ）で示した単位水量が 185 kg/m³ を超える場合は，本編 5.3c 項による．

付表 2.34 高性能 AE 減水剤を用いるコンクリート
普通ポルトランドセメントを用いる軽量2種コンクリートの参考調合表
（細骨材の粗粒率 2.8（2.5 mm），粗骨材の最大寸法 15 mm）

水セメント比 (%)	スランプ (cm)	細骨材率 (%)	単位水量 (kg/m³)	絶対容積 (l/m³)			質量 (kg/m³)			単位粗骨材かさ容積 (m³/m³)
				セメント	細骨材	粗骨材	セメント	細骨材	粗骨材	
40	8	39.7	148	117	272	413	370	449	533	0.65
	12	41.0	152	120	278	400	380	459	516	0.63
	15	42.3	156	123	284	387	390	469	499	0.61
	18	44.3	161	128	293	368	403	483	475	0.58
	21	46.1	169	134	298	349	423	492	450	0.55
45	8	41.1	146	103	288	413	324	475	533	0.65
	12	42.4	150	105	295	400	333	487	516	0.63
	15	43.8	153	108	302	387	340	498	499	0.61
	18	45.8	159	112	311	368	353	513	475	0.58
	21	47.6	167	117	317	349	371	523	450	0.55
50	8	43.1	145	92	307	406	290	507	524	0.64
	12	44.4	148	94	314	394	296	518	508	0.62
	15	45.7	152	96	321	381	304	530	491	0.60
	18	47.8	157	99	332	362	314	548	467	0.57
	21	49.6	165	104	338	343	330	558	442	0.54
55	8	43.8	144	83	317	406	262	523	524	0.64
	12	45.2	147	84	325	394	267	536	508	0.62
	15	46.5	151	87	331	381	275	546	491	0.60
	18	48.6	156	90	342	362	284	564	467	0.57
	21	50.5	163	94	350	343	296	578	442	0.54
60	8	45.2	144	76	330	400	240	545	516	0.63
	12	46.6	147	78	338	387	245	558	499	0.61
	15	47.8	151	80	344	375	252	568	484	0.59
	18	50.0	156	82	356	356	260	587	459	0.56
	21	51.9	163	86	364	337	272	601	435	0.53

注：（ ）で示した単位水量が 185 kg/m³ を超える場合は，本編 5.3c 項による．

付録3　各国の調合設計方法

　コンクリート調合設計指針1999年版の付録3では，各国の調合設計方法が紹介されていた．世界各国で用いられている調合設計方法はそれぞれの国で標準化され，各基準類にまとめられている[1]．これらの基準に示されている調合設計法は，国ごとに特色のある方法をとっており，中には経験的な方法によるものもあるが，概ね1910～1930年頃の間に確立されたコンクリートの典型的な理論を基礎としている．

　調合方法に関する研究は，白山によると[2,3] 19世紀末に強度要求に対するFeretの強度算定理論を草分けとし，次に20世紀初めに鉄筋コンクリートの普及に伴い強度だけでなくワーカブルでしかもできるだけ水や空隙が少ない密実なコンクリートを作り出すことを目標に急速に進められた．こうした研究により確立された調合の原理はコンクリート強度算定理論，骨材の粒度の選び方，セメントおよび骨材の調合の方法の3段階に分けて考えることができる[2]．さらに1990年代には，Lacomteらの最適粒度のフラクタル解析によるCaquotの調合法の検討[4]，GutierrezらのFaury，Bolomeyの調合の比較などにより高性能コンクリートの調合法の確立が試みられた．

　ここでは，コンクリート調合設計指針1999年版に掲載されていた「各国のコンクリート調合法」に従った調合の原理を要約として示すとともに，フランスの調合設計法であるコンクリートの調合設計法（C.E.S法）についても紹介する．

1. コンクリート強度算定理論

理論	内容	備考
1. Feret の強度算定式 （フランス） 1892年	$R = K\left(\dfrac{c}{c+e+v}\right)^2 = K\left(\dfrac{1}{1+\dfrac{e+v}{c}}\right)^2$ R：コンクリートの圧縮強さ c, e, v：セメント，水，空気空隙の絶対容積 K：常数 Feret-Bolomey の式あるいは Bolomey の式として $R = K_1 R_m\left(\dfrac{C}{E} - K_2\right)$ R_m：セメントモルタルの強さ K_1, K_2：常数	Feret-Bolomey 式，Bolomey 式は仏，ソ，独で使用． 米では Lyse の式とされている．
2. Daff. A. Abrams の説 （米国） 1918年	$F = \dfrac{A}{B^x}$ F：コンクリートの圧縮強さ A, B：常数 x：水セメント比	ソ連のベリヤコフ教授の式も同様．
3. Inge Lyse の式 （米国） 1932年	$F = a + bx$ x：セメント水比 a, b：常数	
4. Talbot および Richart の説 1923年	大規模な実験により空気空隙の影響をも含めた強さの理論を発表．現在ではあまり用いられていない．	
5. Vieser の式	$K = 700 \sin y^2$ ただし $y = \pi z : 8W$ z：セメント量 W：水量	
6. Graf の式	$K = \dfrac{A}{B^{2x}} + C$ K：モルタルまたはコンクリートの圧縮強度 x：水とセメントの重量比 A, B, C：係数	Graf は Abrams と独立に式を求めた．

2. 骨材の粒度の選び方

理論	内容	備考
1. Fuller's max. density curve（米国）1907年	最も密実なまだ固まらないコンクリートを作るのは，次の粒度分布を持つ曲線であるとした． $$P=100\sqrt{\dfrac{d}{M}}$$ P：ふるいを通過する百分率（%） d：ふるいの孔径（mm） M：最大粒径（mm）	Wig, Williams, Gate らによると，この曲線による粒度はやや細かいほうが少なく，コンクリートはガサつく感じになる．
2. Bolomey（スイス）	$$P=10+90\sqrt{\dfrac{d}{D}}$$ D：最大粒径（mm）	微粒分が重要なことを指摘している．
3. スイス式（チューリッヒ連邦研究所の式）	$$P=50\left(\dfrac{d}{D}+\sqrt{\dfrac{d}{D}}\right)$$	
4. Fumas-Anderberg 法 1931年	ふるい分けを行った場合の各ふるいの残留率（10～5 mm，5～2.5 mm）が，つぎの細かい粒子に対して一定の比をなすような粒度をいう． 成分間の比の値については以下のものがある． 1) F.O. Anderberg：粗骨材で1.4，細骨材で1.2，セメントで1.0 2) J.C. Pearson：川砂利で1.25，砕石で1.15	ある粒度の範囲の成分がつぎの細かい粒子に対して常に一定の百分率をなしているため，Percent Type ともいわれる．
5. Weymouth の Particle Interference 説 1933，1938年	一定の直径の比をもっている単位骨材を組み合わせて作る場合の粒度分布は，ひとつの単位骨材の平均的な相互の間隔（t）が，そのつぎの大きさの単位骨材の平均直径と，骨材を包むセメントペーストの厚さとの和に等しくすればよい． $$t=\left[\left(\dfrac{d_0}{d_\alpha}\right)^{\frac{1}{3}}-1\right]D$$ d_0：単位骨材の乾燥実積率 d_α：混合骨材中における単位骨材の実積率 D：骨材の平均直径 d_0/d_α は単位骨材の分散度を示しており，ある単位骨材の分散度をその骨材の平均間隔 t がそのつぎの粒径の単位骨材の平均直径 D に等しくするように定めれば，Weymouth の限界度分布ができる．	Weymouth の限界粒度分布は，結果的に Percent type の粒度分布と近似した値になる．
6. 不連続粒度理論	Feret の強度理論から出発し，水や空隙をできるだけ少なくするために施工上許される限りの最大粒径の骨材を使って，その骨材の間隙がちょうどセメントペーストの量になるように骨材の粒度を選ぶ． Fuller らの連続粒度理論に対抗する理論．	Vallethe らにより連続粒度に対する疑問から発達．

3. 調合の方法

理論	内容	備考
1. Feretの方法 1936年	Bolomey：材料の各篩の通過百分率はセメントを含めて，ふるい目の大きさの2乗根に比例して増加するよう調合． Lyse　　：コンシステンシー，骨材粒度が一定の場合は単位水量はほぼ一定． Feret はこれらを統合し，セメントと骨材の調合式を示した． $$p = A + (100 - A)\sqrt{\dfrac{d}{D}}$$ 　p：各ふるいの通過率 　d：ふるい目の大きさ 　D：骨材の最大粒径 　A：乾燥材料100に対するセメントの割合（絶対容積）	
2. Abramsの方法 1918年	a) 水セメント比と強度の関係式から水セメント比を決める． b) 細骨材・粗骨材の篩分析を行う． c) 細骨材・粗骨材のF.M.を計算する． d) 骨材の最大粒径を定める． e) 細粗混合骨材に対し，コンクリートの施工条件により許容し得る最大のF.M.を定める． f) 下式により，上に定めた混合骨材のF.M.を与える細粗骨材比を求める． $$P = 100\dfrac{A - B}{A - C}$$ 　P：細骨材の百分率 A, B, C：粗骨材，混合骨材，細骨材のF.M.	$F = \dfrac{A}{B^x}$ 水量は， Water Formula から算定． 粗粒率法はほかに， L Kennedy, Stanton Walker が研究．
3. 骨材表面積による調合法	Gillmore：表面積は砂を選ぶ基礎となる．(1883年) Edwards, Young：Surface Modulus による調合 (1918年) Kennedy：ペースト容積は，乾燥骨材の間隙容積より大，ワーカビリティーはペーストのフィルム状態で決まり，その必要性はペーストのコンシステンシーと骨材表面積による． $$x + a = N\left[\dfrac{W_s - W}{W_s} + \dfrac{KS}{10\,000}\right]$$ 　x：水セメント比 　a：セメントの絶対容積 　W_s：骨材の見掛比重 　W：骨材の乾燥単位容積重量 　K：Workability Factor 　S：骨材の表面積	骨材の表面積による方法は，セメントや砂の微粒分の表面積の無視，骨材を球に仮定するなどの点があり，十分でない．

理論	内容	備考
4. 粗骨材の空隙率を基礎とした方法 Talbot-Richart法 1921年	特色：水セメント比，スランプにかかわらず，細骨材の粒度が一定ならば粗骨材のかさ容積は常に一定に保たれる． ↓ 粗骨材の粒形などが悪い場合には，粗骨材の実容積は減少し，逆にモルタル量が増してワーカビリティーの低下を防ぐ．	TalbotとRichartの方法を受け，A.T. GoldbeckとJ.E. Grayが実用．ACI基準に採用され，JASS 5も同様な方法．
5. WeymouthのParticle Interference説	粒度の選び方の5.を参照． この説によると，骨材の分散状態が決まるため，それをセメントペーストで埋めることにより割合が決定する．	W.M. Dunagenによると，$t=0.5D$がワーカビリティーの良否の境目．
6. LyseのConstant Water Content Theory	使用材料の品質が一定であれば，同一の単位水量に対するコンクリートの軟度は同一になる． ↓ 同一のスランプでセメント量だけを変えない場合には，セメントの増加（減少）量に絶対容積で等しい同一種類の骨材を減少（増加）すればよい．	
7. 不連続粒度理論に基づく調合設計法	詳細は省略．	
8. 経験的調合法	一定の理論体系によらず，多くの実験や経験に基づいて実用的な調合法を定めるやり方． ACIの基準やJASS 5の調合表もこのような傾向がある．	

参考文献
1) 日本建築学会：構造体コンクリート強度に関する研究の動向と問題点，1987. 11
2) 白山和久：各国のコンクリート調合法（Ⅰ）～（Ⅲ），建築技術 No. 56～58, 1956
3) 白山和久：コンクリート調合設計の発展，コンクリート工学，Vol. 36, No. 4, 1997
4) A. Lacomte, A. Thomas：Caractére fractal des mélanges granulaires pour bétons de haute compacité, Materials and Structures, Vol. 25, No. 149, pp. 255～264, June 1992
5) P.A. Gutiérrez, M.F. Cánovbas：High-Performance Concrete, Requirements for Constituent Materials and Mix Proportioning, ACI Materials Journal, Vol. 93, No. 3, pp. 233～241, Aug.-Sep. 1992

コンクリートの調合設計法（C.E.S 法）

(TRAVAUX DE CONSTRUCTION Technologie du batiment Gros OEuvre/H. RENAUD Composition granulaire des betons より抜粋）

1. セメント水比（C/E）の求め方

材齢 28 日の調合強度

$$\sigma'_{28} = G \cdot \sigma'_c (C/E - 0.50) \qquad 式（1）$$

ここに，σ'_{28}：調合強度（MPa）　　$\sigma'_{28} = f_{c28} + 2s$　　式（2）

f_{c28}：材齢 28 日の品質基準強度（例えば，B25，B30）←呼び強度

s：標準偏差

σ'_c：材齢 28 日のセメント強度（MPa）

E：単位水量

G：骨材品質（形状）による係数

骨材の品質	骨材品質による係数（G）	
	粗骨材の最大寸法 D（mm）	
	$D \leq 12.5$	$20 \leq D \leq 31.5$
優良	0.55	0.60
良	0.45	0.50
不良	0.35	0.40

［＊注］　普通セメントによる最低セメント量は以下のとおり．
$C(\text{kg/m}^3) \geq (250 + 10B)/\sqrt[5]{D}$
B は，コンクリートの耐久性クラス

2. 単位セメント量の算出方法（Determination approached of dosage made of cement by reading of abacus）

水セメント比は，式（1）により求める．

単位水量 ＝ 単位セメント量／セメント水比（C/E）

調合設計例（設計条件，使用材料など）

設計基準強度：$f_{c28} = 30$ MPa

セメント種類：CPJ 42.5（28 日圧縮強度：48 MPa，単位容積質量 1.1 t/m³，密度 3.1 g/cm³）

骨材の品質：良，NF P 18301 に適合するもの　品質は付表 1 参照

水：塩分のないもの，コンシステンシー：6 cm，振動締固め：普通

なお，骨材の粒度および粗粒率の求め方は，

標準偏差　$s = 1.9$ MPa　　注）供試体寸法（半径）R 以下の規定により定める．

付表 1 骨材の品質

種類	細骨材	粗骨材
寸法	0〜5 mm	5〜20 mm
単位容積質量（t/m³）	1.614	1.542
絶乾密度（g/cm³）	2.62	2.59
粗粒率	2.67	—
含水率	4.2%	0.2%

骨材粒形係数《G》0.53

粒度分布曲線　付図 3.1 参照

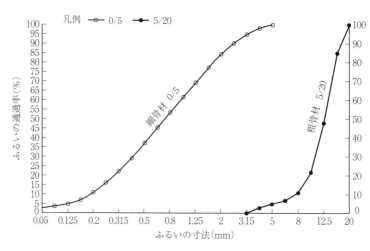

付図 3.1　骨材の粒度分布曲線

$D/R \leq 0.8$（一般的には）

$D \leq$ 供試体の最小高さ/5

3. 参考とする粒度分布曲線について（Trace of the granular curve of reference）

付図 3.3 の作図方法について

図中の C, V, Q の各点から CV 線と VQ 線を引くための計算方法

・C 点は X 軸の 0.08 とする.

・V 点は，X 軸は，骨材の最大寸法（D）が 20 mm 以下の場合，$D/2$ の位置とする．その他の寸法の場合は，5 mm と最大寸法の中間のふるいの値とする．

　Y 軸は，次式による

$$Y = 50 - \sqrt{D} + K + K_s$$

K は，付表 3.2 により定める．K_s は，次式による．$K_s = 6M_f - 15$　M_f：細骨材の粗粒率

注）コンクリートポンプを使用する場合，係数として K_p を加える（K_p 値は圧送性を考慮し 5〜10）．

付表 3.1 単位セメント量の算定

コンシステンシー（affaissement au cone）	C/E	単位セメント量 C（kg/m³）
6 cm	1.50	300
5 cm	1.32	262
5 cm	1.66	325

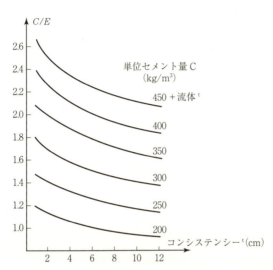

付図 3.2　コンシステンシーとセメント量の関係図
（Abaque du dosage en ciment）

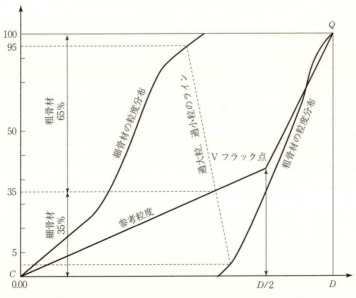

付図 3.3　図の作成方法について
（Schéma de principe du tracé）

付表 3.2　K 値の一覧表

振動締固め		弱		普通		強	
粗骨材の形状		砂利	砕石	砂利	砕石	砂利	砕石
単位セメント量 (kg/m³)	400 + Fluid	−2	0	−4	−2	−6	−4
	400	0	+2	−2	0	−4	−2
	350	+2	+4	0	+2	−2	0
	300	+4	+6	+2	+4	0	+2
	250	+6	+8	+4	+6	+2	+4

4. 骨材の構成図（Graphic Determination of the granular composition）

骨材の寸法と粒度構成は，付図 3.3 のダイヤグラムの例に従って求められる．

付図 3.3 中の「過大粒，過小粒のライン」は，細骨材の通過率 95% の粒度と粗骨材の通過率 5% の粒度の値を結ぶ．

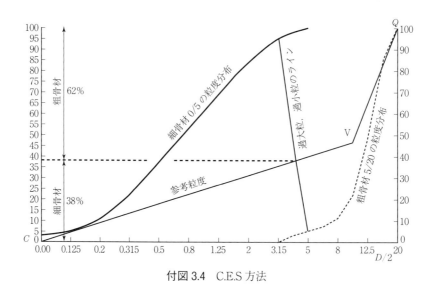

付図 3.4　C.E.S 方法

5. 締固め係数（γ）の選定（Choice of a compactness coefficient）

考慮すべき要因は，骨材の最大寸法，骨材の形状，単位セメント量，単位水量，コンシステンシー，振動締固めの程度である．付表 3.3 に締固め係数を示す．

付表 3.3 締固め係数

コンシステンシー	振動締固めの程度	締固め係数：γ 骨材寸法（D）		
		$D=10$	$D=12.5$	$D=20$
プラスチック $3<C<7$	弱	0.795	0.810	0.820
	普通	0.800	0.815	0.825
	強	0.805	0.820	0.830
Ferme $0<C<2$	弱	0.805	0.820	0.830
	普通	0.810	0.825	0.835
	強	0.815	0.830	0.840

6. 1 m³ 中の各材料の絶対容積（Absolute volumes of the constituent dry by compact concrete m³）

　（1）セメントの絶対容積（V_c）　V_c＝単位セメント量（kg/m³）/密度（g/cm³）

　（2）骨材の絶対容積（V_{sg}）　V_{sg}＝1 000・$\gamma - V_c$

　（3）細骨材の絶対容積（V_s）　V_s＝（V_{sg}/100）×細骨材の割合（%）

　（4）粗骨材の絶対容積（V_g）　V_g＝（V_{sg}/100）×粗骨材の割合（%）

　注）　a．細骨材と粗骨材の単位量は，次式で求められる．
　　　　　細骨材の単位量（kg）＝細骨材の絶対容積（m³）×密度（kg/m³）
　　　　b．1 m³ のフレッシュコンクリートの理論的質量は，骨材の含水量を含み計算される．

7. 骨材の構成量

　各ふるいを通過する細骨材および粗骨材の割合を縦軸にして，粒度分布曲線が描かれている．

　　　$T\%$＝（（細骨材の通過率 %×T_s%）＋（粗骨材の通過率 %×T_g%））/100

　T は，細骨材と粗骨材の各粒度通過率に細骨材と粗骨材の割合を乗じて求めた値とする．

8. 試験，管理および表面水の補正

　単位水量の基準値の適合管理のためにコンシステンシー試験を行う．

　フレッシュコンクリートの単位容積質量 Δ を測定し，調合上の単位容積質量 Δ_0 と比較する．

　もし，$\Delta_0 > \Delta$ の場合，コンクリートの構成材料が 1 m³ より多く，セメント量が少ないことが考えられる．（$\Delta_0 - \Delta$）を計算し，骨材量の補正を行う．

【計算例】

①セメント水比の計算

　　　材齢 28 日調合強度　σ'_{28}＝30＋(2×1.9)＝33.8 MPa

　　　骨材粒形係数　G＝0.53

材齢 28 日セメント強さ　$\sigma_c'=48$ MPa
$$C/E=\sigma_{28}'/(G\times\sigma_c')+0.50=1.828 \Rightarrow C/E=1.83$$

②単位セメント量の計算

コンシステンシーとセメント量の関係図（Abaque du dosage en ciment）から，計算し単位セメント量（C）＝362 kg/m³ を求める．

規定の最小単位セメント量を満足しているか，確認する．
$$C_{\min}=(250+10\times30)/\sqrt[5]{20}=550/1.82=302 \text{ kg/m}^3$$

$C>C_{\min}$ であるため，OK．単位水量は，362/1.83 ⇒ 198 リットルとなる．

③細骨材量と粗骨材量の求め方

粗骨材の最大寸法 20 mm の場合

X 軸の $X=D/2=10$ となる．

Y 軸の $Y_{(D/2)}$ は，式 $Y=50-\sqrt{D}+K+K_s$ より求める．Y 算出のための各係数（K 値，K_s 値）の求め方は以下のとおり．

K 値は，K 値の一覧表から次の条件（振動締固め：普通，骨材の形状：砂利，単位セメント量：362 kg/m³）で求めると，$K=0$ となる．

K_s 値は，粗粒率（M_f）＝2.67 から，式 $K_s=6M_f-15$ により算出（$K_s=6\times2.67-15$）し，$K_s=1.02$

よって，$Y(D/2)$ は，$Y(D/2)=50-\sqrt{20}+0+1.02$ から，$Y(D/2)=46.6$ となる．

X 軸の $D/2$ と Y 軸の 46.6 の値が V となる．

④骨材の構成割合の決定（付図 3.4）

付図 3.4 上の C 点と V 点と Q 点を直線で結ぶ．

C-V 線と Ligne de partage（細骨材の通過率 95% の粒度と粗骨材の通過率 5% の粒度の値を結んだ線）の交点の Y 軸の値が細骨材量と粗骨材量の比率となる．付図 3.4 よりそれらを求めると細骨材量は 38%，粗骨材量は 62% となる．

⑤締固め係数の選定

粗骨材の最大寸法：$D=20$ mm，砂，砕石（γ の値が減少する場合，砂と砂利の混合物の場合 0.01，砕石と砕砂の混合物の場合 0.03），コンシステンシー（プラスチック）コーン 6 cm

選定係数　$\gamma=0.825$

絶対容積（砂＋砂利＋セメント）　$V_{abs}=825$ m³

⑥ 1 m³ のコンクリート中の絶対容積

セメントの絶対容積（V_c）　単位セメント量 362 kg/m³　$V_c=362/3.1=116.8\fallingdotseq117$ m³

骨材の絶対容積（V_{sg}）　$V_{sg}=825-117=708$ m³

細骨材の絶対容積（V_s）　$V_s=708\times0.38=269$ m³

粗骨材の絶対容積（V_g）　$V_g=708\times0.62=439$ m³

構成材料の一覧

種類	絶対容積 (m³)	密度 (g/cm³)	単位量 (kg)
セメント	117	3.10	362
細骨材	269	2.62	705
粗骨材	439	2.59	1 137
水		1.00	198
合計	825		2 402

⑦骨材の構成割合

骨材の構成割合を示す.

Y軸の通過率の計算例

ふるい	計算例 (細骨材＋粗骨材)	通過率 (％)
0.315	22×0.38＋0	8.36
1.25	69×0.38＋0	26.22
5	100×0.38＋5×0.62	41.10
12.5	100×0.38＋48×0.62	67.76

⑧単位量の補正と管理

構成材料	計算例	単位量
セメント		362 kg
細骨材（表面水率 4.2％）	705×1.042	735 kg
粗骨材（表面水率 0.2％）	1 137×1.002	1 139 kg
水	198－32	166 l または kg
合計		2 402 kg

[注] 細骨材の表面水量　30 l，粗骨材の表面水量　2 l

付録4 建築用レディーミクストコンクリートの実態調査

1. はじめに

ここでは，本指針改定に際し実施した建築用レディーミクストコンクリートの実態調査結果についてまとめる．本指針中にもその結果の一部は掲載されているが，調査の諸元や全体の結果をここで示しておく．前回改定から20年以上が経過し，使用材料の品質向上や多様化が進み，とくに化学混和剤の高機能化，高性能化により実際に製造されているコンクリートの実態が変化しつつあると予想された．そのため，使用材料の品質や調合要因を詳細に調査することとした．また，旧版までの本指針は，練上がり時を基準とした調合設計手順を提示してきたが，実際のレディーミクストコンクリートは荷卸し地点で目標性能を満足するように調合されており，運搬時間やスランプおよび空気量の経時変化を考慮した練上がり時の設定値などを重点的に調査し，調合値に与える影響を明らかにすることとした．

2. 調査概要

本小委員会では，2013年7月～9月に，全国生コンクリート工業組合連合会の協力を得て，全国10地区からそれぞれ4～13工場を抽出して建築用レディーミクストコンクリートの実態調査を行った．各地区の調査工場数の内訳を表4.1に示す．

付表4.1 調査工場の内訳

地区	都道府県	工場数
北海道	北海道	4
東北	青森，秋田，岩手，宮城，山形，福島	6
関東1	東京，千葉，神奈川，埼玉	13
関東2	茨城，栃木，群馬，長野，山梨	4
北陸	新潟，富山，石川，福井	5
東海	静岡，岐阜，愛知，三重	4
近畿	滋賀，奈良，京都，大阪，兵庫，和歌山	5
中国	岡山，広島，山口，島根，鳥取	13
四国	徳島，香川，愛媛，高知	4
九州	福岡，佐賀，長崎，大分，宮崎，鹿児島，沖縄	7
合計		65

また，アンケートの概要は付表4.2に示すとおりである．対象としたコンクリートは普通ポルトランドセメント，高炉セメントB種の普通コンクリートとし，呼び強度が21～45，スランプが15，18，21cmの場合の標準配合表，使用材料の成績表を収集した．加えて，各工場に対して平均運搬時間および最大運搬時間と，季節別・混和剤種類別の練上がり時のスランプおよび空気量の目標値（目標スランプ，空気量に対する上乗せ値）を調査した．混和剤種別はAE減水剤については最近市販され普及が進んでいる高機能形についても分類して集計した．

付表4.2 アンケートの概要

項目		調査内容
調査対象		呼び強度21～45 スランプ15，18，21cm 粗骨材の最大寸法20，25mm
アンケート項目	標準配合	配合強度および正規偏差 セメント水比と強度の関係式 単位粗骨材かさ容積 細骨材率
	使用材料の品質	細骨材（産地，密度，粗粒率，微粒分量） 粗骨材（産地，密度，粗粒率，実積率） セメント（メーカー） 混和剤種類（AE減水剤，AE減水剤高機能形，高性能AE減水剤）
	運搬時間	平均運搬時間（分） 最大運搬時間（分）
	練上がり時の目標値	スランプ（季節別，混和剤種類別） 空気量（季節別，混和剤種類別）
	品質管理結果	スランプ 空気量 圧縮強度

3. 調 査 結 果

3.1 運 搬 時 間

付図1に，平均運搬時間と最長運搬時間の調査結果を示す．ここでは，大都市圏を東京，名古屋，大阪，福岡として集計した．付図4.1より，平均運搬時間は概ね15～30分以下が最多となった．大都市圏では30分以上の平均運搬時間となる割合も比較的多く，工場立地と交通渋滞から運搬時間が長めとなると考えられる．最長運搬時間は，60分以下が最多回答であったが，大都市以外では90分を超える結果もみられた．

3.2 練上がり調合の実態

1） スランプ

目標とする荷卸し時のスランプに対し，工場での練上がり時のスランプをどのように設定して

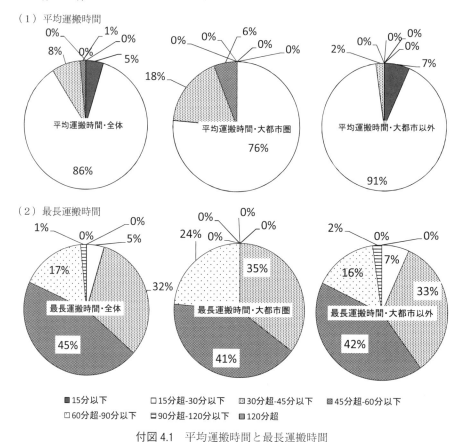

付図 4.1 平均運搬時間と最長運搬時間

付表 4.3 スランプロスの見込み値の調査結果(スランプ 18 cm の場合)

	標準期			夏期			冬期		
	AE減水剤	AE減水剤高機能	高性能AE減水剤	AE減水剤	AE減水剤高機能	高性能AE減水剤	AE減水剤	AE減水剤高機能	高性能AE減水剤
平均値	1.24	1.11	1.01	1.82	1.72	1.48	1.00	1.06	0.96
最頻値	1.0	1.0	1.0	1.0	1.0	1.0	1.0	1.0	1.0
n	34	35	52	32	35	51	29	35	48

いるか調査した結果を付表 4.3 に示す.付表 4.2 中に示した値は,目標スランプと練上がりスランプとの差であり,ここでは便宜的にスランプロスの見込み値と呼ぶ.スランプロスの見込み値を混和剤別,および季節別で比較すると,スランプ 18 cm ではいずれの場合でも最多回答は 1.0 cm となった.混和剤種別では,AE 減水剤が最も大きく,AE 減水剤高機能形,高性能 AE 減水剤の順で設定値が小さくなった.季節では夏期が最も大きく,標準期,冬期の順で値が小さくなった.

また,運搬時間とスランプロスの見込み値の関係を付図 4.2 に示す.付図 4.2 より,一律の設

定値としている傾向もあるが全体的には運搬時間が長いとスランプロスの見込み値も増大する結果となった．季節別では夏期でのスランプロスの見込み値が大きい傾向があり，冬期では小さい結果となった．練上がり時のスランプは，目標スランプに対して概ね1〜3cm割り増すことによって，荷卸し時に目標スランプの許容値内とすることが可能であると考えられる．

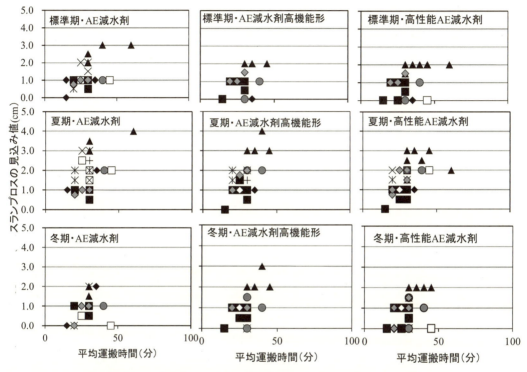

付図4.2　平均運搬時間とスランプロスの見込み値の関係（スランプ18cm）

2）空気量

スランプと同様に，空気量についても経時変化によりエントレインドエアが減少するため，そのロスの見込み値を調査した．その結果を付図4.3に示す．目標空気量に対する空気量ロスの見込み値は，一律設定がほとんどであり，0.5％としているものが最多回答となった．荷卸し時の容積を $1\,m^3$（＝$1\,000\,l$）とすると，練上がり時を基準とした調合計算では，空気量割増分の0.5％分の$5\,l$を加えた$1\,005\,l$を練り上がり容積として考えることになる．必要なコンクリート容積を得るには，空気量のロスによる容積減少についても考慮する必要がある．

3.3　使用骨材の状況

付表4.4に，今回対象とした工場で使用されている粗骨材の表乾密度および吸水率の調査結果を示す．付表4.5に，細骨材の表乾密度および吸水率の調査結果を示す．粗骨材の表乾密度は平均的に$2.6〜2.7\,g/cm^3$，細骨材は$2.5〜2.7\,g/cm^3$となり，細骨材のほうが幅広く分布した．地域

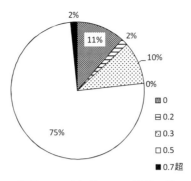

付図 4.3 空気量ロスの見込み値

付表 4.4 粗骨材の表乾密度と吸水率

特性値		表乾密度（g/cm³）			吸水率（%）		
		最小	最大	平均	最小	最大	平均
種類別	川砂利	2.60	2.65	2.62	0.69	1.30	1.03
	陸砂利	2.62	2.66	2.63	1.17	2.17	1.58
	山砂利	—	—	—	—	—	—
	砕石	2.43	2.73	2.67	0.48	1.41	0.81
地域別	北海道	2.60	2.70	2.68	0.43	1.97	1.06
	東北	2.62	2.93	2.71	0.30	2.42	1.21
	関東	2.62	2.71	2.68	0.43	1.50	0.77
	北陸	2.60	2.66	2.63	0.89	2.17	1.41
	東海	2.60	2.70	2.65	0.37	1.21	0.78
	近畿	2.60	2.70	2.66	0.18	1.19	0.65
	中国	2.64	2.73	2.68	0.48	3.00	1.10
	四国	2.57	2.70	2.65	0.35	1.16	0.75
	九州・沖縄	2.64	2.74	2.69	0.29	1.21	0.65

的な傾向は余りみられなかった．粗骨材の種別と実積率の一覧を付表 4.6 に，細骨材の使用種別と粗粒率を付表 4.7 に示す．付表 4.6 より，粗骨材は今回調査した工場では砕石使用率が多く砂利は少なかった．また，砕石の実積率はほぼ 60% 程度となり，旧指針で実態調査に基づく標準的な実積率として用いられていた 59.4% よりも大きい結果となった．細骨材については，混合使用する比率が高く，その場合の粗粒率は 2.7 程度の混合砂として使用されていた．細骨材においても旧指針での標準的な砂の粗粒率として用いられてきた 2.8 とは若干異なり，従来よりも細目の砂が一般的に使用されていると考えられる．

付表 4.5　細骨材の表乾密度と吸水率

	特性値	表乾密度（g/cm³）			吸水率（%）		
		最小	最大	平均	最小	最大	平均
種類別	川　砂	2.56	2.62	2.58	1.33	2.13	1.68
	陸　砂	2.56	2.72	2.58	1.55	2.42	1.96
	山　砂	2.50	2.62	2.57	0.99	2.62	1.92
	砕　砂	2.55	2.83	2.61	0.35	2.63	1.50
地域別	北 海 道	2.52	2.66	2.61	0.87	2.68	1.95
	東　北	2.56	2.83	2.61	1.15	3.39	2.15
	関　東	2.50	2.69	2.62	0.47	3.13	1.68
	北　陸	2.56	2.61	2.58	1.55	2.32	2.03
	東　海	2.56	2.68	2.59	0.35	1.79	1.34
	近　畿	2.56	2.59	2.57	1.27	1.96	1.70
	中　国	2.55	2.65	2.60	0.73	2.56	1.55
	四　国	2.56	2.68	2.62	0.73	2.32	1.50
	九州・沖縄	2.56	2.72	2.63	0.39	2.37	1.69

付表 4.6　粗骨材の地方別実積率

	砂利				砕石			
地域	最大寸法 25 mm		最大寸法 20 mm		最大寸法 25 mm		最大寸法 20 mm	
	件数	実積率（%）	件数	実積率（%）	件数	実積率（%）	件数	実積率（%）
北海道	1	64.7	0	—	0	—	3	60.6
東　北	0	—	0	—	0	—	5	59.8
関　東	1	63.1	1	61.1	0	—	12	60.2
北　陸	3	63.8	0	—	0	—	0	—
東　海	2	63.0	0	—	1	61.7	1	60.5
近　畿	0	—	0	—	0	—	3	59.8
中　国	0	—	0	—	0	—	5	59.5
四　国	0	—	0	—	0	—	3	60.0
九　州	0	—	0	—	0	—	5	59.4
全　国	7	63.7	1	61.1	1	61.7	37	60.0

3.4　単位水量と単位粗骨材かさ容積

1）　単位水量

付図 4.4 に各呼び強度別の単位水量の調査結果を示す．AE減水剤を使用した場合は，呼び強度によって単位水量が異なるが，高性能 AE 減水剤を使用した場合は，単位水量が 170～173 kg/m³ に多く分布し単位水量の変動幅が小さくなっていることがわかる．このことから，高性

付表 4.7　細骨材の使用種別と粗粒率

F.M.	全体	陸砂	川砂	山砂	海砂	砕砂	混合1※	混合2※	混合3※
平均	2.70	2.77	2.73	2.73	2.61	2.73	2.68	2.68	2.73
最大値	2.99	—	—	—	—	—	—	—	—
最小値	2.49	—	—	—	—	—	—	—	—
標準偏差	0.11	0.06	0.11	0.09	—	—	0.11	0.10	0.15
件数	61	4	3	6	1	2	7	30	8

※混合1：同種混合（砕砂含まず），混合2：異種混合（砕砂1種類），混合3：異種混合（砕砂2種類以上）

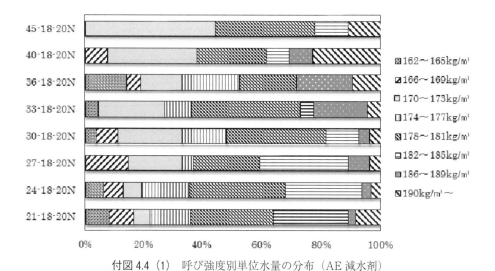

付図 4.4（1）　呼び強度別単位水量の分布（AE減水剤）

付図 4.4（2）　呼び強度別単位水量の分布（高性能AE減水剤）

能AE減水剤を使用した場合は，単位水量の範囲を限定して調合を決定していると考えられる．ただし，単位水量が少なくなりすぎないようにコンクリートの品質に応じた調合設計に留意すべきである．

2） 単位水量と単位粗骨材かさ容積の一覧

付表4.8に，単位水量と単位粗骨材かさ容積の一覧を示す．

付表4.8 単位水量と単位粗骨材かさ容積の一覧

AE減水剤		単位水量 (kg/m^3)					単位粗骨材かさ容積 (m^3/m^3)				
スランプ	水セメント比	n	平均	最大値	最小値	標準偏差	n	平均	最大値	最小値	標準偏差
15	40未満	9	176	184	163	6.3	9	0.62	0.64	0.60	0.013
	40～60	132	172	183	153	6.4	132	0.62	0.68	0.58	0.018
	60超～65	17	171	175	163	3.6	17	0.60	0.64	0.58	0.017
18	40未満	8	186	195	177	5.8	8	0.60	0.61	0.58	0.009
	40～60	108	179	195	162	7.2	108	0.59	0.62	0.54	0.015
	60超～65	16	181	185	168	4.2	16	0.58	0.61	0.56	0.014
21	40未満	8	196	208	183	8.3	8	0.56	0.58	0.53	0.017
	40～60	96	190	206	174	7.4	96	0.56	0.60	0.52	0.018
	60超～65	14	190	196	174	5.4	14	0.55	0.59	0.53	0.016
AE減水剤高機能		単位水量 (kg/m^3)					単位粗骨材かさ容積 (m^3/m^3)				
スランプ	水セメント比	n	平均	最大値	最小値	標準偏差	n	平均	最大値	最小値	標準偏差
15	40未満	6	180	189	164	9.7	3	0.61	0.66	0.57	0.042
	40～60	134	175	187	155	6.4	102	0.61	0.66	0.55	0.027
	60超～65	22	174	184	155	5.9	18	0.60	0.64	0.57	0.024
18	40未満	6	186	196	169	10.3	3	0.59	0.64	0.56	0.040
	40～60	99	180	194	160	6.9	70	0.58	0.64	0.52	0.024
	60超～65	21	181	195	170	6.1	17	0.58	0.62	0.54	0.021
21	40未満	7	193	205	175	10.8	3	0.55	0.60	0.51	0.043
	40～60	86	190	206	169	8.9	56	0.55	0.60	0.50	0.025
	60超～65	20	191	208	177	7.4	16	0.55	0.58	0.52	0.017
高性能AE減水剤		単位水量 (kg/m^3)					単位粗骨材かさ容積 (m^3/m^3)				
スランプ	水セメント比	n	平均	最大値	最小値	標準偏差	n	平均	最大値	最小値	標準偏差
15	30～40	45	166	182	149	6.24	40	0.62	0.66	0.58	0.022
	40超	91	165	175	153	4.35	79	0.62	0.66	0.57	0.022
18	30～40	47	173	190	160	5.80	42	0.60	0.64	0.56	0.021
	40超	154	172	180	161	4.48	139	0.59	0.68	0.53	0.025
21	30～40	44	178	196	170	5.59	39	0.57	0.63	0.53	0.024
	40超	157	177	186	170	3.85	142	0.57	0.68	0.51	0.028

3.5 設計基準強度と配合強度の関係

付図4.3に、呼び強度と配合強度の関係を示す．付図より、強度レベルおよび使用している混和剤種類に関わらず配合強度は呼び強度の1.2倍程度が設定されていることがわかった．

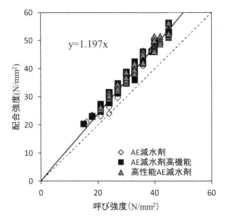

解説図4.3 呼び強度と配合強度の関係

付図4.4にセメント水比と配合強度の関係を示す．また、図中に、解説表5.3に示す砂・砂利・AEコンクリートの関係式を点線で示す．既往の関係式と今回の調査結果は近い値を示したが、全体的に、水セメント比が小さい領域では今回の調査で得られた関係式のほうが強度が高い結果となった．

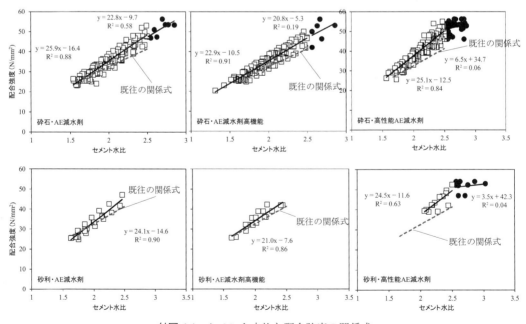

付図4.4 セメント水比と配合強度の関係式

4. ま と め

　全国のレディーミクストコンクリート工場における建築用コンクリートの調合実態を調査した結果の概要を示した．その結果，使用材料については，化学混和剤については高性能 AE 減水剤の汎用化，AE 減水剤高機能形の普及などがあり，骨材については砕砂の使用増加と細骨材・粗骨材ともに混合使用が増加していることなどが明らかになった．

　これらを参考に本指針における単位水量，単位粗骨材かさ容積等の標準値の検討を行った．

参 考 文 献

1) 桝田佳寛・佐藤幸恵・陣内　浩・成田玲生奈ほか：コンクリートの調合計算方法のための調査および実験その 1〜その 6，日本建築学会学術講演梗概集（近畿），A-1, pp. 513-524, 2014.9

付録5 所要の流動性と材料分離抵抗性を合理的に考慮できる調合設計の手順（コンクリートの調合設計指針改定小委員会案）

本会「コンクリートの調合設計指針改定小委員会」では，本指針の今回の改定にあたって，細骨材の粒度分布，水セメント比，単位水量，細骨材率を変化させて計155ケースのコンクリートの練混ぜ実験を行った[1]．そして，その結果から得られた知見を基に，所要の流動性と材料分離抵抗性を合理的に考慮することを目的とした，従来とは異なる調合設計の手順の試案を取りまとめた．この調合設計の手順は，現時点では，細部まで厳密に検証するまでには至っていないが，今後の調合設計法の新たな展開を促すために，委員会案としてここに示す．なお，この委員会案による調合設計の手順は，本編に示した従来の調合設計の手順に比べて，取り立てて手間を要するものではなく，充分に実用に適うものであると本委員会では考えている．

1. 従来とは異なる調合設計の手順の必要性

本委員会では，細骨材の粒度分布を付図5.1に示す4種類に変化させて練混ぜ実験を行った．この実験結果に，余剰ペースト膜厚理論[2]（コンクリートの流動性に対する骨材の粒度分布や骨材量，細骨材率などの影響を包括的に評価することのできる理論）をさまざまな形で適用して計算すると，付図5.2に示すような一定スランプ曲線（スランプが一定となるような単位水量と細骨材率の組合せ）を描くことができる．また，図中には，分離限界線（分離限界の流入モルタル値（＝30 mm）〔解説2.4.1c参照〕に対応する単位水量と細骨材率の組合せ）も併せて示してある．同図から次のことがいえる．

①一定スランプ曲線は下に凸な曲線となる．すなわち，細骨材の粒度分布や水セメント比ごとに，一般によく知られているように，所要のスランプが得られ，単位水量が最小となるよう

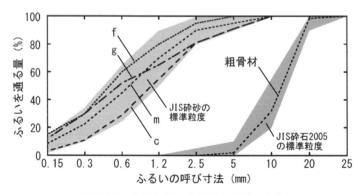

付図5.1 実験に用いた骨材の粒度分布[1]

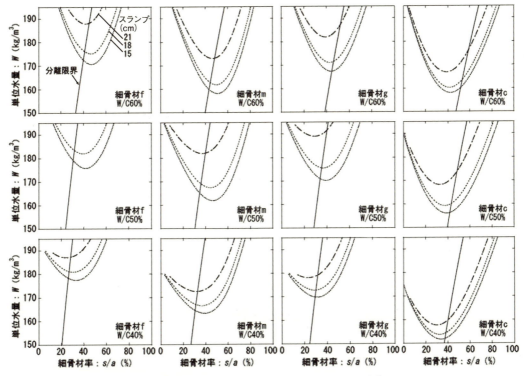

付図 5.2　一定スランプ曲線および分離限界線[1]

　　な細骨材率が存在する．
②分離限界線は，右上がりで急勾配な，直線に近い関係線となる．すなわち，分離限界の細骨材率は，他の条件が同一の場合，所要のスランプを得るための単位水量が大きいほどやや大きくなる．
③粒度の細かい細骨材 f を用いた場合は，分離限界線が一定スランプ曲線の下向きのピークよりも左側に位置するので，ピーク位置ではコンクリートは分離しない．したがって，ピーク位置の単位水量（すなわち，所要のスランプを得るための単位水量の最小値）と細骨材率の組合せをそのままその最適値とすることができる．それに対し，粒度の粗い細骨材 c を用いた場合は，分離限界線が一定スランプ曲線のピークよりも右側に位置するので，ピーク位置ではコンクリートが分離してしまう．したがって，単位水量と細骨材率の組合せは，分離抵抗性確保の観点から決定されることになり，一定スランプ曲線と分離限界線の交点がその最適値となる．なお，一定スランプ曲線のピークと分離限界線の位置関係は，骨材の粒度分布，水セメント比，目標スランプなどの要因により様々に変化するものと考えられる．

　以上のことからわかるように，従来の調合設計法の枠組みの中で，厳密に，最適な単位水量と細骨材率の組合せを定めようとすると，必然的に，細骨材率を変化させて試し練りを行い，所要のスランプが得られるような単位水量と細骨材率の関係を調べ，単位水量が最小となる細骨材率

を求めることになる．また，試し練りにおいて分離評価試験も併せて行い，分離しない最小の細骨材率を求めたうえで，これとスランプから決定される細骨材率を比較し，大きい方の値を細骨材率の最適値とすることになる．しかし，このような手順の試し練りの実施には多大な労力を要するため，日常的な場面での調合設計の手段には適さない．いずれにしても，従来の調合設計法の場合，流動性と分離抵抗性の２つの観点から単位水量と細骨材率（または粗骨材かさ容積）の２つの調合要因の組合せの最適解を見出さないといけないところに構造的な難しさがある．

2．委員会案による調合設計の手順

> 委員会案によるコンクリートの調合設計は，次の（1）～（4）の手順で行う．
> （1） 調合強度が得られる水セメント比を算出し，本編4章で設定した水セメント比の最大値以下となる値を定める．
> （2） コンクリートに使用する材料を用い，水セメント比を上記（1）で定めた値としたモルタルに対してフロー試験[1]を行い，コンクリートの分離限界に対応するフロー値[2]となるように，モルタル中の細骨材体積比および化学混和剤の使用量を定める．
> （3） マトリックスモルタルを上記（2）で設定した調合としてコンクリートの試し練りを行い，所要のスランプが得られるように，粗骨材絶対容積を定める．
> （4） 上記（1）～（3）で定めた調合要因に基づいて，空気量の目標値を考慮したうえで，単位粗骨材量，単位細骨材量，単位セメント量および単位水量を計算する．
> ［注］（1） フロー試験方法は，JIS R 5201による．ただし，試験に際して落下運動は与えないものとする．
> 　　　（2） ウエットスクリーニングモルタルの場合に160となるような値を標準とする．

付図5.3に，委員会案による調合設計の手順のフローを示す．また，以下に調合設計の各手順について解説する．

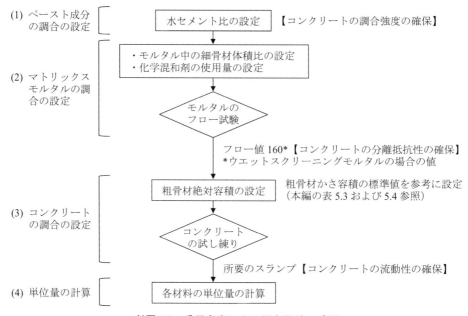

付図5.3　委員会案による調合設計の手順

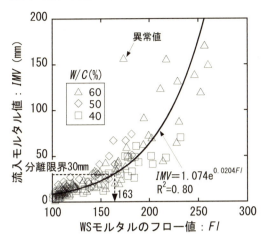

付図5.4 流入モルタル値とウェットスクリーニングモルタルのフロー値の関係[1]

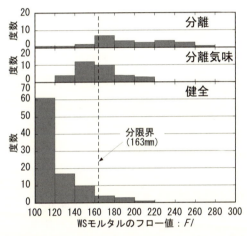

付図5.5 分離の目視判定結果ごとのウエットスクリーニングモルタルのフロー値の分布[1]

(1) 水セメント比の定め方については従来の調合設計法の場合と変わるところがない．また，セメント以外の結合材を用いる場合は，水セメント比を水結合材比と読み替えればよい．

(2) 本委員会の実験結果によると，流入モルタル値（円筒貫入試験の結果）とウエットスクリーニングモルタルのフロー値（落下運動なしの試験結果）の関係は，付図5.4に示すように，細骨材の粒度分布やコンクリートの調合要因（水セメント比，単位水量および細骨材率）にかかわらず一つの曲線でほぼ表される．また，解説2.4.1cに示したように，円筒貫入試験は，スランプ試験の目視観察による分離の判定結果を適切に評価するので，結果として，マトリックスモルタルの流動性は，コンクリートの分離度合いに支配的な影響を及ぼすといえる．さらに，付図5.4中の回帰式から，分離限界の流入モルタル値（=30

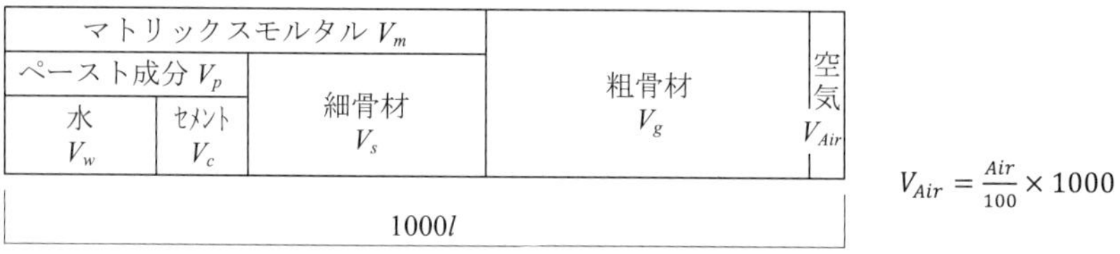

マトリックスモルタル V_m				
ペースト成分 V_p		細骨材 V_s	粗骨材 V_g	空気 V_{Air}
水 V_w	セメント V_c			

$$V_{Air} = \frac{Air}{100} \times 1000$$

1000l

付図 5.6 構成材料の絶対容積を表す記号

mm)に対応するウエットスクリーニングモルタルのフロー値は163と計算される．したがって，付図 5.5 に示した分離目視判定結果ごとのフロー値の分布からわかるように，ウエットスクリーニングモルタルのフロー値を 160（≒163）とすれば，そのモルタルを用いたコンクリートの分離度合いをちょうど分離限界に設定することができる．ただし，ウエットスクリーニングモルタルの場合，同一調合の通常のモルタルよりもフロー値が小さくなることが知られている．したがって，この調合設計の手順では，160に，この両者の差を加えた値を分離限界のフロー値とすることになる．なお，その具体的な値については委員会の実験で検討しなかったので，今後改めて検討して定める必要がある．

(3) 所要のスランプを得るための粗骨材絶対容積の決定にあたって，本編 5.5 に示すような，粗骨材かさ容積の標準値〔表 5.3 および 5.4 参照〕を目安にできることは，従来の調合設計の手順の場合と同様である．

(4) 上記（1）～（3）で定めた水セメント比，マトリックスモルタル中の細骨材体積比，粗骨材絶対容積に加えて，空気量を定めれば，コンクリートの各構成材料の単位量は決定されるので，下記により，単位粗骨材量，単位細骨材量，単位セメント量および単位水量を計算する〔各構成材料の絶対容積を表す記号は付図 5.6 参照〕．

①単位粗骨材量

手順（3）で定めた粗骨材絶対容積から単位粗骨材量を計算する．

$$G = V_g \times \rho_g$$

ここに，G：単位粗骨材量（kg/m³），V_g：粗骨材絶対容積（l/m³），ρ_g：粗骨材の表乾密度（g/cm³）

②単位細骨材量

マトリックスモルタルの絶対容積を求めたうえで，手順（2）で定めた「モルタル中の細骨材体積比」から単位細骨材量を計算する．

$$V_m = 1\,000 - V_g - \frac{Air}{100} \times 1\,000$$

$$V_s = V_m \times \frac{s/m}{100}$$

$$S = V_s \times \rho_s$$

ここに，V_m：マトリックスモルタルの絶対容積（l/m³），Air：空気量（％），V_s：細骨材

絶対容積（l/m^3），s/m：モルタル中の細骨材体積比（%），S：単位細骨材量（kg/m^3），ρ_s：細骨材の表乾密度（g/cm^3）

③単位セメント量

セメントペースト成分の絶対容積を求めたうえで，手順（1）で定めた水セメント比から単位セメント量を計算する．

$$V_p = V_m - V_s$$

$$V_c = V_p \times \frac{1}{1 + \frac{W/C}{100} \times \rho_c}$$

$$C = V_c \times \rho_c$$

ここに，V_p：セメントペースト成分の絶対容積（l/m^3），V_c：セメント絶対容積（l/m^3），W/C：水セメント比（%），C：単位セメント量（kg/m^3），ρ_c：セメントの密度（g/cm^3）

④単位水量

最後に単位水量を計算する．

$$W = V_w = V_p - V_c$$

ここに，W：単位水量（kg/m^3），V_w：水の絶対容積（l/m^3）

以上のような委員会案による調合設計の手順の長所は，従来の調合設計の手順に含まれている，コンクリートの2つの性能を満足させるように2つの調合要因を同時並行的に定めるという難しいプロセスが省かれている点である．すなわち，コンクリートの分離抵抗性に対してマトリックスモルタルのフロー値（すなわち，モルタル中の細骨材体積比および化学混和剤の使用量），流動性に対してマトリックスモルタルと粗骨材の比率（すなわち，粗骨材絶対容積）というように，コンクリートの性能に対して調合要因が1対1に対応し，調合要因を直列的に順番に定めていくことができる点である．

なお，この委員会案ではなく，本編に示した従来の手順に従って調合設計を行う場合であっても，マトリックスモルタルに対してフロー試験を行い，その結果がコンクリートの分離限界に対応するフロー値（ウエットスクリーニングモルタルの場合に160）になっているかどうかを検討することは，コンクリートに必要な分離抵抗性を確保するための有効な手段となるものと考えられる．

参考文献

1) 寺西浩司・桝田佳寛ほか：細骨材および調合がコンクリートのワーカビリティーに及ぼす影響，日本建築学会構造系論文集，Vol. 80, No. 707, pp. 9-18, 2015.1
2) C.T. Kennedy：The Design of Concrete Mixes, Proceedings of the American Concrete Institute, Vol. 36, pp. 373-400, 1940.2

コンクリートの調合設計指針・同解説

1976 年 2 月 12 日	第 1 版
1994 年 1 月 25 日	第 2 版第 1 刷
1999 年 2 月 10 日	第 3 版第 1 刷
2015 年 2 月 20 日	第 4 版第 1 刷

編集著作人　一般社団法人　日本建築学会

印刷所　三美印刷株式会社

発行所　一般社団法人　日本建築学会
108-8414 東京都港区芝 5―26―20
電　話・(03) 3456―2051
ＦＡＸ・(03) 3456―2058
http://www.aij.or.jp/

発売所　丸善出版株式会社
101-0051 東京都千代田区神田神保町2-17
神田神保町ビル
電　話・(03) 3512―3256

Ⓒ 日本建築学会 2015

ISBN978-4-8189-1072-0 C3052